普通高等学校食品类专业课程教材
陕西师范大学本科教材建设基金资助出版

食品安全监管理论与实践概论

主　编　张清安
副主编　范学辉　党　娅
编　者　孙灵霞　原江锋　付熙哲
　　　　王婷婷　薛振丹

陕西师范大学出版总社　西安

图书代号　JC24N0570

图书在版编目（CIP）数据

食品安全监管理论与实践概论 / 张清安主编. — 西安：陕西师范大学出版总社有限公司，2024.6
　ISBN 978-7-5695-4054-3

Ⅰ.①食…　Ⅱ.①张…　Ⅲ.①食品安全—监管制度—研究—中国　Ⅳ.①R155.5

中国国家版本馆CIP数据核字（2024）第 016253 号

食品安全监管理论与实践概论

SHIPIN ANQUAN JIANGUAN LILUN YU SHIJIAN GAILUN

张清安　主编

责任编辑	邱水鱼
责任校对	刘金茹
封面设计	鼎新设计
出版发行	陕西师范大学出版总社
	（西安市长安南路199号　邮编 710062）
网　　址	http://www.snupg.com
印　　刷	西安市建明工贸有限责任公司
开　　本	787 mm×1092 mm　1/16
印　　张	16.5
字　　数	396 千
版　　次	2024 年 6 月第 1 版
印　　次	2024 年 6 月第 1 次印刷
书　　号	ISBN 978-7-5695-4054-3
定　　价	58.00 元

读者购书、书店添货或发现印刷装订问题，请与本社高等教育出版中心联系。
电　　话：（029）85307864　85303622（传真）

前言

教材是落实立德树人根本任务的重要载体，也是育人育才的重要依托。习近平总书记高度重视教材建设，多次就教材工作发表重要讲话、作出重要指示批示和回信，对推进教材建设提出了一系列重大论断和要求。

党的二十大报告中首次明确提出"加强教材建设和管理"和"推进教育数字化"等重要任务，这是以习近平同志为核心的党中央作出的重大战略部署，更为教材建设指明了前进方向、提供了根本遵循和行动纲领。本教材正是编写人员在认真学习领会党的二十大精神和习近平总书记关于教材建设的重大论断及要求的基础上，整合多方力量和资源而形成的。

"食品安全监督管理"是食品质量与安全本科专业教学质量国家标准中的核心示例课程，但缺少合适的对应教材；同时，鉴于食品监管体制机制的不断优化整合与完善，以及食品安全监管相关法律法规的重新修订或颁布，现有的少数几本参考教材内容也存在一定的滞后性。为体现课程内容的时效性、系统性和实用性，笔者经过10余年对本课程的摸索积累、教学效果的反馈总结，并结合基层食品安全监管现实情况和自己在市场监管部门挂职历练的体会，组织相关人员编写了本教材。全书共10章，系统梳理介绍了国内外食品安全历史演进过程以及食品安全监管所涉及的基础知识、基本理论、最新法律法规和不同类别食品监管实务等内容，并辅以食品安全监管典型案例和思维导图，以加深学生对相关知识的理解和领会，最后还简要介绍了食品安全监管信息化新技术及其应用。

本教材有三大特色：一是内容结构安排合理，特色鲜明，主要由基本理论知识、监管实务和素质拓展典型案例三个方面构成，由理论到实践再到具体案例，三者呈递进式排布、相辅相成，符合学生认知规律。二是内容重点突出、删繁就简、以点成线促面、体系完整，每部分内容的选择均经过反复推敲、精工细雕，理论方面不求高深和面面俱到，而是点到为止又不影响内容的理解；实践内容力求简练并与理论知识相互照应。对于内容相对繁多、难记、难理解的具体法律法规等均未在教材中罗列，但对于其出台背景、重点内容和意义等作了细致解读。同时，增加了思维导图，一方面提高了本教材的普适性（不同学校、不同层次学生、科研工作者和市场监管人员等均可使用），体现共性与个性教育的有机融合；另一方面有助于学生全面理解食品安全监管的主要内容，重构知识体系，拓宽专业视野，提升综合运用各方面知识并分析解

— 1 —

决问题的能力。三是所有素质拓展典型案例均经过反复斟酌并以二维码赋形，其不仅具有现实意义，更重要的是还能从中映射出食品监管后期发展趋势或调整动向，一定程度上可以说是国家市场监管部门改革的风向标，这样的安排也符合党的二十大关于推进教育数字化的要求以及高校教育改革和促进学生素质全面提升的趋势。

本教材由陕西师范大学张清安（第一章、第二章、第三章第一至第二节和第十章第一节）、范学辉（第四章和第五章），陕西理工大学党娅（第六章），河南农业大学孙灵霞（第七章），河南科技大学原江锋（第八章），石河子大学付熙哲（第九章），塔里木大学王婷婷（第十章第二节）和新乡工程学院薛振丹（第三章第三节）共同编写完成。在编写过程中，研究生郑红荣、龙斐斐、郭鹏辉、兰怡、党燕、宋磊、聂光敏、张辰祥、林君彦、李静、杨国蓓、张皓淼等也作了大量修改、校正和绘图等工作，付出了艰辛劳动，在此一并感谢。

本教材编写过程中，各参编院校相关人员同心协力，参阅了大量国内外有关专家、学者的论著，认真细致地完成了编写工作。但由于内容体系庞大，编者水平有限，书中难免有不足或疏漏之处，敬请读者批评指正、不吝赐教，以便再版时修改、更正、补充和完善。

编者

2024 年 4 月

目录

第一章 | 食品安全概论 / 1
    第一节　食品安全概述 / 1
    第二节　食品安全的发展历程 / 7
    第三节　我国食品安全现状及展望 / 19

第二章 | 食品安全监管基础知识 / 28
    第一节　食品安全监管的基本架构 / 28
    第二节　食品安全监管的基本理论 / 46

第三章 | 我国食品安全监管体制架构 / 56
    第一节　我国食品安全监管体制历史演进及运行 / 56
    第二节　我国食品安全监管体系框架 / 76
    第三节　发达国家食品安全监管策略 / 81

第四章 | 我国食品安全监管相关法规与标准概述 / 87
    第一节　食品安全监管相关法律 / 87
    第二节　食品安全监管相关法规 / 94
    第三节　食品安全监管相关标准 / 112

第五章 | 我国食品生产经营安全监管概述 / 121
    第一节　食品生产安全监管概述 / 121
    第二节　食品经营安全监管概述 / 132
    第三节　食品生产经营监督检查 / 147

第六章 | **不同类型食品及相关产品市场监管概述** / 154
  第一节 食用农产品及餐饮服务市场安全监管 / 154
  第二节 食品标签、包装及广告监管 / 158
  第三节 特殊食品市场安全监管 / 163

第七章 | **我国食品安全监管的抽检监测** / 176
  第一节 食品安全抽检监测概述 / 176
  第二节 食品安全抽样检验管理办法及文书 / 184

第八章 | **我国食品安全执法稽查概述** / 196
  第一节 食品安全违法案件组织查办及线索来源 / 196
  第二节 食品安全案件行政处罚种类及行刑衔接 / 203

第九章 | **我国食品安全事故处置** / 213
  第一节 我国食品安全事故概述 / 213
  第二节 我国食品安全事故的应急处置 / 217
  第三节 我国食品安全事故舆情处置 / 222

第十章 | **食品安全信息化监管** / 227
  第一节 食品安全信息化监管概述 / 227
  第二节 信息化技术在食品安全监管中的应用 / 235

参考文献 / 255

第一章
食品安全概论

本章学习目标

1. 掌握食品安全概念及内涵等相关知识;
2. 培养学生分析食品安全问题的综合能力;
3. 厚植食品安全担当意识和家国情怀。

第一节 食品安全概述

一、食品安全的概念

食品,指各种供人食用或者饮用的成品和原料以及按照传统既是食品又是中药材的物品,但是不包括以治疗为目的的物品。俗话说"国以民为本,民以食为天,食以安全先",充分说明食品及其安全的重要性。食品安全是国家生存和发展的根本,具有历史性和系统性特征,一定时期内的潜在风险可能演变成未来阶段的突出问题,涉及经济、社会、科技、政治等多因素、多环节。因此,食品安全是一个历史、动态、发展的概念,在概念认知上不同国家也存在一定的差异。

20世纪70年代中期,世界出现战后最严重的粮食危机,粮食短缺,价格飞涨。因此,1974年联合国粮食及农业组织(Food and Agriculture Organization of the United Nations,FAO)在世界粮食大会上通过了《世界粮食安全国际约定》,第一次提出了"粮食安全"(food security)的概念,即"应该保证任何人在任何地方都能够得到未来生存和健康所需要的足够食品",它强调获取足够的粮食是人类的一种基本生活权利。不过这主要是从数量上满足人们基本需要的角度提出的,偏重于食品数量安全。

1983年,FAO前总干事爱德华·萨乌马对食品安全的最终目标解释为:"确保所有人在任何时候既能买得到又能买得起他们所需要的基本食品。"这一概念强调了国家的食品供给数量能否满足人口的基本需要这一问题,并且更关注社会弱势人群(如穷人、妇女和儿童等)的食品可获得性,认为其与缓解和消除贫困问题之间存在紧密联系。

1984年,世界卫生组织(World Health Organization,WHO)在《食品安全在卫生和发展中的作用》中,将"食品安全"(food safety)定义为"生产、加工、贮存、分配和制作食品过程中确保食品安全可靠,有益于健康并且适合人消费的种种必要条件和措施"。

1996年,WHO在《加强国家级食品安全性计划指南》中又把"食品安全"解释为"对食品按其原定用途进行制作和(或)食用时不会使消费者受害的一种担保",而将"为确保食品安全的适合性在食物链的所有阶段必须采取的一切条件和措施"定义为"食品卫生"。在此,食品安全和食品卫生作为两个概念加以区别。

2003年,FAO/WHO在《保障食品的安全和质量——强化国家食品控制体系指南》中将"食品安全"定义为:"所有那些危害,无论是慢性的还是急性的,这些危害会使食品有害于消费者健康。"

国际标准化组织(International Organization for Standardization,ISO)制定的ISO 22000:2005标准《食品安全管理体系——对食品链中任何组织的要求》中将"食品安全"定义为:"食品按照预期用途进行制备和(或)食用时不会伤害消费者的保证。"

国际食品法典委员会(Codex Alimentarius Commission,CAC)将"食品安全"定义为:"消费者在摄入食品时,食品中不含有害物质,不存在引起急性中毒、不良反应或潜在疾病的危险性。"

在中国,由于长期受粮食短缺的影响,许多学者界定"食品安全"时也都是从"粮食安全"开始的。我国的《食品安全法》中将"食品安全"定义为:"食品无毒、无害,符合应当有的营养要求,对人体健康不造成任何急性、亚急性或者慢性危害。"

由上可以看出,食品安全具有显著的历史性特征和社会治理特点。同一时期的不同国家、国际机构或同一国家的不同历史发展阶段,由于自然条件、经济条件以及农业发展所面临的主要矛盾的差异,食品安全的风险因素和风险程度不同,最终食品安全突出问题和治理要求也有所差异。

食品安全治理正是基于梳理我国食品安全发展史,分析食品安全现状,借鉴国外管理经验,以史为鉴、以邻为镜,通过对食品安全存在问题的剖析,提出全局性、前瞻性和战略性的对策建议,最终推动我国食品安全水平的提升。

二、食品安全的内涵

虽然食品安全的概念表述有所差异,但保障食品在食用时不使消费者健康受到损害是食品安全的基本内涵。一般来说,食品安全的内涵有三个层次:

第一层次是食品数量安全,亦称食物安全,是指一个单位范畴(国家、地区或家庭）能够生产或提供维持其基本生存所需的膳食，即食物数量满足公众的基本需求，使人们既能买得到又能买得起生存生活所需要的基本食品。食品数量安全问题在任何时候都是各国特别是发展中国家需要解决的首要问题。目前，全球食品数量安全问题从总体上已基本得到解决，但不同地区与不同人群之间仍然存在着不同程度的食品数量安全问题。

第二层次是食品质量安全，亦称食品安全，是指一个单位范畴（国家、地区或家庭）从生产或提供的食品中获得营养充足、卫生安全的食品消费以满足其正常生理需要，即食品中的有害物质含量对人体不会造成危害。食品质量安全状态就是一个国家或地区的食品中各种危害物对消费者健康的影响程度，它以确保食品卫生、营养结构合理为特征，强调食品质量安全是人类维持健康生活的权利。食品质量安全涉及食物的污染、是否有毒，添加剂是否违规超标，标签是否规范等问题。

第三层次是食品可持续安全，这是从发展角度要求食品的获取，需要注重生态环境的良好保护和资源利用的可持续性。

三、食品安全的特征

食品安全的概念和内涵是不断发展的，具有动态性与层次性、绝对性与相对性、现实性与潜在性、系统性与区域性等特征。

（一）动态性与层次性

动态性是指不同经济发展阶段所表现的食品安全问题具有不同的特点，即食品安全的历史性特征。从国际上对食品安全的认知历程来看，食品安全是一个动态发展的概念。广义的食品安全至少应包含上述三个层面的含义。我国当前对食品安全内涵的理解，更关注食品质量安全。食品安全内涵具有综合性，应至少包括食品质量、食品卫生和食品营养的部分要素。

食品安全不同于食品质量，后者是食品安全的核心问题。1996年，FAO/WHO在《加强国家级食品安全性计划指南》中把"食品质量"定义为"食品满足消费者明确的或者隐含的需要的特性"。1998年，FAO在《保障食品的安全和质量》一文中指出，食品安全涉及那些可能使食品对消费者健康构成危害（无论是长期的还是马上出现的危害）的所有因素，这些因素是必须消除的。食品质量包括可影响产品消费价值的所有特性，包括一些不利的品质特性，例如腐烂、污染、变色、变味等；以及一些有利的特性，例如食品的产地、颜色、香味、质地以及加工方法。食品安全和食品质量都是一种保证形式。

食品安全也不同于食品卫生，食品卫生只是食品安全的一个方面或者一项内容，也就是说卫生的食品并不意味着是安全的食品。食品"卫生"某种程度上只能保障食品对人体不会造成直接损害，而食品"安全"所保障的食品，不仅不会对人体造成直接损害，也不会造成间接损害。食品安全和食品卫生的区别主要有两点：一是范围不同，食品安全包括食品的种养殖、生产加工、流通销售、餐饮消费等环节的安全，而食品卫生通常并不包含种养殖环节的安全；二是侧重点不同，食品安全是结果安全和过程安全的完整统一，而食品卫生更侧重于过程安全。

同样，食品安全也不同于食品营养，前者主要研究食品中危害或者潜在危害人体健康因素的控制与预防措施，包括食品安全风险评估、风险监测、安全评价等；后者则主要研究食品中营养物质组成及在加工、储藏中的变化，食物营养价值评价，平衡膳食设计以及食品营养强化、产品开发等。

总之，食品安全、食品质量、食品卫生和食品营养之间，既不相互平行，也不相互交叉，而是研究的角度和出发点不同。食品质量、食品卫生与食品营养主要是从"科学性"的维度进行考量，食品安全则是从"科学性""社会性"和"政治性"等维度进行考量。

（二）绝对性与相对性

美国明尼苏达州圣凯瑟琳大学的Jones教授曾建议把食品安全分为绝对安全性与相对安全性两种不同的概念。

食品安全问题将伴随人类社会的各个发展阶段。但在某一区域的特定历史发展阶段，食品安全却具有明确的科学内涵，安全与不安全之间有明确的界限，因而食品安全具有绝对性。同时，食品安全的内涵也是不断发展的，食品安全只是相对于一定文化背景、科技水平和具体经济社会发展阶段而言的。从这个意义上讲，食品安全又具有相对性，在一个国家食品安全有其法律和标准的内在要求。

绝对安全性是指确保消费者不可能因食用某种食品而危及健康或造成伤害的一种承诺，也就是食品应绝对没有风险。绝对食品安全强调的是食品的"零风险"。尽管绝对安全性是当代环境威胁加剧条件下普通消费者追求的目标，但是由于客观上人类的任何一种饮食消费或者其他行为总是存在某些风险，所以绝对安全性或零风险是很难达到的。

相对安全性是指一种食物或成分在合理食用和正常食量的情况下不会对健康造成损害的实际确定性。任何食物的成分，尽管是对人体有益的或其毒性极低，若食用数量过多、食用条件不良或食用方式不当，都有可能引起毒害或损害健康。

一般来说，食品的安全性是有条件的，即在合理的食用方式和正常的食用量下。食品安全是随着人们生活水平的提高、科技的进步、社会的发展而不断发展变化的，对食品安全的高度关注，是社会文明进步的标志。如在20世纪80年代以前，我国的食品安全主要是指食品数量的安全，即食物短缺和营养不足问题。由于当时国家着力于解决温饱问题，对环境污染、农药、兽药、化肥及食用添加剂和违禁使用化学品等食品质量安全问题反映尚不突出；但从90年代后期到21世纪开始，由于工业化进程加快，环境污染加重，农业生产过程中过量使用农药、兽药和化肥，食品加工过程中使用新型添加剂，不法商贩造假售假，生物污染及转基因食品安全等问题的出现，我国的食品安全形势日趋复杂。我国在基本解决食物数量安全的同时，食品质量安全已成为社会关注的突出问题。

在自然界中物质的有毒有害特性同有益特性一样，都是同剂量紧密相连，离开剂量便无法讨论其有毒有害性或有益性。例如，成人每日摄入硒的量为50—200 μg时则有利于健康，如果每日摄入量低于50 μg就会出现心肌炎、克山病疾病，并诱发免疫功能低下和老年性白内障等疾病的发生；如果每日摄入量在200—1000 μg之间则出现中毒，急性中毒症状表现为厌食、运动障碍、气短、呼吸衰竭等，慢性中毒症状表现为视力减退、肝坏死和肾充血等；如果每日摄入量超过1000 μg则可导致死亡。

对食品的安全性而言，还有一个制作和摄入方式问题。例如，目前对转基因食品安全性的争论实际上是起源于食品的制作方式，对食品的摄入方式也需要加以限定才能讨论其安全性。例如，食品中若含一定剂量的亚硝酸盐对正常人体是有害的，但它对氰化物中毒者则是有效的解毒剂。因此，欧洲科学家Paracelsus（1493—1541）曾说过："所有的物质都是毒物，没有一种不是毒物。正确的剂量才使得毒物与药物得以区分。"也就是说，假如摄入了足够大剂量的话，任何物质都可能是有毒的。正因为如此，在现代科学术语中，相对食品安全性而言，食品风险性被研究和讨论的频率越来越高了。

（三）现实性与潜在性

食品安全危害社会公共安全与人类生命健康的直接性，决定食品安全具有很强的现实性。从另一个角度看，食品安全又具有潜在性。食品的物理性、化学性和生物性污染具有较强的隐蔽性，有毒有害物质具有累积性，而营养不良或失衡对个体的生命健康和智力发育造成的潜在威胁需在较长周期中才能体现。食品安全治理既要面对已爆发的食品安全危害，又要预防食品安全的潜在威胁。

（四）系统性与区域性

食品安全是一个涉及经济、社会、科技水平与政治等多因素、多环节的复杂系统。从全球范围来看，世界食品安全是一个大系统，各个国家和地区是子系统。从单个区域的食品安全来看，食品安全是供给系统和需求系统相互作用的结果。同时，食品安全具有区域性，可将其划分为不同经济区域、不同行政范围的食品安全。系统与区域之间的食品安全特征表现各异又相互交叉。我国的食品安全问题既需要面对全球食品安全面临的挑战，又具有自身发展阶段的特定特征。

对于食品安全概念的理解，目前国际社会基本形成如下共识：

第一，食品安全是一个综合概念。作为种的概念，食品安全包括食品卫生、食品质量、食品营养等相关方面的内容和食品（食物）种植、养殖、加工、包装、贮藏、运输、销售、消费等环节。而作为属概念的食品卫生、食品质量、食品营养等（通常被理解为部门概念或者行业概念）均无法涵盖上述全部内容和全部环节。

第二，食品安全是个社会概念。与食品卫生学、食品营养学、食品质量学等学科概念不同，食品安全是个社会治理概念。不同国家以及不同时期，食品安全所面临的突出问题和治理要求有所不同。在发达国家，食品安全所关注的主要是因科学技术的发展所引发的问题，如转基因食品对人类健康的影响；而在发展中国家，食品安全所侧重的则是因市场经济发育不成熟而引发的问题，如假冒伪劣产品的肆虐、有毒有害食品的非法生产经营等。

第三，食品安全是个政治概念。无论是发达国家还是发展中国家，食品安全都是企业和政府对社会民众最基本的责任与必须作出的承诺。食品安全与生存权紧密相连，通常属于政府保障或者政府强制的范畴。

第四，食品安全是个法律概念。20世纪80年代以来，一些国家以及有关国际组织从社会系统工程建设的角度出发，逐步以食品安全的综合立法替代卫生、质量、营养等要素立法。如1990年英国颁布了《食品安全法》，2000年欧盟发表了具有指导意义的《食品安全白皮书》，2009年我国颁布了《食品安全法》。

基于以上认识，食品安全的概念可以表述为食品（食物）的种植、养殖、加工、包装、贮藏、运输、销售、消费等环节符合国家强制标准和要求，不存在可能损害或威胁人体健康的有毒有害物质，以及导致消费者病亡或者危及消费者及其后代的隐患。该概念表明，食品安全既包括生产安全，也包括经营安全；既包括结果安全，也包括过程安全；既包括现实安全，也包括未来安全。

思维导图

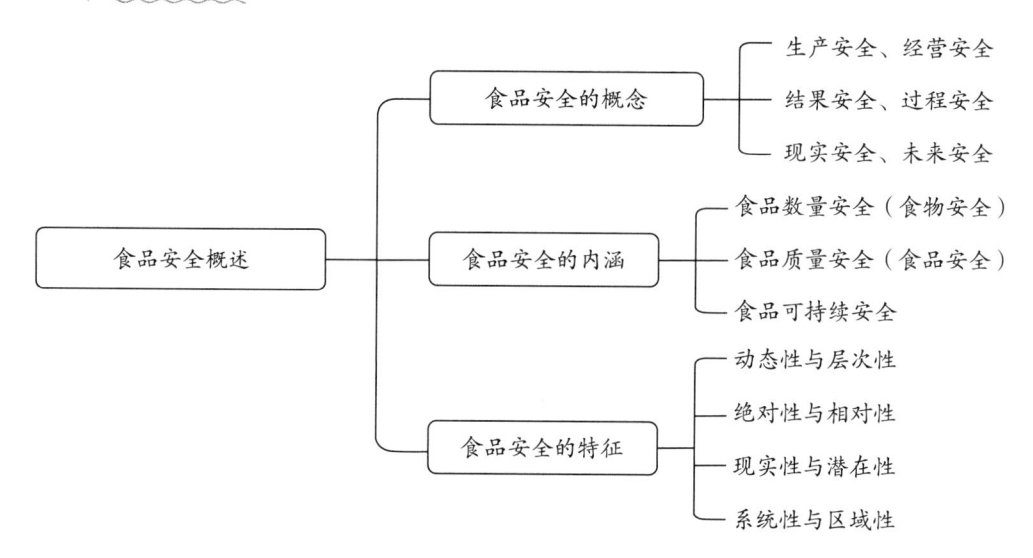

食品安全概述
- 食品安全的概念
  - 生产安全、经营安全
  - 结果安全、过程安全
  - 现实安全、未来安全
- 食品安全的内涵
  - 食品数量安全（食物安全）
  - 食品质量安全（食品安全）
  - 食品可持续安全
- 食品安全的特征
  - 动态性与层次性
  - 绝对性与相对性
  - 现实性与潜在性
  - 系统性与区域性

第二节　食品安全的发展历程

一、我国食品安全的发展历程

食品安全问题经历了漫长的发展过程，从远古时期开始就一直伴随着人类，如有巢氏茹毛饮血、燧人氏教民熟食、伏羲氏首创烹饪、神农氏发掘草蔬、黄帝兴灶做炊、后稷教民稼穑、尧制石饼创面食、彭祖饮食养生、伊尹精研美食等无不涉及食品安全层面的问题；而且自周朝起，食品安全问题就已经被统治者所重视。

（一）我国古代食品安全问题的源起

赵向豪等依据考古学界对人类文明发展阶段的三时代划分法，描画了石器时代、青铜时代和铁器时代食品安全问题的源起。

1. 石器时代

石器时代是人类文明发展的第一个阶段，尽管当时人类以石器制作各种劳动工具十分原始，生产力十分低下，但仍不失为人类文明的一大进步。在旧石器时代，人类通过狩猎与采集获得的食物都来自大自然，尽管品相粗劣、加工简单，但来源多样且绿色健康，因此食用这些健康食物的远古人类平时过着充满运动的生活，很少患上如今工业社会中的常见病。进入新石器时代，人类逐渐步入以农业为主获取食物的阶段并开始定居，原始农业和畜牧业得到初步发展，对食物的获取主要来自驯养、栽培等种养方式，获得的农产品仍然有限，通常不会有剩余。总之，无论是旧石器时代还是新石器时代，先民对食物安全的认知没有真正形成，所产生的食品安全问题较少，即使发现一些不安全问题，也不知所以然，而且其对人类生产生活的影响微不足道。因此，先民对食品的追求仍局限在数量上，而对食品安全的质量内涵甚少涉及。

2. 青铜时代

青铜时代是人类文明发展的第二个阶段，大略相当于中国历史上的夏商周时期。在青铜时代，中国农业和手工业的生产力水平得到了一定程度的提升，物质生活条件也逐渐改善，社会交往活动的范围也逐渐扩大。特别是商朝黍、稷、稻、麦等粮食作物和桑、麻、瓜果等经济作物的普遍种植以及牛耕技术的使用，促进了农业生产力的提高，使经济发展较前朝有了明显进步。随着私有制的进一步完成，农产品出现剩余，部分商朝人经常到周边地区开展农产品交换活动。同时，随着货币的形成，商朝人以贝币开展商业活动，奠定了商业活动的雏形，并促进了商业贸易的发展。由于商业贸易中农产品易腐、难贮存的自然属性及其跨区域流通，食品安全问题难以避免，并逐渐引起世人的关注。

3. 铁器时代

铁器时代是人类文明发展的第三个阶段，也是人类文明发展过程中极为重要的一个时代。中国在西周晚期开始生产与使用铁器，进入春秋时期铁制农具开始大量出现并逐渐得到推广与应用。战国时期冶铁业发展迅速，更多的铁制生产工具被生产出来，农业生产力得到大幅度提高，促进了社会劳动分工，商品交换活动的规模逐渐扩大，而且币制的统一进一步使商业从农业和手工业中分化出来。随着社会生产力的不断提高，商业作为一个独立的产业促进了人性的解放，但商人对利润的追逐使得食品安全问题逐渐暴露出来。

（二）我国古代食品安全问题的表现形式

1. 食品原材料安全问题

原始时期先民为了保证生活，开始尝试食用百草以区分食物毒性，这是食品安全观念的萌芽。但在选择食材、捕猎、采摘时经常会出现问题，这些操作和选择失误产生的问题常被载入书籍以警醒后人。自神农氏尝百草以来，人们也通过切身经历总结出了一些规律。从周时便有谷物不熟不能售卖的规定，《论语》《礼记》中也有关于饮食卫生和食物腐败不能吃的规定。《礼记·内则》中直接指出了动物的哪些部分是不能够食用的，"狼去肠，狗去肾，狸去正脊，兔去尻（脊骨尾端），狐去首，豚去脑，鱼去乙（鱼眼旁边的骨头），鳖去丑（窍）"。古人能够形成这样的经验，说明当时已经出现过相关的食品安全问题，食材的新鲜程度是很难保证的。随着周朝礼仪的出现，食品用于祭祀时的礼仪规制逐渐进入生活，食品在周王朝的重视程度大大提高，由此开始食物愈加精细，食品安全问题被人发现，并开始思考解决办法。

早在先秦时期，就有渔民使用毒草进行捕鱼活动。《山海经·中山经》记载："有草焉，名曰莽草，可以毒鱼。"虽然使用这个方法可以有效提高捕鱼的成功率，但食用毒草后的鱼体内会残留一些毒素，从而可能影响吃鱼人的身体健康；而且在使用毒草捕鱼的过程中，水体也会沾染上毒性，导致常有饮水之人中毒而亡的食品安全事故发生。此类行为甚至持续到宋朝，宋徽宗时期有奏章记载"愚民采毒药置于水中，鱼食之而死，因得捕之，盖只知取鱼之利，而不知害人之命也"。从这里能够看出，水资源的安全问题也颇受古人重视，从侧面反映了当时发生过与水有关的安全问题。

另外，果实在采摘选择过程中也会出现一定的问题，如成熟与否、是否被虫蛀、生长环境等都会成为影响安全的因素。

2. 食品生产、储运安全问题

古时没有先进的杀菌、消毒技术，在生产食品的过程中难免会出现一些食品安全问题。除了制作，食品储藏、运输过程中也会出现食物变质腐烂的问题。同时，古时医书上关于食禁食忌的规定，也从侧面反映出当时人们已经发现食物搭配的一些规律。

每种食物都有自己的特性，一旦使用了错误的加工制作方法，食用之后就有可能对人体健康产生影响。如《金匮要略》中记载，桃子不能水煮，杏仁生吃会伤人。孙思邈在《千金要方》里指出："勿食生菜生米小豆陈臭物……勿食生肉伤胃，一切肉惟须煮烂停冷食之。"说明在制作食物的过程中需要遵循的方法和食物的选择，不论是家庭自己做饭食用，还是商贩制作饭食出售，没做熟的食物都引发过食品安全问题。

蓄意违反规定的操作在各朝各代层出不穷，这些问题除了涉及技术也涉及道德问题。如《二年律令》中有关于脯肉的律法。脯肉问题贯穿整个古代，一是使用病畜肉进行制作，二是制作脯肉时使用动物的部位不当。宋朝时期，有不法商人在生产食盐时向其中加入沙土和硝。

食品储藏也是古代食品安全问题的一个巨大隐患，由于古代交通和储藏技术不发达，为了吃上新鲜的食物，古人多使用冰窖或者地窖进行冷藏。利用冰窖存冰储藏食物是非常奢侈的储藏方法，只有富贵之家才能用。普通民众只能将食物放在地窖中或通风阴凉处以期延长储存时间。但是这种储存办法效果一般，如果食物变质，为了节约依然会有人食用，从而出现中毒事件。

《周易》中记载了腊肉的制作过程。即将打猎到的猎物鲜肉腌制晾晒，因储存时间比鲜肉长，因此腊肉成为非常重要的食物。但是打猎活动一般在12月进行，腊肉腌制成功后经历南方的梅雨季和盛夏，在潮湿和高温的环境中也很容易腐败。《巢氏诸病源候总论》中记载了脯肉遇水腐败的后果。朱肃《普济方》中记载了脯肉保存不当的后果："凡脯肉及熟肉，皆不可深密收藏，令气不泄，食之皆杀人也。"《金匮要略》中也提到了许多由于食品保存不当导致的疾病和解决方法。从这些疾病和药方能看出当时人们已经发现错误的储存方式会令食物产生毒性。

食禁与食忌说的是饮食时候的禁忌。食禁是说两种食物不能同时食用，否则会出现中毒现象。食忌是说食物自己本身就有毒，因此不能食用。关于食禁食忌的内容在许多书籍中都有记载。孙思邈在《备急千金要方》一书中设置《食治》这一章节，对100多种食品的食用方法和禁忌进行了总结。说明古时人们对于食品搭配和有毒食物的分辨有一套系统，其中就有由于不遵守食禁食忌所产生的食品安全问题。

3. 食品制假售假安全问题

周朝时出现的原材料变质现象是人力无法解决的问题，而几百年之后的其他朝代就没有那么单纯了。随着古代社会的持续发展，商业市场也逐渐兴旺，并在唐宋年间到达了顶峰。商业的发展，使得食品随着交易发生流动，物品种类更加丰富，食品安全问题更为频繁地发生，从"行滥之禁"中能看出古代假冒伪劣产品也是屡禁不止。为了谋取利益，造假问题层出不穷，许多商人会售卖一些假冒伪劣货物。

唐宋八大家之一的柳宗元在《辨伏神文并序》中言："余病痞且悸，谒医视之。……吁！尽老芋也。……则世之以芋自售而病乎人者众矣，又谁辨焉！"明代文人叶权曾记载："今时市中货物奸伪……假敦鸡（野鸡）卖之。"五代十国时期市场上有卖假药的药铺，到了北宋甚至有专门批发假货的市场。

与王安石同年的进士苏颂曾经在东京汴梁居住，他调查过用死马肉代替鹿肉的市场乱象。苏颂的长孙苏象先在《丞相魏公谭训》中记录了祖父的经历："以为马肉耐久……为脯腊，可敌獐鹿。"《杨文公谈苑》中也提到过，羊肉价格贵，猪肉价格便宜，所以常会有商人将猪肉放置于羊尿之中，将之泡出羊骚味再进行售卖。宋朝周密在《癸辛杂识》中记载："凡驴马之自毙者，食之皆能杀人，……今所卖鹿脯，多用死马肉为之，不可不知。"宋朝还有"草茶入铺，旋入黄米、绿豆、炒面、杂物拌和真茶，变磨出卖"的掺假行为。

除了肉类、药材等造假行为，茶叶造假也是常见的食品安全问题。《茶经》中就记载了茶叶造假的手法："采不时，造不精，杂以卉莽，饮之成疾。"宋朝李焘在《续资治通鉴长编》中记载："撷取草木叶为伪茶者，计其直从诈欺律。准盗论。"

张衡的《西京赋》中有长安商贩经营时不守诚信、以次充好的记载："商贾百族，裨贩夫妇，鬻良杂苦，蚩眩边鄙，何必昏于作劳，邪赢优而足恃。"汉朝时期，商贩先把好的商品给顾客看，经过讨价还价商定好价钱，等到购买者交钱后再把低质量的同种产品掺入其中。明代田汝成在《西湖游览志余》中记载："（杭人）喜作伪，……如酒搀灰，鸡塞沙，鹅、羊吹气，鱼肉贯水，……。"古时以次充好的典型案例就是酒的质量问题，自隋朝以来直到宋朝，商家在酒的重量上做的手脚多种多样，如从掺水到过度包装等，可以看出古时食品行业以次充好、掺假、售假的问题很多。

归纳起来，我国古代食品安全问题产生的原因可分为三个层面：一是科学技术层面，食品卫生知识尚未系统化、制作储存技术相对落后和检验检疫技术缺失；二是社会层面，社会环境重农抑商、官商勾结频发和公众轻视食品安全；三是政治层面，政府对日常生活必需品销售的高压垄断、法律制定有漏洞、赋税制度不合理和官员选拔任用及管理不严格。古代食品安全问题产生的原因除了当时的技术局限，更多的是政治和社会原因。首先，封建时期的中央集权制以国家和皇室为中心，百姓的利益被忽视。为保证自身利益，在最重要的食品方面可以作出许多违反食品安全的事情，其本质上都是为了减少成本。其次，我国古代社会以农业为主，是典型的乡土社会，有着排外不愿接受变化的特点。当这种稳定的社会形式遇到流动性极强的商业模式时会产生很大的冲突，导致了商业在社会上不是主流，商人的地位也不高；再加上商人逐利的本质，从尊严和利益的双重角度来思考，出现各种各样的食品安全问题就可以解释了。总之，食品安全问题大量出现与商业的发展脱不开关系。但是在社会环境发生改变后，当时的社会成员并没有立刻作出反应。除了宋朝设立行会，其他时期并没有出现社会监督。

（三）我国近现代的食品安全问题

由上可知，古代中国所面临的食品安全问题主要是主粮的生产能否满足百姓的消费需求，即当代所谓的"粮食安全"问题。除了少数有犯罪动机的投毒事件，在小范围和小规模的食品交易中食品安全问题较少出现，即使出现也多以掺杂使假、假冒伪劣和腐败食物为主。

进入20世纪后，随着人口的增加和相关技术的发展，我国的食物生产和消费的规模越来越大，跨区域食物交易也逐渐开始兴起。然而，受科学知识和生产、消费条件的限制，不洁饮食、传统饮食习惯、市场混乱和粮食短缺是当时中国所面临的主要食品安全问题。

1. 饮水不洁问题严重

自古以来，人们对饮水卫生问题不甚注意。这样一种情形在近现代中国司空见惯："某个乡村池塘，在它的一边就是厕所，各种各样的废物被投掷到水中；水上漂浮着死狗，稍远处有台阶，附近人家有人下来打水，为日常家用。就在旁边，有人在塘里洗衣或洗菜。"这种饮水习惯引发的饮水安全事故较为常见。尤其是在华南和中原地区，即便在城市，这种饮水习惯也未见有实质性改变。一些流经其中的小河，由于居民肆无忌惮地乱扔东西而被当地人称为"粪河"。饮用这样的水引发各种疾病甚至食源性传染疫病，实乃自然而必然之事。

民国时期，由水污染而引发的各种传染病极大地危害了国家的公共卫生安全以及国人的身体健康。在饮水不洁引发诸种传染病中，尤以霍乱为重。民国初期至20世纪二三十年代，曾发生过多次因饮水食物不洁而引起的霍乱。其中1926年上海发生重大的霍乱，就与当时闸北自来水厂的严重污染有关。这次水厂水源污染给公共卫生带来了持久的创伤，光由其而引发的霍乱就达4次，其受害者多达3140人，其中死亡366人，创下了上海水源性传染病伤亡人数最多的历史记录。伤寒也是借由饮水或牛奶而传播的传染病之一。它是由伤寒杆菌引起的，死亡率很高，在民国时期也曾多次爆发。

2. 饮食习惯不够良好

在饮食方面，国人的一些传统习惯也会导致食品安全事故的发生。一方面，虽然中国古人也有注重饮食的养身之道，强调"节"的方面，可惜他们的种种办法，限于自己服食的一面，并未普及民众。在中国传统社会中，食品卫生被认为是一种极为私人的事情，不应被纳入公共卫生的范畴。另一方面，国人一些不良的卫生习惯隐含着影响食品安全的因素。如追求食具精美，喜欢用铜、铅等金属制作餐具，而这些含重金属的餐具有潜在毒性。再如从公共卫生的视角看，会食、给婴孩喂食、吃疾病者之剩余食物等都是极不卫生的饮食习惯。

3.食品市场流通混乱

到了近代,中国社会动荡,经济贫乏,民众欲求一饱而不得,食品卫生事业长期被漠视,食品卫生与安全则有着更为糟糕的记录。牛奶掺假、病死猪牛羊肉充斥市场各个角落,食品制造场所污秽不堪,食品流通环节模糊不清。广大民众吃的是变质的猪肉和以污池中的废物为肥料的蔬菜。街上所卖食物,因暴露在街上常被尘埃和苍蝇侵蚀,政府没有监督,百姓也别无选择。除此之外,出口食品也备受外国严重检验。即便是作为首善之区的北平城,卫生状况也不容乐观:"城内各处有贩卖鸟兽、鱼肉、蔬菜水果类的市场,只以大街路旁充当市场,无特设房屋,市场肮脏之极,臭气熏鼻,苍蝇成群,猬集于食物,不卫生的危害不少。""市上之食物,大半鱼龙混杂,真伪难辨,而腐败之水果,亦公然出售。食物中有用糖精或者有毒之颜色者,亦有将已不能食用之食物加以化学药料,维持其外观者。"

4.粮食供应短缺问题始终存在

晚清时期,由于朝廷的过分控制及制度落后、政治腐败,漕运最终被废止,粮食流通失去了统一的管理,出现了市场混乱的局面,这一切促进了商会的产生。商会通过筹资调粮、粮食运输、市场监管等,基本稳定了粮食市场,但粮食短缺在整个晚清时期却是不争的事实。

北洋政府时期,连年混战使粮食的数量再次摆在了中国食品供应的重要位置。如果没有粮食的大量进口,北洋政府就无法做到粮食安全。北洋政府建立了一系列相对完备的中央与地方农业管理机构,并通过税收减免等方式鼓励拓荒耕种。北洋政府还通过人才的培养与使用、技术的学习与应用增加粮食产量。农商部专门发布命令,指导各省粮食选种工作;对于粮食作物病虫害的防治,政府相继出台了《征集植物病害规则》等一系列法令。为保证食品质量安全,政府还颁布了《管理饮食物营业规则》指导专项管理,对食品出售者、禁售食品名目、食品生产加工场所卫生条件作出了明确的要求,并对违反者给予处罚。但北洋政府内忧外患不断,很多措施无法施行,加之封建势力对于土地的兼并,无法从根本上实现粮食等食品供应。

为了摆脱粮食依靠进口形成的困局,南京国民政府颁布了《中国米麦自给计划》,试图通过科学增产与控制成本、改善流通与降低运费、质量保障与关税保护等措施建立起国家级的粮食安全保障体系。南京国民政府还相继发布了对于食品加工场所、食品质量问题、食品添加问题、食品器具问题、牲畜屠宰场所的管理规定,并开展了相应的管理。全面抗战开始后,为了保证粮食安全,南京国民政府又出台了一系列适应战争形势的粮食管制法规,在各战区建立粮食管理处专门负责粮食的储备和流通,要求地方政府协同地方商会等组织平定粮价。随着战争的推进,面对居高不下的粮食价格,南京国民政府又调整了相关的措施:在各大市场指派专人了解粮食行情,政府统一采购粮食,避免行业内部竞争;1941年组建全国粮食管理部,对粮食市场进行管控,这些措施取得了一定成效，但依然没能根本解决粮食紧张的问题。

与此同时，中国共产党领导的各边区政府也开展了一系列行动保证食品供应。如扩大种植面积、提高种植技术、政府精兵简政、区域粮食调剂等，尤其关键的是减租减息制度。此举在团结抗日民族统一战线的前提下，减轻了农民的负担，最大限度地激发了广大农民的生产热情，促进了粮食产量的增加，一定程度上化解了粮食危机。

（四）新中国食品安全问题及演进

1. 改革开放前：对粮食短缺的关注远远高于食品卫生

改革开放前，我国食品领域所面临的主要问题是粮食短缺，食品卫生次之，食品领域鲜有恶意的违法犯罪事件。新中国成立后相当长的一段时期内，我国农业生产条件非常落后，化肥、农药、良种、农业生产机械和农田灌溉设施极度落后，农业生产严重依赖土地的自然生产力和农民的劳动。落后的农业生产还受到频频发生的旱灾、水灾等自然灾害的威胁，加之农业产业政策屡屡出现重大偏差，主粮的供给无法满足日益增长的主粮消费需求，"吃不饱"是我国面临的第一大问题。这一时期的食品安全问题主要表现在：从生产销售环节看，我国食品工业和包装技术、冷藏技术还很落后，食品生产销售环境差，大多数是散装、常温出售，无防腐措施，微生物污染时常诱发食品安全问题；在消费环节，由于没有冰箱，经常有因食用变质食物而引起食物中毒的现象，甚至在机关、学校、工厂的食堂也有因销售剩菜、剩饭造成群体食物中毒事件。此外，因人们缺乏食品安全常识，误食有毒植物、企业误将工业盐当食用盐使用等造成集体中毒事件也偶有发生。

2. 改革开放初期（1978—1992年）：食品卫生问题逐渐成为重点

改革开放后，随着改革的推进，粮食短缺得到根本缓解，快速发展的食品产业出现泥沙俱下、良莠不齐的混乱局面，食物中毒、食品污染事件逐渐增多，食品卫生问题成为食品安全的主题。我国食品卫生合格率在1982年仅有61.5%，在《食品卫生法（试行）》（1982年）颁布实施后，食品卫生合格率逐年提高。由于社会主义市场经济尚未建立，这一时期的食品质量问题和食物中毒事故主要是由受到生产、经营和技术条件等的限制，以及家庭或个人缺乏必要的饮食卫生知识等所引发的。以公有制为主体的食品企业较少，为了降低成本而偷工减料、违规掺假，企业因为谋取商业利益而人为造假，或给竞争对手企业食品投毒致使消费者食物中毒。此外，这一阶段我国化学工业水平较低，农作物化肥、农药施用量有限，所以由环境污染导致的食物重金属超标、过量的农药残留等情况远没有今天严重。

3. 社会主义市场经济目标提出（1993—2001年）：食品安全问题初见端倪

1992年，建立社会主义市场经济目标和国有资产分类改革思路的提出，促使国有企业、国有商业和餐饮业步入改革轨道。大批私有企业进入食品生产领域，极大地推动了食品产业的发展。1995年10月，全国人大正式通过《食品卫生法》，有力推动了食品卫生水平的提升，食源性疾病（食物中毒）问题得到有效遏制。但由于市场经济逐利的特点和政府转型过程中监管的缺失，掺杂使假、使用违禁药物、农兽药残留超标、重金属污染等现象日益严重，成为食品领域新的风险源，直接威胁到消费者的健康和生命安全。传统的"食品卫生"概念无法涵盖我国食品风险的主要特点，取而代之的是含义更广的"食品安全"概念。

4. 加入WTO以后（2002—2008年）：食品安全问题密集爆发

2001年加入WTO后，我国食品安全整体水平显著提升，食品安全形势整体向好，但问题仍然严峻。以假冒伪劣、掺杂使假、非法添加非食用物质、非法使用违禁药物等为特点的食品安全事件密集爆发。其中较为严重的有两起：一起是2003年12月，云南玉溪出现工业酒精兑制假酒案件，最终导致70多人中毒，5人死亡；另一起是安徽阜阳"大头娃娃"事件，即2003年5月至12月，安徽阜阳婴儿食用"劣质奶粉"，导致189名婴儿出现轻中度营养不良、12名婴儿因重度营养不良而死亡。这些恶性食品安全事件让中央政府重新审视我国的监管体制，时年在国家药品监督管理局的基础上，组建了国家食品药品监督管理局。

2004年，国务院出台了《国务院关于进一步加强食品安全工作的决定》，确立了"分段监管为主、品种监管为辅"的食品安全监管体制，形成了卫生行政、农业行政、质量检验检疫、工商行政管理、食品药品监督管理部门分段监管的体制。分段监管体制的运行，对提升我国的食品安全水平起到了积极的作用。2008年，由于国家大部制改革，原国家食品药品监督管理局由国务院直属机构变成了卫生部的代管机构，再度失去了部门规章立法权。2008年11月，奶粉产销量连续11年名列全国第一的三鹿奶粉被爆出含化工原料三聚氰胺，易导致婴儿患肾结石。这个食品污染事件不仅给消费者的健康带来了巨大危害，也严重挫伤了消费者对中国乳品质量安全的信心。

5. 食品安全立法及机构调整（2009年至今）：食品安全整体向好、稳中有升

加入WTO后，短期内密集爆发的食品安全事件，加快了《食品安全法》的立法步伐。2009年2月28日，全国人大通过《食品安全法》，并于6月1日起正式实施。《食品安全法》是在我国食品安全形势日益严峻的情况下出台的，是我国食品安全法律建设的标志性成果。该法将食品生产经营者确定为食品安全的第一责任人，明确国务院设立食品安全委员会，减少分段监管中的监管盲区。

2010年，国家食品安全委员会成立，开创了我国分段监管格局下的综合协调时代。2011年10月，国家食品安全风险评估中心在北京成立，标志着以风险评估、监测为基础，更加科学的食品安全监管体制的逐步形成。2013年初，随着国务院机构调整步伐的开始，原国家食品药品监督管理局改为国家食品药品监督管理总局，成为国务院直属机构。2018年，在国家食品药品监督管理总局、国家工商行政管理总局、国家质量

监督检验检疫总局等的基础上，组建了国家市场监督管理总局。一系列机构改革进一步理顺了监管体制，提升了监管效率，食品安全整体向好、稳中有升。

食品安全水平的不断提高得益于各方面艰苦的努力。随着《食品安全法》的颁布、实施和修订，以及国务院食品安全委员会、国家食品安全风险评估中心、国家市场监督管理总局等机构的成立，我国实施了一系列旨在保障食品安全的行动计划，逐步建立了较为完善的食品安全保障体系，如食品安全法律法规体系、食品安全标准体系；大市场监管改变了原食品安全九龙治水的格局，有效向集中化转变，食品安全监测能力显著提升，风险评估和风险交流已经实现了良好开局。

但由于食品安全的复杂性和变化性，新的食品安全问题随着社会经济的发展和技术的进步呈现出新的特征。除了食品质量安全方面的隐忧，我国还同时面临着食品营养缺乏和过剩的双重挑战。

二、国际视角下食品安全问题的演进

食品安全既是全球性问题，也是历史性问题。除了因营养卫生知识缺乏、误用不洁食物引起的食源性疾病，各个国家在不同的历史阶段都会遇到人为性食品安全问题。历史经验表明，一国的食品安全形势与其经济发展水平密切相关。

（一）掺杂使假是西方国家发展早期面临的最主要食品安全问题

公元前1世纪的《圣经》中就有许多关于饮食安全与禁忌的内容。其中著名的摩西饮食规则规定，来自反刍偶蹄类动物的肉不得食用，这一规则至今仍为正宗犹太人和穆斯林所遵循的传统习俗。不可食用骆驼，不可吃死因不明的走兽。《旧约伞书·利未记》中明确禁止食用猪肉、任何腐蚀动物的肉或死畜肉。在摩西教义和希伯来法律中有关于食品卫生规则的规定，认为如有违反会受到上帝的谴责。

在500年至1200年的罗马民法时代，食品交易中出现了制伪、掺假、掺毒、欺诈现象，在古罗马帝国时代已蔓延为社会公害。这一时期，食品安全的目标是确保不欺诈。在510年制定的罗马民法对防止食品的假冒、污染等问题做过广泛的规定，违法者可判处流放或劳役。

在英国，随着工业革命的开展，食品贸易日益扩大，在巨额利润的驱使下，食品市场上掺假、伪造、掺毒的现象不断发生，成为当时英国主要的食品安全问题，并引起了当时英国有识之士的关注，由于职业与技术的关系，化学家和医生走在了揭露和研究食品安全问题的前列。1202年，英国颁布了世界上第一个食品卫生安全法规——《面包法》，严禁在面包里掺入豌豆或蚕豆粉造假。1820年，英国学者阿库姆出版了《论食品掺假和厨房毒物》（*A Treatise on Adulterations of Food and Culinary Poisons*）一书，这是英国第一部以科学的手段、毫无偏见地讨论食品掺假问题的著作，在英国历史上第一次严肃地揭露了食品掺假的本质、程度和危险性，不仅在英国引起了强烈反响，而且还传播到美国和德意志地区。1848年，分析家约翰·米歇尔经过12年暗访，写出《论假冒伪劣食品及其检测方法》一书，他所检测的面包样品无一不是掺假食品。19世纪中期，英国的食品掺假达到了顶峰。著名的医学杂志《柳叶刀》于1850年组建"卫生分析委员会"，专门调查和报告当时英国食品的质量，在1855年出版《食品及其掺假：1851—1854年〈柳叶刀〉"卫生分析委员会"的食品检测报告》。该报告在英国历史上第一次运用显微镜分析食品，发现了食品中含有许多毫无营养价值甚至有毒的物质。

1860年，英国第一部食品安全法《食品与饮料掺假法》（Adulteration Act of Food and Drink）颁布，这是在医生约翰·波特斯盖发起的以直接要求英国政府制定食品安全法令、强化食品安全为目标的食品改革运动的浪潮下促成的。作为一名医生，波特斯盖清醒地意识到掺假食品对人们健康的危害，因此他推动了伯明翰的开明议员，以伯明翰为中心，联合其他城市要求中央政府制定食品安全监管法令。在食品改革者的推动下，1872年，英国政府又制定了《食品与药品掺假法》（Food and Drugs Adulteration Act）。1875年，英国议会通过了近代英国第一部得到有效实施的食品安全法——《食品与药品销售法》（The Sales of Food and Drugs Act，SFDA），也是第一部具有强制性的食品安全法。由此，英国初步确立起以地方政府事务部为主导，地方当局和公共分析师分工负责的食品安全监管体系。

上述三部里程碑式法律的诞生均剑指食品领域中最严重的掺杂使假问题，说明英国食品安全立法是从打击食品掺假起步的。除了食品掺假，原料污染也是19世纪英国食品安全中的主要问题。

在美国，1812年英美战争后，对外贸易和航海业陷入困境的美国却进入了制造业快速发展的时代。在自由放任的保守主义的影响下，处于市场经济初期的美国反对政府对商业活动的干预。然而，食品公司为了利润，开始在食物中造假，使用化学物质进行保鲜、掩盖食物中腐烂的痕迹、伪造食物的颜色和纹理等。1820年，联邦政府制定了美国第一部涉及食品卫生安全的标准法典——《美国药典》，该法成为主导全球食品安全治理的标杆。

19世纪60年代，以工业化社会姿态崛起的美国，化学性危害构成了食品安全问题的核心。经济利益至上让食品成为商人攫取金钱的工具，食品生产商为了降低成本，在食品中加入化学成分、色素和防腐剂，以改变劣质食品的外观、气味和味道。例如，使用硫酸铜把发蔫的蔬菜变绿，使用苯甲酸钠可以让西红柿停止腐烂，用三硬脂酸甘油酯延长猪油的储存时间，用硼砂去除火腿装罐时的变质异味。这一时期，美国的食品掺假行为变本加厉。食品生产商借助化学手段，疯狂制假贩假，严重威胁着消费者的健康和生命安全。例如，在牛奶中掺水；在巧克力中掺入碾碎的肥皂、蚕豆和豌豆；在面粉中加入铅笔灰、黏土或石膏；在面包中加入可以快速吸收和保存水分的硫酸铜，以增加重量等。由于食品质量缺乏最基本的标准，美国劣质食品泛滥。更为极端的例子是,斯威夫特和阿莫等公司供应美西战场和古巴战场士兵的食品都是劣质的,甚至导致士兵食用后患病,丧失战斗力。有学者把19世纪后半期诚信丧失、欺诈盛行的美国市场经济称为"历史上最无耻的时代"。

1848年6月,针对欧洲盛行的食品掺假问题,美国出台了第一部反对食品和药品掺假的法律《药品进口法》,以抵制劣质食品和药品的进口,法律实施之初曾取得良好的效果,但很快因为政治影响和贿赂而遭遇失败。美国各州自1870年后就开始陆续出台各类专项治理伪劣食品的法律。1879年,美国农业化学家彼得·科利尔呼吁为食品掺假问题而制定一个全国性的食品与药品法案,却未能通过。1899年,国会开始对食品"掺假"问题进行调查。1902年,国会两院联合成立一个附属委员会专门负责对"掺假"食品、饮料和药品以及虚假广告进行听证。在科利尔、韦利和辛克莱一批关注食品安全的专家学者的推动下,《纯净食品及药物管理法》(又称《韦利法案》)和新的《肉类检查法》终于在1906年得以通过。其中《纯净食品及药物管理法》旨在确保企业提供干净、不掺假的食品和有效、安全的药品,禁止洲际贸易中在食品、饮料和药品上贴假标签和掺假。与此同时,建立了以化学家韦利博士为首,由11名专家学者组成的班子,形成美国食品药品管理局(FDA)的雏形,并按《农业拨款法》将食品、药品和杀虫剂管理局简称为食品药品管理局。这标志着美国食品安全监管开始走上法制化道路,极大地遏制了食品生产经营领域的违法行为。

通过以上分析可知,在资本主义市场经济发展早期,一方面,自由放任的经济理念排斥政府干预,没有给食品安全监管留下空间,导致食品市场出现的乱象缺乏必要的约束机制和矫正机制;另一方面,由于经济发展水平低,消费者购买力有限,食品加工业利欲熏心,掺杂使假成为英美等国不得不面对的一个主要食品安全问题。

(二)技术性食品安全风险是经济发展到一定阶段不得不面对的难题

20世纪化学工业得到迅猛发展,化学品被广泛应用到社会生产的各个领域。种植和养殖业滥用化肥和农兽药等投入品,加工中滥用食品添加剂以及环境污染等问题日益严峻。一系列事实和科研成果,使人们认识到食品中化学危害严重威胁到人类健康和生存,从而在食品安全法律法规中增加了对种植环境、杀虫剂、杀菌剂、灭鼠剂、食品中农药残留、食品添加剂等的要求。

20世纪前半叶,化肥和农药在农业领域开始广泛使用。1909年,德国化学家弗里茨·哈伯发明合成氨的方法,化肥工业开始发展,随着化肥生产技术的不断进步,氮肥、磷肥、钾肥等成为化肥工业的主力军,几乎同一时期,杀虫剂、杀菌剂、除草剂等第一代农药已经趋于成熟,成为农业增产的重要助手。与此同时,合成化学物质在食品中的使用不断增加。1949年,美国国会创建一个特殊委员会调查由此引起的危害,经过多年努力,最终形成三个修正案:《农药残留修正案》(1954年)、《食品添加剂修正案》(1958年)和《色素添加剂修正案》(1960年),美国食品安全进入安全评估时代。

20世纪后半叶，以有机磷和氨基甲酸酯类化合物为代表的有机合成农药开始主导农药产业。新的食品安全问题随之产生，种植、养殖过程中出现滥用农兽药的现象。1962年，美国生物学家蕾切尔·卡森出版的《寂静的春天》，向世人预测了农药DDT对环境的危害，揭示了食物中来自农药的潜在威胁。1970年，美国颁布实施《国家环境政策法》并成立环境保护署（EPA），可以看作是对该书的直接反映，是为终结类似于DDT（瑞士人保罗·穆勒获得了诺贝尔奖）的广谱杀虫剂而做的一种制度准备。为降低食品中农药残留做的努力持续至20世纪末。1993年，克林顿政府推行了"标准更严，用量更低，广泛推行可替代性生物制剂"的政策，旨在让低农药残留食品成为经济社会的一种道德规范。1996年颁布的《食品质量保护法》（FQPA），要求对膳食和非膳食途径摄入的农药残留对人体健康的风险进行全面评估。

由微生物污染引起的食源性疾病在这一时期也逐渐增多，其中自1982年美国大肠杆菌O157:H7首次被确认能在人类中致病和致死以后，由大肠杆菌O157:H7引起的大规模中毒事件多次发生。1992年，美国爆发500例大肠杆菌O157:H7中毒事件；1991年，美国沙门氏菌通过封装的冰激凌爆发传染，致使41个州的22万多人患病；1996年，美国奥德瓦拉（Odwalla）公司因作为果汁原料的苹果可能接触过含大肠杆菌的动物粪便，导致大肠杆菌O157:H7再次爆发。同样著名的事件还有1986年因饲料二噁英污染而在英国出现的疯牛病，1996年在英国再次爆发并迅速蔓延至世界多国，使养牛业遭受重创。

（三）突发性事件是当今世界食品安全面临的主要挑战

进入21世纪后，突发性致病菌污染、畜禽疫病流行和生物恐怖主义的威胁等成为当前发达国家食品安全领域面临的最大挑战。

食品中的病原微生物一直是人类食品安全所面临的一个难题。沙门氏菌、单增李斯特菌、肠出血性大肠杆菌、金黄色葡萄球菌和副溶血性弧菌等致病菌对食品的突发污染，给食品安全带来巨大冲击。2009年，美国花生酱感染沙门氏菌事件直接促成了《食品安全现代化法案》的出台。2011年5月，德国肠出血性大肠杆菌O104:H4感染爆发疫情，成为世界范围内同类爆发事件中规模最大的。

近年来，大规模的畜禽疫病流行给发达国家的肉类食品消费安全带来了极大的挑战。2000年11月由饲料污染导致的德国疯牛病、2001年英国爆发的口蹄疫和2004年2月加拿大爆发的禽流感疫情，均造成不同程度的人员感染。

美国遭受"9·11"恐怖袭击以后，提出"生物恐怖主义防备与应对法案"。美国政府与食品加工专家达成一种共识，即恐怖分子可能将利用食物产品向民众施放有害制剂。世界动物健康组织列出了可能被利用的15种制剂，其中包括禽流感、猪霍乱、口蹄疫、羊痘和非洲猪瘟。此外，"非典"病毒和新冠病毒也是极有可能被应用的有害生物制剂。因生物恐怖主义而产生的有毒有害食品，并不是传统食品安全领域关注的议题，针对此类情形的预防、应对已经不是食品安全监管部门力所能及的事情，国家安全部门、卫生部门才是真正的主力。

思维导图

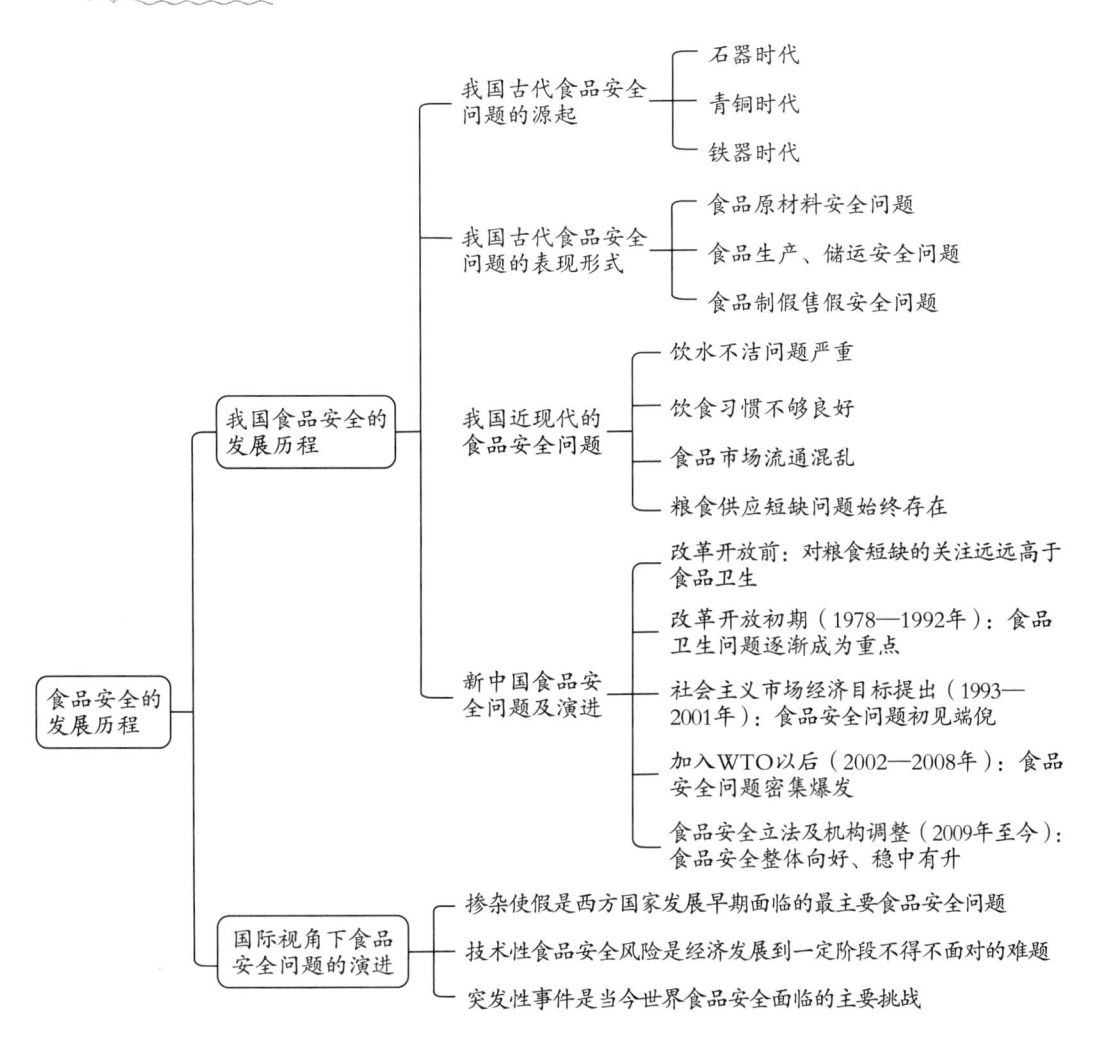

```
食品安全的发展历程
├── 我国食品安全的发展历程
│   ├── 我国古代食品安全问题的源起
│   │   ├── 石器时代
│   │   ├── 青铜时代
│   │   └── 铁器时代
│   ├── 我国古代食品安全问题的表现形式
│   │   ├── 食品原材料安全问题
│   │   ├── 食品生产、储运安全问题
│   │   └── 食品制假售假安全问题
│   ├── 我国近现代的食品安全问题
│   │   ├── 饮水不洁问题严重
│   │   ├── 饮食习惯不够良好
│   │   ├── 食品市场流通混乱
│   │   └── 粮食供应短缺问题始终存在
│   └── 新中国食品安全问题及演进
│       ├── 改革开放前：对粮食短缺的关注远远高于食品卫生
│       ├── 改革开放初期（1978—1992年）：食品卫生问题逐渐成为重点
│       ├── 社会主义市场经济目标提出（1993—2001年）：食品安全问题初见端倪
│       ├── 加入WTO以后（2002—2008年）：食品安全问题密集爆发
│       └── 食品安全立法及机构调整（2009年至今）：食品安全整体向好、稳中有升
└── 国际视角下食品安全问题的演进
    ├── 掺杂使假是西方国家发展早期面临的最主要食品安全问题
    ├── 技术性食品安全风险是经济发展到一定阶段不得不面对的难题
    └── 突发性事件是当今世界食品安全面临的主要挑战
```

第三节　我国食品安全现状及展望

一、我国食品安全现状及问题

（一）经济新形势下食品安全保障能力不断提高

食品安全问题历来是我国政府和人民关注的重点，新《食品安全法》体现了科学管理、责任明确、综合治理的食品安全指导思想，树立了"预防为主、风险评估、全

程控制、社会共治"的治理理念，确立了食品安全风险监测制度、食品安全风险评估制度、食品生产经营许可制度、食品召回制度、食品安全信息统一公布制度等多项食品安全监管基本制度，明确了分工负责与统一协调相结合的食品安全监管体制，为实现全程监管、科学监管，提高监管成效，提升食品安全水平，提供了法律制度保障。

目前，我国食品安全国家标准体系已经形成，国家食品安全抽检监测信息系统（原国家食品药品监督管理总局，CFDA）、全国食品污染物监测系统（卫生部门）、食源性监测报告系统（卫生部门）和出入境食品检验检疫风险预警和快速反应系统等四大系统的应用，标志着我国食品安全监管"大数据"平台初步形成，食品安全监管将进入信息化和智能化的新时代。此外，我国食品安全科技支撑能力不断强化，监管队伍日益专业检验检测能力逐步提升，监管成效进一步彰显，食品安全保障体系趋于完善。

与此同时，我国经济从高速增长转为中高速增长，食品工业进入提质增效新阶段。虽然食品工业总产值增速逐步下降，但是食品安全总体持续稳定向好：①主要食用农产品质量安全总体保持较高水平，粮食总产量自2004年以来保持连年增收；②加工食品及进入销售环节的食用农产品抽检总体合格率一直保持在96%以上；③消费环节食品安全水平不断提升，食物中毒报告起数及中毒/死亡人数降低；④进口食品安全处于较高水平。

（二）旧疾新患，现阶段食品安全形势依然严峻

1. 供给侧改革初见成效，食品安全监管面临新难题

当前，我国进入经济新常态，国内生产总值（GDP）从高速增长转为中高速增长。但新时期我国食品安全问题新旧交织，重点问题突出：国内农产品产量增速趋缓，对外依存度不断攀升；食品电商等新模式经济日趋多样，不断滋生新型食品安全风险；国民营养健康状况尚不理想，营养不良问题成为常态危机；农业资源长期透支，开发利用形势严峻。

2. 环境污染问题依然严峻，源头治理成为全球共识

食品安全和环境安全是保障人民群众健康最重要的两个方面，两者互为因果，密不可分。随着社会经济水平的不断提高，人们的环境意识、健康意识逐步加强，但长久以来的水污染问题、大气污染问题、土壤污染问题、生态功能退化和突发性环境污染问题在短期内无法得到根本性的解决。环境治理的长期性、综合性和反复性的特点迫使环境污染成为长期影响食品安全的重要问题。虽然我国环境管理体系建设日益完善，食品安全相关环境标准近2000个，但多数指标是在借鉴和参照发达国家的基准和标准数值的基础上制定的，一定程度上会因为缺乏科学性或实际匹配度不高的问题而

降低保障力,不利于保障食品安全。

3.农兽药残留超标等问题,成为食品安全的长远隐患

我国是农畜禽生产和产品消费大国,保障种植和养殖业持续稳定发展有着重要的战略意义。但是,为追求产量和利润而超范围、超剂量滥用农兽药的问题已经成为影响食品安全的长期隐患,农兽药残留对健康构成了直接或潜在威胁,同时也影响到我国农产品和食品的对外出口及可持续发展。

4.食品欺诈事件时有发生,消费者信心重塑任重道远

在全球经济发展的当代,食品欺诈遍及世界各国。食品掺假是食品欺诈最主要的形式,是政府和消费者最关注的一类食品安全问题,同时也是对食品安全、政府公信力、社会和谐稳定影响最大的一类问题。以奶粉为例,原国家食品药品监督管理总局发布"2017年婴幼儿配方乳粉抽检合格率为99.5%",是目前所有大宗食品中合格率最高的,其质量安全指标和营养指标与国际水平相当。但是99.5%的抽检合格率下,仍然存在疯狂抢购洋奶粉的现象,消费者对婴幼儿奶粉信心的恢复程度远落后于质量安全的提高程度。

食品欺诈的根本原因在于人性的贪婪和欲望,即谋求获得更高的经济利益。目前减少食品欺诈事件发生的有效途径包括:正视食品欺诈,加强社会诚信体系建设;企业进行食品欺诈脆弱性评估;建立食品欺诈数据库等。但这些工作目前还处于"进行时"阶段,随着互联网技术的不断发展,传统食品行业与互联网不断融合、重构,电商食品假冒伪劣等欺诈行为层出不穷,食品欺诈已成为当今食品安全保障的"新痛点"。

5.食品产销分离趋势增强,食品安全新风险不容小觑

随着食品供应链的复杂化和全球化,食品生产链不断延长,产销分离加剧,食品供应链各环节出现漏洞的可能性增加。消费结构持续升级,供给侧结构性改革加速新技术、新产品、新业态、新模式不断涌现,"互联网+"激活食品电子商务市场,跨境电商食品交易规模逐年扩大,由此带来的诸如跨境电商食品安全保障等问题成为监管新难题。同时,非传统食品安全问题日渐增多,向食品中故意甚至恶意加入非食用或有害物质的食品掺假、食品供应链脆弱和与反恐有关的食品防护成为食品新风险。

6.国际食品贸易发展迅速,进口食品输入性风险加大

在"出口全世界,进口五大洲"的大背景下,食品供应链国际化将导致食品安全风险随国际供应链扩散,"一国感冒、多国吃药"正不断成为全球食品安全应急的常态化特征。"一带一路"倡议的提出,有力地促进了我国与沿线国家贸易的便利化。但许多亚洲、非洲国家至今尚未建立较为完善的食品安全管理体系,也有部分国家不是世界动物卫生组织成员国或通报系统不规范、动物疫情不透明，这些都对我国现行风险预警和监管体系、监管机构和监管能力提出了重大挑战。同时，由于世界经济持续低迷，有些企业在成本压力面前，为节省支出而减少食品安全管理的投入，或使用假冒伪劣、掺假造假等手段，导致进口食品输入性风险加大。

7. 渠道创新催生了新风险，非传统食品安全风险日益增大

随着新技术、新产品、新业态、新商业模式的大量涌现，食品安全新问题、新情况、新挑战也随之出现，食品安全风险日益增大。其中，食品电子商务经营碎片化，呈现出批次多、数量少、面向个体消费者、交易频次高等特点，潜在食品安全风险高；跨境食品电商销售则以短期销量为主，无法形成稳定的消费需求，经销商难以建立稳定的供货渠道，无法实现对渠道的风险控制；而电商平台为了保证供货通常采用复合渠道，极大地增加了食品安全风险；在不断扩大的网络订餐市场中，一些无证无照的"黑店"往往也窝藏其中。如何构筑网络外卖食品安全"防火墙"，已成为食品安全关注的新话题。

二、我国未来食品安全风险研判

（一）食品产业不断转型升级，食品安全面临新问题

1. 食品产业向低碳、环保、绿色和可持续方向发展

面对资源、能源与生态环境约束的严峻挑战，食品产业更加亟待向低碳、环保、绿色和可持续的方向发展。食品消费需求的快速增长和消费结构的不断变化、公众健康意识的不断增强推动着食品产业结构调整与技术升级，饮食安全与营养健康成为产业发展的新需求和新挑战。智能化、信息化已成为食品产业科技竞争的制高点和重要支柱，加速产业快速转型升级；全产业链品质质量与营养安全过程控制和综合保障，已成为食品产业科技高度关注的热点和焦点；不断提升自主创新能力，是增强我国食品产业国际竞争力和持续发展能力的核心与关键，依靠科技创新驱动，是我国食品产业实现可持续健康发展的根本途径。

2. 互联网技术助力食品电商，新商业模式势不可挡

随着互联网技术的不断发展，传统食品行业与互联网不断融合、重构，形成"互联网食品"模式。食品行业在电子商务领域拥有广阔的发展空间，食品电商经过几年的积累，已进入快速发展期。然而，我国食品电商在境内外交易迅速发展的同时，电商食品的安全问题逐渐显露出来，电商食品的消费投诉逐年提升。电商食品安全主要存在以下问题：假冒伪劣等欺诈行为层出不穷，标签标示违规，法律法规滞后，监管及维权困难，储运过程存在安全隐患。

互联网+、云计算、大数据分析等现代技术的发展和应用，为食品安全高效监管提供了前所未有的技术支撑，同时也使食品的生产、销售、物流模式等发生了翻天覆地的变革，给传统食品安全监管提出了新挑战。在新形势下，对电商食品安全的监管需要各方面的参与，政府监管是后盾，落实企业主体责任是前提，消费者的参与是关键。为保障电商食品安全，建议进一步完善农产品食品电商法律法规；建立健全电商食品可追溯制度；建立信息互通机制；建立诚信档案，推进社会共治。

3.营养健康和非传统食品安全将持续成为研究热点

在全面建成小康社会、基本实现社会主义现代化的时代背景下，我国居民食品消费正不断由关注食品质量安全的阶段跨越到关注食品营养安全的阶段，食品消费从生存型消费加速向健康型、享受型消费转变，从"吃饱、吃好"向"吃得安全、吃得健康"转变，食品消费支出明显增加，消费能力加强，迫切需要积极开展食品制造与营养研究，开发营养、方便、健康和多样化的食品产品，满足不断增长的消费需求。

同时，当前我国居民面临着营养过剩和营养不足的双重压力，粮谷摄入过多，蔬菜、水果和奶类较膳食指南推荐量仍有较大差距，脂肪摄入量比推荐量高13%左右，过量营养素摄入导致高血压、高血脂等"富裕病"患病率升高，居民对食品营养不足或失衡所造成的慢性危害会更加关注。

4.科技和标准将继续成为保障食品安全的重要支撑

专利和技术标准将成为食品安全科技创新发展的战略支撑，我国经济发展进入速度变化、结构优化、动力转换的新常态，经济发展从要素驱动、投资驱动转向创新驱动，科技创新正成为推动国家发展的核心动力。"十二五"以来，我国科技创新能力显著增强，正步入跟跑、并跑、领跑"三跑并存"的历史新阶段，知识产权作为科技成果向现实生产力转化的重要桥梁和纽带，激励创新的基本保障作用更加突出，成为衡量国际竞争能力高低的重要指标。标准是经济活动和社会发展的技术支撑，是国家治理体系和治理能力现代化的基础性制度。国际经验表明，只有掌握某一领域核心专利和技术标准，才能在激烈的竞争中占据有利地位，才能不断提升国际竞争力，形成技术垄断优势。食品安全与营养科技创新要想取得突破，实现由跟跑、并跑向领跑转变，就必须拥有核心专利和技术标准作支撑。

（二）食品环境基准安全阈值不明，食品安全任重道远

食品安全和环境有着密切的关联，环境基准是"从农田到餐桌"无缝链接的食品安全标准体系的重要支撑。餐桌食品的安全一方面取决于食品的加工、包装、储运等过程的安全性，但归根结底还是要从保障食物源头开始。农产品中有毒有害污染物的限值，取决于其生长环境的大气质量、土壤质量、灌溉水的质量，以及农药和化肥使用等，而合理的大气、水、土壤基准是保障食品安全的关键所在。淡水产品和海产品安全的第一道防线也是其生长环境,即水质的安全。因此,科学合理的环境基准是保障食品安全的重要屏障。

通过对既往研究资料的搜集和分析发现,我国的铅、镉等重金属的污染问题突出。食品中的镉污染主要集中在东部和南部地区,而东部和北部地区食品中铅污染问题较为突出;对于有机污染物多氯联苯(PCBs)来说,东部和中部地区的一些农村PCBs浓度较高。此类污染是人为造成的环境重金属、有机物污染进一步转移到了食品当中,从而导致了食品中的重金属、有机物等污染问题突出。

(三)致病微生物耐药性加强,食品微生物危害加大

我国是抗生素使用大国,这一现状导致了多重耐药细菌的激增,其潜在的环境和健康风险引起了科学家、公众和政府的广泛注意。例如,副溶血性弧菌被认为对大多数抗生素是敏感的,一些抗生素如四环素、氯霉素被用于治疗此菌的严重感染。然而,由于在人体医疗、农业与水产系统中大量使用抗生素,出现了大量具有抗生素抗性的细菌菌株。美国、欧洲各国、巴西、印度、泰国、马来西亚等都报道了副溶血性弧菌抗性菌株及多重抗性菌株。我国副溶血性弧菌的抗性菌株也普遍存在。沙门菌在进化过程中可以产生严重的耐药以及多重耐药(multidrug resistance,MDR)的现象,引起了全球的广泛关注。针对我国食源性致病微生物耐药趋势逐年上升的态势,相关细菌菌株耐药的分子机制有待加强,特别是遗传多样性、分子微进化与耐药特征之间的关联研究工作亟待加强。

(四)动物产品需求刚性增长,兽药安全治理难度大

未来20年,随着我国经济社会全面发展,在人口持续增长、居民收入快速增加和城镇化进程加快等因素的影响下,我国居民对食源性动物产品的需求将呈现刚性增长。根据日韩欧美等发达国家的养殖产品消费趋势,预测我国膳食结构将呈现肉类、奶类、水产类、蛋类与植物源食品均衡消费的格局,其中肉类最高人均消费量可达70—80 kg,超出目前人均消费量30%;奶类最高人均消费量可达90—100 kg,是目前水平的4倍;而水产类最高人均消费量可达60 kg,需比目前人均消费量提高60%。消费刚性需求的增加,要求动物养殖量必须增加,而随着动物养殖量的增加,兽药投入量也会随之加大。必要的兽药投入是养殖业可持续发展的重要保障,然而巨量的兽药投入给兽药残留和耐药性防控带来沉重压力。

目前我国动物疫病防控形势依然严峻,表现为新发再发传染病和外来疫病双重威胁,重大动物疫病与人畜共患病危害严重,动物疫病复杂化、野生动物疫病监控困难等。为应对这种局面,目前使用的兽药种类繁多,仅国家农业部门批准有正式生产文号的兽药就近10万种,而且各种新型兽药还在不断出现与更新。每一类兽药都有其独特的化学结构,而目前已有的兽药检测方法,都是以其化学结构为基础设计的;要实现兽药残留防控计划的全覆盖，就必须对每类甚或每种兽药建立检验方法。因此，兽药残留和耐药性防控所面临的任务艰巨。

（五）食品产业国际竞争激烈，进口食品安全面临新挑战

经济一体化全球化进程的加剧促进食品进出口贸易快速发展，保障进口食品安全与推动国际贸易便利化的需求日益迫切。互联网技术与贸易的深度融合，也极大地丰富了贸易渠道和方式。食品进口贸易不再受到地域限制，而是紧跟市场需求，目前贸易几乎已遍及全国所有口岸。信息整合、科学决策、推动各方共治将成为保障进口食品安全的重要支撑。在融合了大数据、云计算等综合信息技术的"互联网+"时代，信息的全面收集、综合研判是保障决策科学有效的前提。目前仅国家层面的进口食品安全风险信息网络每天收集到的相关信息就达到较大规模。应尽快构建全国层面的进口食品安全监管"大数据"平台，实现系统内外、上下间信息互联互通，串联检验和检测、企业和产品之间的信息，搭建科学、权威的进口食品安全信息决策平台，不断实现决策的科学性和有效性。

（六）植物基蛋白食品产业方兴未艾，其技术和安全性问题也应引起关注

近年来，随着消费者对绿色健康食品的需求不断增强，植物肉、植物奶、植物海鲜等产品纷纷登场，植物基逐渐在全球掀起新的饮食风潮。植物基食品涵盖了植物乳、植物肉、植物饮品等多种品类，其主要原料来自豆类、谷物、种子等中的植物蛋白和植物性脂肪等。植物基蛋白食品除具有低脂肪、零胆固醇等特点外，还具有减少水资源和土地资源利用、动物食品涉及的道德问题以及温室气体排放等优点。

但植物基蛋白食品也同样存在物理、化学和生物性方面的安全问题。植物肉制作过程中出现的物理危害，包括加工设备、生产环境与操作人员的卫生状况等因素。化学性因素主要来自在种植大豆、小麦、豌豆等植物肉原料的过程中，为减少农业生产中的病虫害或增加农作物的产量，通常使用农药和化肥。若使用量超出限定标准，残留药物会通过渗透和吸收作用进入农作物，通过食物链进入人体导致中毒并产生一系列神经症状，严重时可能会引起休克、抽搐甚至死亡。另外，植物生长所需的环境条件（如土壤、水质、空气等），一旦受到污染也会影响人的身体健康。植物肉加工从原料到食用的各个环节都有可能受到微生物的污染；植物肉制品中含有大量的水分及其他营养物质，为微生物的生长和繁殖创造了条件。此外，加工植物基蛋白食品的新技术及辅料安全性问题也应引起关注。

思维导图

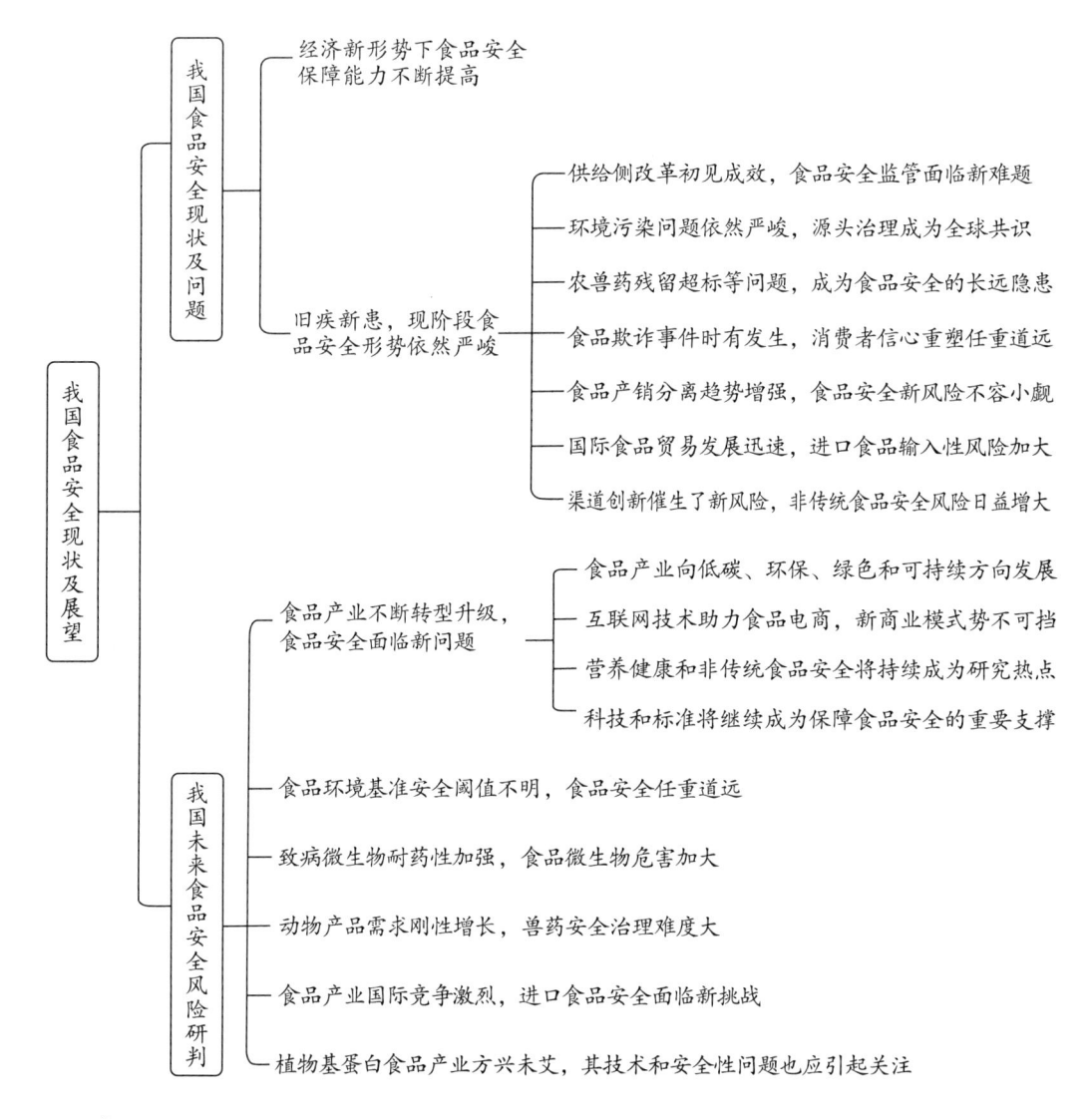

- 我国食品安全现状及展望
  - 我国食品安全现状及问题
    - 经济新形势下食品安全保障能力不断提高
    - 旧疾新患，现阶段食品安全形势依然严峻
      - 供给侧改革初见成效，食品安全监管面临新难题
      - 环境污染问题依然严峻，源头治理成为全球共识
      - 农兽药残留超标等问题，成为食品安全的长远隐患
      - 食品欺诈事件时有发生，消费者信心重塑任重道远
      - 食品产销分离趋势增强，食品安全新风险不容小觑
      - 国际食品贸易发展迅速，进口食品输入性风险加大
      - 渠道创新催生了新风险，非传统食品安全风险日益增大
  - 我国未来食品安全风险研判
    - 食品产业不断转型升级，食品安全面临新问题
      - 食品产业向低碳、环保、绿色和可持续方向发展
      - 互联网技术助力食品电商，新商业模式势不可挡
      - 营养健康和非传统食品安全将持续成为研究热点
      - 科技和标准将继续成为保障食品安全的重要支撑
    - 食品环境基准安全阈值不明，食品安全任重道远
    - 致病微生物耐药性加强，食品微生物危害加大
    - 动物产品需求刚性增长，兽药安全治理难度大
    - 食品产业国际竞争激烈，进口食品安全面临新挑战
    - 植物基蛋白食品产业方兴未艾，其技术和安全性问题也应引起关注

本章小结

本章主要以历史维度为脉络，较为系统地阐述了食品安全的概念、内涵、发展历程、我国食品安全现状及问题和我国未来食品安全风险展望等。拟通过本章内容的讲授和学习，帮助学生掌握食品安全的概念及内涵等相关知识，培养学生从历史视角科学分析食品安全问题的综合能力和思维方式，厚植其食品安全担当意识和家国情怀。

思考题

1. 简述食品安全的概念。
2. 如何理解食品安全的内涵？

3. 用思维导图画出食品安全的发展历程。
4. 简述我国食品安全现状及存在的问题。
5. 简述我国未来食品安全的风险有哪些。

素质拓展材料

通过本拓展材料的学习，可以帮助学生系统了解食品安全的内涵，全方位审视粮食安全的形势以及应对策略，培养学生理性、科学分析食品专业问题的综合能力和思维方式，厚植其利用专业知识服务祖国的担当意识和家国情怀。

粮食安全问题之窥见

第二章
食品安全监管基础知识

本章学习目标

1. 了解食品安全监管的相关概念；
2. 掌握食品安全监管的内容和要素；
3. 理解食品安全监管的基本理论；
4. 领悟并会应用食品安全监管的市场规律。

第一节　食品安全监管的基本架构

一、食品安全监管的相关概念

食品安全监管包括食品生产加工、销售和餐饮环节中食品安全的日常监管，食品安全标准的制定/修订与实施、生产经营许可和强制检验等市场准入制度，良好生产规范（good manufacturing practice，GMP）、危害分析与关键控制点（hazard analysis and critical control point，HACCP）等食品生产经营过程的质量保证体系，食品行业和企业的自律及其相关食品安全管理活动等，是政府行使行政管理职能和生产经营者履行职责和义务以保障食品安全的重要措施。开展食品安全监管工作要以《食品安全法》为法律依据，按照相关法规、规章、标准和文件指导监管工作，确保食品安全。一般来说，食品安全监管分为食品安全监督和食品安全管理两部分内容。

食品安全监督是指国家职能部门依法对食品种植、生产、销售、消费等环节的食品安全相关行为行使法律范围内的强制性监察活动。

食品安全管理是指政府相关部门、行业协会和食品企业等采取有计划和有组织的方式，对食品种植、生产、销售和消费等过程进行有效的管理和协调，以确保食品安全的各类活动。食品安全管理强调行业和企业内部的自发行为，其管理活动也可采用多种方式。

食品安全监管与食品安全管理相比有以下几方面特点：

（1）公共性。食品安全监管的目的在于规范食品生产秩序，控制食品质量安全，维护公众生命安全和身体健康。这项工作涉及社会公共利益，是政府公共服务职能的一部分，属于公共管理范畴，需要应用公共管理有关理论去分析研究食品安全监管问题。

（2）综合性。食品安全监管不是一个纯粹的经济问题或技术问题。食品安全监管是涉及政治、经济、社会、管理、技术等多方面、多层次的综合性问题，只有采取综合性的措施，才能获得比较理想的效果。

（3）强制性。食品安全监管与食品安全微观管理是有差别的。广义的管理包括政府公共管理和企业管理等内容，食品安全监管属于公共管理范畴，带有强制性质。作为监管者的政府是站在社会公共利益的立场上依据法律法规对微观经济主体实施一种外部管理，这是一种不能授权给他人代理的责权；企业微观管理则是出资者或管理者对企业内部实施的管理活动，这种管理在大部分情况下是可以委托代理的，其管理措施对企业外的社会公众没有任何约束力。食品安全采取的管理措施分为两大类：食品企业所采取的食品安全控制措施是私人行为，属自愿性质；政府监管采取的食品安全控制措施是公共安全干预行为，属强制性质。

（4）禁止性。食品安全监管是通过规定禁止一些危害食品安全的行为方式来达成目标的。

鉴于食品安全管理内容已在"食品质量管理学"等相关课程中有所涉及，本书讲授的食品安全监管内容主要偏向于食品安全监督相关内容。

二、食品安全监管的主要内容

食品安全监管的主要内容包括食品安全风险监测、食品安全风险评估、制定和实施食品安全标准、公布食品安全信息、食品安全事故处理和监督管理等。《食品安全法》第二章、第三章、第七章和第八章等对此有详细阐述。

（一）食品安全风险监测

食品安全风险监测是通过系统和持续地收集食源性疾病、食品污染以及食品中有害因素的监测数据及相关信息，并进行综合分析和及时通报的活动，亦即对食源性疾病、食品污染及食品中的有害因素进行监测，包括制定国家和地方的食品安全风险监测计划并组织实施，分析监测发现的问题并及时进行处理和整改。食品安全监测和评价结果对于掌握食品安全动态，及时开展有针对性的食品安全监督有重要意义。国家食品安全风险监测计划由国务院卫生行政部门会同国务院食品安全监督管理等部门共同制定、实施。我国早在20世纪80年代就加入了由WHO、FAO与联合国环境规划署（United Nations Environment Programme，UNEP）共同成立的全球污染物监测规划/食品项目（Global Environmental Monitoring System/Food，GEMS/Food），并于2000年正式启动全国食品污染物监测网工作。2009年以来，已发展为全国食品安全风险监测（包括化学污染物和有害因素监测）网，监测的食品类别和污染物项目也不断增加。

《食品安全法》第十四条到第十六条对食品安全风险监测制度的建立、依据和程序等也进行了规定。

（二）食品安全风险评估

《食品安全法》规定，国家建立食品安全风险评估制度，运用科学方法，根据食品安全风险监测信息、科学数据以及有关信息，对食品、食品添加剂、食品相关产品中生物性、化学性和物理性危害因素进行风险评估。

国务院卫生行政部门负责组织食品安全风险评估工作，成立由医学、农业、食品、营养、生物、环境等方面的专家组成的食品安全风险评估专家委员会进行食品安全风险评估。食品安全风险评估结果由国务院卫生行政部门公布，并明确了应当进行食品安全风险评估的六种情形。对农药、肥料、兽药、饲料和饲料添加剂等的安全性评估，应当有食品安全风险评估专家委员会的专家参加。食品安全风险评估不得向生产经营者收取费用，采集样品应当按照市场价格支付费用。

食品安全风险评估通过确认各种危害风险的大小，预测食品发生问题的种类、可能性以及后果的严重性，制定或调整风险控制措施，并积极与有关各方进行沟通，从而建立起安全的食品链，保障食品安全。对于确认的各类危害风险提出管理措施，对于食品生产、检验和管理等提出建议。食品安全风险评估结果是制定、修订食品安全标准和实施食品安全监管的科学依据。

县级以上人民政府食品安全监督管理部门和其他有关部门、食品安全风险评估专家委员会及其技术机构，应当按照科学、客观、及时、公开的原则，组织食品生产经营者、食品检验机构、认证机构、食品行业协会、消费者协会以及新闻媒体等，就食品安全风险评估信息和食品安全监督管理信息进行交流沟通。

《食品安全法》第十七条到第二十三条对食品安全风险评估的方式方法等进行了规定。

（三）食品安全标准制定和实施

制定食品安全国家标准和地方标准并保证其切实执行，也是食品安全监管的重要内容。《食品安全法》规定，制定食品安全标准，应当以保障公众身体健康为宗旨，做到科学合理、安全可靠。食品安全标准是强制执行的标准。除食品安全标准外，不得制定其他食品强制性标准。食品安全国家标准由国务院卫生行政部门会同国务院食品安全监督管理部门制定、公布，国务院标准化行政部门提供国家标准编号。

食品中农药残留、兽药残留的限量规定及其检验方法与规程由国务院卫生行政部门、国务院农业行政部门会同国务院食品安全监督管理部门制定。屠宰畜、禽的检验规程由国务院农业行政部门会同国务院卫生行政部门制定。

制定食品安全国家标准，应当依据食品安全风险评估结果并充分考虑食用农产品安全风险评估结果，参照相关的国际标准和国际食品安全风险评估结果，并将食品安全国家标准草案向社会公布，广泛听取食品生产经营者、消费者、有关部门等方面的意见。

对地方特色食品，没有食品安全国家标准的，省、自治区、直辖市人民政府卫生行政部门可以制定并公布食品安全地方标准，报国务院卫生行政部门备案。食品安全国家标准制定后，该地方标准即行废止。国家鼓励食品生产企业制定严于食品安全国家标准或者地方标准的企业标准，在本企业适用，并报省、自治区、直辖市人民政府卫生行政部门备案。

《食品安全法》第二十四条到第三十二条对食品安全标准等相关内容进行了规定。

（四）食品安全信息公布

《食品安全法》第一百一十八条到第一百二十条规定，国家建立统一的食品安全信息平台，实行食品安全信息统一公布制度。国家食品安全总体情况、食品安全风险警示信息、重大食品安全事故及其调查处理信息和国务院确定需要统一公布的其他信息由国务院食品安全监督管理部门统一公布。食品安全风险警示信息和重大食品安全事故及其调查处理信息的影响限于特定区域的，也可以由有关省、自治区、直辖市人民政府食品安全监督管理部门公布。未经授权不得发布上述信息。县级以上人民政府食品安全监督管理、农业行政部门依据各自职责公布食品安全日常监督管理信息。公布食品安全信息，应当做到准确、及时，并进行必要的解释说明，避免误导消费者和社会舆论。

县级以上地方人民政府食品安全监督管理、卫生行政、农业行政部门获知本法规定需要统一公布的信息，应当向上级主管部门报告，由上级主管部门立即报告国务院食品安全监督管理部门；必要时，可以直接向国务院食品安全监督管理部门报告。

县级以上人民政府食品安全监督管理、卫生行政、农业行政部门应当相互通报获知的食品安全信息。任何单位和个人不得编造、散布虚假食品安全信息。

（五）食品安全事故处置

《食品安全法》第一百零二条到第一百零八条规定，国务院组织制定国家食品安全事故应急预案。县级以上地方人民政府应当根据有关法律、法规的规定和上级人民政府的食品安全事故应急预案以及本行政区域的实际情况，制定本行政区域的食品安全事故应急预案，并报上一级人民政府备案。食品安全事故应急预案应当对食品安全事故分级、事故处置组织指挥体系与职责、预防预警机制、处置程序、应急保障措施等作出规定。食品生产经营企业应当制定食品安全事故处置方案，定期检查本企业各项食品安全防范措施的落实情况,及时消除事故隐患。

县级以上人民政府食品安全监督管理部门接到食品安全事故的报告后,应当立即会同同级卫生行政、农业行政等部门进行调查处理,并采取相应措施,防止或者减轻社会危害。

发生食品安全事故后,设区的市级以上人民政府食品安全监督管理部门应当立即会同有关部门进行事故责任调查,督促有关部门履行职责,向本级人民政府和上一级人民政府食品安全监督管理部门提出事故责任调查处理报告。涉及两个以上省、自治区、直辖市的重大食品安全事故由国务院食品安全监督管理部门依照前款规定组织事故责任调查。

调查食品安全事故,应当坚持实事求是、尊重科学的原则,及时、准确查清事故性质和原因,认定事故责任,提出整改措施。

(六)食品生产经营企业的自身管理与监督管理

《食品安全法》第三十五条规定,国家对食品生产经营实行许可制度。从事食品生产、食品销售、餐饮服务,应当依法取得许可。但是,销售食用农产品和仅销售预包装食品的,不需要取得许可。仅销售预包装食品的,应当报所在地县级以上地方人民政府食品安全监督管理部门备案。

食品生产经营企业应当建立健全食品安全管理制度,对职工进行食品安全知识培训,加强食品检验工作,依法从事生产经营活动。食品生产经营企业的主要负责人应当落实企业食品安全管理制度,并对本企业的食品安全工作全面负责。食品生产经营企业应当配备食品安全管理人员,加强对其培训和考核。经考核不具备食品安全管理能力的,不得上岗。食品安全监督管理部门应当对企业食品安全管理人员随机进行监督抽查考核并公布考核情况。食品生产经营者应当建立并执行从业人员健康管理制度。食品生产经营者应当建立食品安全自查制度,定期对食品安全状况进行检查评价。

国家鼓励食品生产经营企业符合良好生产规范要求,实施危害分析与关键控制点体系,提高食品安全管理水平。

(七)食品安全追溯制度

《食品安全法》第四十二条规定,国家建立食品安全全程追溯制度。食品生产经营者应当依照本法的规定,建立食品安全追溯体系,保证食品可追溯。国家鼓励食品生产经营者采用信息化手段采集、留存生产经营信息,建立食品安全追溯体系。国务院食品安全监督管理部门会同国务院农业行政等有关部门建立食品安全全程追溯协作机制。

第四十三条规定,地方各级人民政府应当采取措施鼓励食品规模化生产和连锁经营、配送。国家鼓励食品生产经营企业参加食品安全责任保险。

（八）食品召回

《食品安全法》第六十三条规定，国家建立食品召回制度。食品生产者发现其生产的食品不符合食品安全标准或有证据证明可能危害人体健康的，应当立即停止生产，召回已经上市销售的食品，通知相关生产经营者和消费者，并记录召回和通知情况。食品经营者发现其经营的食品有前款规定情形的，应当立即停止经营，通知相关生产经营者和消费者，并记录停止经营和通知情况。食品生产者认为应当召回的，应当立即召回。由于食品经营者的原因造成其经营的食品有前款规定情形的，食品经营者应当召回。

食品生产经营者应当对召回的食品采取无害化处理、销毁等措施，防止其再次流入市场。但是，对因标签、标志或者说明书不符合食品安全标准而被召回的食品，食品生产者在采取补救措施且能保证食品安全的情况下可以继续销售；销售时应当向消费者明示补救措施。食品生产经营者应当将食品召回和处理情况向所在地县级人民政府食品安全监督管理部门报告；需要对召回的食品进行无害化处理、销毁的，应当提前报告时间、地点。食品安全监督管理部门认为必要的，可以实施现场监督。

食品生产经营者未依照相关规定召回或者停止经营的，县级以上人民政府食品安全监督管理部门可以责令其召回或者停止经营。

（九）其他

协助培训食品生产经营人员，并监督其健康检查；向消费者和食品生产经营者宣传食品安全和营养知识，提高消费者对伪劣食品和"问题食品"的识别能力，提高生产经营者的守法意识；对食品生产经营企业的新建、扩建、改建工程的选址和设计进行预防性卫生监督和审查；对重大食品安全问题和热点问题进行专项检查和巡回监督检查；对违反《食品安全法》的行为依法进行行政处罚，对情节严重者，依法追究其法律责任；加强食品行业协会自律意识，引导食品生产经营者依法生产经营，推动行业诚信建设等。

三、食品安全监管的基本要素

食品安全监管体系是要素的集合体，主要由监管主体、监管对象（客体）和监管手段三个部分组成。广义的监管主体是指社会公共机构，其中包括国家立法、司法和行政机构，以及有关国际组织、行业协会及其他一些社会中介组织、私人组织（企业）等；狭义的主体仅限于政府有关监管部门。监管客体主要是指个人、企业、消费者和生产者等。监管手段主要有法律手段、行政手段、技术手段等。

食品安全监管主体的监管行为主要包括立法、执法和司法三个部分。对于立法部分来说，政府制定相应的法律法规和国家标准，对食品的生产、加工、包装、贮藏、运输、销售与消费安全建立规范化标准，明确食品市场准入和经营的安全要求，以及对触犯法律法规、造成食品安全事件的组织和个人的处罚方式，是食品安全监管的依据。

而对于执法部分来说，政府通过对食品质量的检测和检查，对问题食品及其生产、加工、运输、销售厂家进行行政处罚和行政裁决，对食品安全进行管理，是食品安全监管的手段。监管的司法行为指政府联合司法机关，对食品安全事件中构成违法犯罪的组织和个人进行责任追究，依情节进行相应的民事赔偿、行政处罚和刑事处罚，是食品安全监管的后处理。

（一）食品安全监管的依据

食品安全监管的依据是指食品安全监督行为得以成立的根据。从某种意义上讲，就是食品安全监督主体把食品安全法律、规范适用于食品安全相关领域，依法处理具体行政事务的行政执法行为。

食品安全监督必须以事实为依据、以法律为准绳。此外，由于食品安全监督的科学技术性特点，食品安全监督主体在监督中也必须遵循相应的技术规范。

1. 法律依据

食品安全监管的法律依据是指食品安全监督主体的食品安全监督行为成立的法律根据。食品安全监督主体在食品安全监督过程中，应当遵循我国颁布的所有食品安全法律规范。

我国食品安全监督的法律依据有具体的表现形式，不同的表现形式由国家不同等级的主体制定，在食品安全法律体系中的地位、法律效力也不同。

食品安全法律规范是我国食品安全法律体系的基础，其中《食品安全法》是我国食品安全法律体系中法律效力层级最高的法律法规文件，也是制定食品安全法规、规章及其他规范性文件的依据。与《食品安全法》配套的法规或规定包括《食品安全法实施条例》《食品生产许可管理办法》《食品经营许可和备案管理办法》《食品添加剂生产监督管理办法》《保健食品注册与备案管理办法》《新食品原料安全性审查管理办法》《食品添加剂新品种管理办法》《食品安全国家标准管理办法》《国家重大食品安全事故应急预案》等。此外，《农产品质量安全法》《电子商务法》《企业落实食品安全主体责任监督管理规定》《食品相关产品质量安全监督管理暂行办法》等同上述法律、法规或规定一样，也是开展食品安全监督的法律依据。国家市场监督管理总局制定的《市场监督管理执法监督暂行规定》等相关规定也是督促市场监督管理部门依法履行职责，规范行政执法行为，保护自然人、法人和其他组织的合法权益的重要依据。

2. 技术依据

技术依据主要是指食品安全监督主体在实施食品安全监督中遵照执行的技术法规、标准、技术规范和规程等。

（1）技术法规。技术法规是指规定强制执行的产品特性或其相关工艺和生产方法

（包括适用的管理规定）的文件，以及规定适用于产品、工艺或生产方法的专门术语、符号、包装、标志或标签要求的文件。这些文件可以是国家法律、法规、规章，也可以是其他的规范性文件，以及经政府授权由非政府组织制定的技术规范、指南、准则等。通常包括国内技术法规和国外技术法规两种类别。我国技术法规最主要的表现形式有两种：一是法律体系中与产品有关的法律、法规和规章；二是与产品有关的强制性标准、规程和规范。

（2）标准。根据《标准化基本术语》的定义，标准是指对重复性事物和概念所作的统一规定。它以科学、技术和实践经验的综合结果为基础，经有关方面协商一致，由主管机关批准，以特定的形式发布，作为共同遵守的准则和依据。

（3）技术规范。技术规范是指规定产品、过程或服务应满足的技术要求的文件。技术规范可以是标准、标准的一个部分或与标准无关的文件。

（4）规程。规程是指为设备、构件或产品的设计、制造、安装、维修或使用而推荐惯例和程序的文件。规程可以是标准、标准的一个部分或与标准无关的文件。

由上可见，技术规范和规程可以是标准或是标准的一部分，因此标准在技术依据中占重要地位，食品安全标准在食品安全技术法规中也不例外。食品安全标准是国家一项重要的技术法规，是食品安全监督主体进行食品安全监督的法定依据，具有政策法规性、科学技术性和强制性。

食品安全标准在食品安全监督中的主要作用体现在：是食品安全监督检测检验的技术规范，是食品安全监督评价和实施食品安全监督执法的技术依据，是行政诉讼的举证依据，对食品安全监督相对人具有约束规范作用。

3.事实依据（证据）

食品安全监督的证据是指用以证明食品安全违法案件真实情况的一切材料和事实。食品安全监督证据的特征包括客观性、关联性和合法性。根据我国《行政诉讼法》关于证据条款的规定，行政诉讼的证据有八种，即物证、书证、视听资料、电子数据、证人证言、当事人的陈述、鉴定意见、勘验笔录/现场笔录。以上证据经法庭审查属实，才能作为认定案件事实的根据。

（1）物证。物证是指用其外形及其他固有的外部特征和物质属性来证明食品安全违法案件事实真相的物品。伴随案件的过程形成的物证客观真实性很强，不像人证那样受主观因素的影响较多，容易变化或伪造。即使有人对物证作了歪曲反映，只要物证还存在，就不难被发现。不同的案件会形成不同的物证，此案件物证不能用来证明彼案件事实，即使是同一类型极为相似的物证也不能相互代替。

（2）书证。书证是指以文字、图画或符号记载的内容来证明食品安全违法案件真实情况的物品。常见的书证有许可证照、公证书、通知书、合格证、证明书等。书证有两个主要特征：一是以文字、符号、图案的方式来反映人的思想和行为；二是能将有关的内容固定于纸面或其他有形物品上。

在食品安全监督中，书证的形成一般在案件发生之前，在案件发生之后被发现、提取而作为证据。在某些情况下，同一物品可以同时作为书证和物证使用。如果以其记载的内容来证明待证事实，就是书证；如果以其外部特征来证明待证事实，就是物证。

（3）视听资料。视听资料是指利用录音、录像、计算机技术以及其他高科技设备等方式所反映出的声音、影像、文字或其他信息，是证明案件事实的证据，包括录像、录音、传真资料、电话录音、电脑储存数据和资料等。视听资料是随着现代科学技术的进步而发展起来的一种独立的证据种类，它具有不同于其他证据的特征：视听资料是以声音、图像、数据、信息所反映的案件事实和法律行为证明作用的；视听资料表现的声音、图像、数据、信息能够形象、直观生动、真实地反映案件事实及法律行为；视听资料的形成和证明，要经过制作和播放显示两个过程，其录制、储存和播放、显示的真实性受制于人的制作和播放行为，存在被篡改、伪造的可能。因此，视听资料要作为食品安全监督证据使用时，应附有制作人、案由、时间、地点、视听资料的规格等说明，并有制作人签名、贴封。同时，食品安全监督主体对于这种证据应辨别真伪，并结合其他相关证据，确定其证据的效力。

（4）电子数据。电子数据是指通过电子邮件、电子数据交换、网上聊天记录、博客、微博、手机短信、电子签名、域名等形成或存储在电子介质中的信息。2019年12月26日公布的《最高人民法院关于民事诉讼证据的若干规定》，对电子数据作为证据作了较为详细的规定，对电子数据范围、类型作出比较宽广、详细的规定；细化了当事人提供和人民法院调查收集、保全电子数据的详细要求；规定了电子数据作为证据使用时的审查判断规则，完善了电子数据证据规则体系。

（5）证人证言。证人证言是指当事人以外的知道食品安全违法案件真实情况的人，就其所知道的案情向食品安全监督主体以口头或书面方式所作的陈述。根据我国法律的规定，凡是知道案件情况的人，都有作证的义务；但是生理上、精神上有缺陷或者年幼，不能辨别是非、不能正确表达的人，不能做证人。

由于证人证言的形成一般经历了感受阶段、记忆阶段和反映阶段，因此证人证言的形成过程自然会受到客观环境和证人的主观感受、记忆质量以及语言文字表达能力的影响，这就决定了证人证言具有一定的客观性、可塑性、非客观叙述的内容等特点。

（6）当事人陈述。当事人陈述是指食品安全违法案件的当事人就其了解的案件情况向食品安全监督主体所作的陈述。当事人是案件的直接行为人，对案件情况了解得比较多，当事人的陈述是查明案件事实的重要线索，应当加以重视。由于当事人在案件中是食品安全监督相对人，与案件的处理结果有利害关系。因此，对当事人的陈述应客观对待，注意是否有片面和虚假的部分。当事人的陈述只有和其他证据结合起来，综合研究审查，才能确定能否作为认定事实的依据。

（7）鉴定意见。鉴定意见是指受法院指派或聘请或者当事人聘请的鉴定人运用自己的专业知识和技能,根据案件事实材料对需要鉴定的专门性问题进行分析、鉴别和判断之后得出的专业意见。行政诉讼中常见的鉴定有文书鉴定、会计鉴定、医学鉴定、科学技术鉴定等。鉴定结论只解决与案件事实有关的专门性问题,不解决法律问题。

(8)勘验笔录/现场笔录。勘验笔录是指食品安全监督人员对能够证明食品安全违法案件事实的现场或者不能、不便拿到监督机关的物证,就地进行分析、检验、勘查后所作的记录。现场笔录是指食品安全监督人员在现场当场实施行政处罚或者其他处理决定时所作的现场情况的笔录。勘验、现场笔录是客观事物的书面反映,也是保全原始数据的一种证据形式;但是基于各种因素,有时也可能失实。所以,勘验、现场笔录也必须在审查核实后才能使用。

(二)食品安全监管的手段

食品安全监管的手段是指食品安全监督主体在贯彻食品安全法律规范、实施食品安全监督过程中所采取的措施和方法,主要包括食品安全法制宣传教育、行政许可、行政处罚、食品安全监督检查等方面。

1. 食品安全法制宣传教育

食品安全法制宣传教育是指食品安全监督主体将食品安全法律规范的基本原则和内容向社会做广泛的传播,使人们能够得到充分的理解、认识和受到教育,从而自觉地遵守食品安全法律规范的一种活动。食品安全监督主体依法进行食品安全监督,是实施食品安全法律规范的过程。其根本目的是保护人民的健康,维护公民、法人和其他组织的合法权益。因此,食品安全法制宣传教育已成为食品安全监督人员在日常食品安全监督活动中普遍采用的手段之一。

食品安全法制宣传教育根据所针对的对象不同,有一般性的宣传教育和具体的宣传教育两种形式。一般性的宣传教育是指通过电视、报纸、标语、图画等多种形式,经常性地针对所有人进行食品安全法制宣传,普及食品安全知识,使人们受到教育;对新颁布和新修订的与食品安全相关的法律法规,要及时开展专题宣传活动以保证法律法规的顺利贯彻实施。具体的宣传教育是指食品安全监督主体或者食品安全监督人员在具体的监督活动中,通过纠正和处理相对人的违法行为,针对特定的公民、法人或者其他组织进行食品安全法制宣传教育。不同形式的食品安全法制宣传教育,无论是对消费者、食品安全监督主体还是相对人都具有重要的意义。

2. 食品生产经营行政许可

行政许可是指行政机关依据法定的职权,应行政相对方的申请,通过颁发许可证或备案等形式,依法赋予行政相对方从事某种活动的法律资格或实施某种行为的法律权利的具体行政行为。许可或备案制度已成为食品安全监督的重要手段。

食品生产经营许可是食品市场主体能否进入食品市场的关键条件之一。1983年7

月1日实施的《食品卫生法（试行）》对食品生产经营许可制度有相关规定，即食品生产经营许可由工商行政管理部门负责，而食品卫生监督由县以上卫生防疫站或者食品卫生监督检验所负责。1995年10月30日实施的《食品卫生法》第二十七条规定："食品生产经营企业和食品摊贩，必须先取得卫生行政部门发放的食品卫生许可证方可向工商行政管理部门申请登记。"卫生许可证的发放管理办法由省、自治区、直辖市人民政府卫生行政部门制定。第二十九条规定："城乡集市贸易的食品卫生管理工作由工商行政管理部门负责，食品卫生监督检验工作由卫生行政部门负责。"对食品市场主体监管实施的食品卫生许可证管理，其体制与《食品卫生法（试行）》的规定基本一致。2002年起取消了食品卫生许可制度，取而代之的是食品市场准入制度。2009年颁布实施的《食品安全法》把食品卫生许可调整为食品生产许可、食品流通许可和食品餐饮服务许可三种类型，其中食品生产包括28类食品生产许可或者市场准入，7类食品包装材料和容器相关产品全部实施了生产许可或者市场准入。2021年修正版《食品安全法》把食品生产许可证调整为食品生产许可和食品经营许可及备案两种类型，目前实施食品生产许可或者市场准入的食品相关产品有32个类别。

《食品安全法》第三十五条规定："国家对食品生产经营实行许可制度。从事食品生产、食品销售、餐饮服务，应当依法取得许可。但是，销售食用农产品和仅销售预包装食品的，不需要取得许可。仅销售预包装食品的，应当报所在地县级以上地方人民政府食品安全监督管理部门备案。县级以上地方人民政府食品安全监督管理部门应当依照《中华人民共和国行政许可法》的规定，审核申请人提交的本法第三十三条第一款第一项至第四项规定要求的相关资料，必要时对申请人的生产经营场所进行现场核查；对符合规定条件的，准予许可；对不符合规定条件的，不予许可并书面说明理由。"

第三十六条规定："食品生产加工小作坊和食品摊贩等从事食品生产经营活动，应当符合本法规定的与其生产经营规模、条件相适应的食品安全要求，保证所生产经营的食品卫生、无毒、无害，食品安全监督管理部门应当对其加强监督管理。县级以上地方人民政府应当对食品生产加工小作坊、食品摊贩等进行综合治理，加强服务和统一规划，改善其生产经营环境，鼓励和支持其改进生产经营条件，进入集中交易市场、店铺等固定场所经营，或者在指定的临时经营区域、时段经营。"

第三十七条规定："利用新的食品原料生产食品，或者生产食品添加剂新品种、食品相关产品新品种，应当向国务院卫生行政部门提交相关产品的安全性评估材料。国务院卫生行政部门应当自收到申请之日起六十日内组织审查；对符合食品安全要求的，准予许可并公布；对不符合食品安全要求的，不予许可并书面说明理由。"

第三十九条规定："国家对食品添加剂生产实行许可制度。从事食品添加剂生产，应当具有与所生产食品添加剂品种相适应的场所、生产设备或者设施、专业技术人员和管理制度，并依照本法第三十五条第二款规定的程序，取得食品添加剂生产许可。"

总之，食品安全市场监管的第一个关口就是食品生产经营许可，这是食品市场主体能否进入食品市场的关键。现行的食品生产经营许可的要求,与食品市场监管体制的要求和新时期人民对美好生活追求的需要还不相适应,尤其是与人民生活息息相关的"菜篮子"即销售食用农产品或仅销售预包装食品的,不需要取得许可(《食品安全法》第三十五条规定)。随着政府"放管服"改革的推进,我国食品市场主体增长迅速,数量巨大,但规模偏小,食品是一种特殊的一次性消费品,也是人类生存发展的必需品,应对不同类型和规模的食品主体实施不同的市场准入条件,也就是在生产经营许可上提出不同的要求,相对提高市场准入门槛,以遏制食品主体过快增长给食品市场监管带来的压力。

3. 行政处罚

行政处罚是指食品安全监督主体为维护公民健康,保护公民、法人或其他组织的合法权益,依法对相对人违反卫生行政法律规范、尚未构成犯罪的行为给予的惩戒或制裁。行政处罚也是食品安全监督的重要手段。

行政处罚具有如下特征:①行政处罚的主体是具有法定职权的监督主体;②行政处罚的对象是违反食品安全法律规范的管理相对人;③行政处罚的前提是管理相对人实施了违反食品安全法律规范且未构成犯罪的行为;④行政处罚的目的是行政惩戒制裁。

行政处罚必须遵循处罚法定原则,处罚公正、公开原则,处罚与教育相结合原则,作出罚款决定的机构与收缴罚款的机构相分离的原则,一事不再罚原则,处罚救济原则。食品安全监督主体在受理、处罚相对人违反法律规范的行为时,应遵循行政处罚的管辖(地域管辖、级别管辖、指定管辖、移送管辖、涉嫌犯罪案件的移送),即应由哪一级、哪一个区域的食品安全监督主体处罚。

根据《食品安全法》的规定,食品安全监管部门或机关可对违反食品安全法律规范的食品生产经营者追究以下行政法律责任:给予警告;责令改正、责令停产停业;处以罚款;没收违法所得;没收违法生产经营的食品、食品添加剂和用于违法生产经营的工具、设备、原料等物品;吊销许可证。被吊销食品生产经营许可证的单位,其直接负责的主管人员自处罚决定作出之日起5年内不得从事食品生产经营管理工作。

4. 食品安全监督检查

1)食品安全监督检查的分类

(1)定期与不定期食品安全监督检查。

定期食品安全监督检查是指食品安全监督主体按照食品安全监督工作计划和要求,在一定时期内(如一个月、半年、一年等)有规律地对管理相对人进行若干次监督检查。这种监督检查对管理相对人会产生稳定的警戒作用,促使其事先做好准备。

不定期食品安全监督检查是指没有固定时间间隔的监督检查。这种监督检查,管理相对人无法有准备地应付检查,更有利于客观、真实地发现问题,以便纠正违法错误。

（2）一般与特定食品安全监督检查。这是根据监督检查对象是否为特定相对人所作的分类。

一般食品安全监督检查是指食品安全监督主体对不特定的管理相对人遵守食品安全法律、法规、规章的情况进行普遍的监督检查。一般食品安全监督检查可以使食品安全监督主体从宏观上把握管理相对人的守法情况，起到宏观控制的作用。

特定食品安全监督检查是指食品安全监督主体针对特定的管理相对人遵守食品安全法律、法规、规章的情况进行的监督检查。特定食品安全监督检查可以使食品安全监督主体从微观上把握管理相对人的守法情况，制止和纠正具体的违法行为。

（3）全面与重点食品安全监督检查。

全面食品安全监督检查是指食品安全监督主体对管理相对人对食品安全法律规范要求的全部内容进行的监督检查。

重点食品安全监督检查是指食品安全监督主体对部分管理相对人或食品安全法律规范的部分要求，或对部分管理相对人对法律规范的部分要求进行的监督检查。

此外，食品安全监督检查还可以从其他不同的角度进行分类，如根据食品安全监督检查的时间阶段分类，可分为事前食品安全监督检查、事中食品安全监督检查、事后食品安全监督检查；根据食品安全监督检查与监督主体的职权关系分类，又可分为依职权食品安全监督检查与依授权食品安全监督检查。

2）食品安全监督检查的方式

食品安全监督检查的方式是指食品安全监督主体为了达到食品安全监督检查的目的而采取的手段和措施。根据不同的情况可采用不同的食品安全监督检查方式，主要有以下几种：

（1）现场核查。现场核查是指食品安全监督主体直接深入现场进行的监督检查，是一种常用的监督检查方式。

（2）查验。查验是指食品安全监督主体对管理相对人的某种证件或物品进行检查、核对。通过查验可以发现问题、消除隐患。

（3）查阅资料。查阅资料是指食品安全监督主体通过查阅书面材料对管理相对人进行的一种书面监督检查方式，是一种常用的方式。

（4）统计。统计是指食品安全监督主体通过统计数据了解管理相对人守法情况的一种监督检查方式。

3）食品安全监督抽检和风险监测

食品安全监督抽检是指食品监督管理部门在日常监督检查、专项整治、案件稽查、事故调查、应急处置等工作中依法对食品（含食品添加剂、保健食品等）组织的抽样、检验、复检、处理等活动。食品安全监督抽检是食品安全监管常用的手段之一。

《食品安全抽样检验管理办法》（2022年修正）第十条给出了食品安全抽样检验工

作计划的重点：①风险程度高以及污染水平呈上升趋势的食品；②流通范围广、消费量大、消费者投诉举报多的食品；③风险监测、监督检查、专项整治、案件稽查、事故调查、应急处置等工作表明存在较大隐患的食品；④专供婴幼儿和其他特定人群的主辅食品；⑤学校和托幼机构食堂以及旅游景区餐饮服务单位、中央厨房、集体用餐配送单位经营的食品；⑥有关部门公布的可能违法添加非食用物质的食品；⑦已在境外造成健康危害并有证据表明可能在国内产生危害的食品；⑧其他应当作为抽样检验工作重点的食品。抽样范围涵盖食品生产和食品经营（流通和餐饮服务）。食品安全监督抽检和风险监测工作已经被纳入国家计划，保证程序合法、科学、公正、统一，并且每年发布国家食品安全监督抽检计划，计划涵盖食品安全监督抽检和风险监测工作两个方面。

食品安全风险监测是指通过系统地、持续地对食品污染、食品中有害因素以及影响食品安全的其他因素进行样品采集、检验、结果分析，及早发现食品安全问题，为食品安全风险研判和处置提供依据的活动。食品安全风险监测是《食品安全法》确立的一项重要法律制度。监测中发现的食品安全风险或隐患应当及时采取措施，消除隐患或降低风险，以防范人体健康风险，这也是世界卫生组织向成员国推荐的解决食品安全问题的有效措施之一。目前，许多发达国家和地区都建立了食品安全风险监测制度。

食品安全风险监测与食品安全监督抽检的目的有所不同。风险监测的目的是通过抽取代表食品总体状况的样本进行检测，以反映食品安全的状况，不属于执法行为；监督抽检的目的是通过抽检发现薄弱环节和问题隐患，对问题单位和问题产品采取针对性监管措施，以减少人体健康危害，属于执法行为。

我国政府非常重视食品安全监督抽检和风险监测工作，国家、省、市、县抽检合理分工，生产经营全覆盖。国家市场监督管理总局和省市场监督管理局抽检的重点是获得食品生产许可证企业的产品。国家市场监督管理总局主要对各省在规模上占市场份额较大的食品生产企业的产品进行抽检。省抽与国抽计划互为补充，实现全国食品生产企业全覆盖。市抽对本辖区批发市场、大型农贸市场、商场超市销售的蔬菜、水果、畜禽肉、水产品等食用农产品，大型餐饮服务单位、中央厨房、学校食堂、托幼机构、小作坊等生产经营的食品进行抽检。县抽对餐饮单位自制食品、农贸市场和零售单位销售的食用农产品、流动摊贩的食品进行抽检。蔬菜、畜禽肉、水产品等高风险品种每月抽检，具有较高风险的产品每季度抽检。

"双随机、一公开"是国务院办公厅在2015年7月发布的《国务院办公厅关于推广随机抽查规范事中事后监管的通知》中要求在全国全面推行的一种监管模式。"双随机、一公开"抽查监管，是指随机抽取检查对象、随机选派执法检查人员的一种监管方式，是规范事中事后监管的一项重要举措，是深化简政放权、放管结合、优化服务改革的重要内容。这项改革建立在监督抽检工作的基础上,打破了监督抽检的检查对象和执法检查人员固化的单一模式以及地方保护的弊端;"双随机、一公开"监管可有效提高廉洁廉政执法,通过抽查事项公开、程序公开、结果公开,防止权力寻租,保障市场主体权利,实现规则平等。

飞行检查(unannounced inspection)是最早应用在体育竞赛中对兴奋剂的检查,是指在非比赛期间进行的不事先通知的突击性兴奋剂抽查。1991年,国际奥委会特别通过了一项议案,率先在其医学委员会下成立了赛外检查委员会。2006年,我国国家食品药品监管局发布《药品GMP飞行检查暂行规定》,建立了飞行检查制度,即事先不通知被检查企业而对其实施快速的现场检查。后来这一方法也运用于食品等其他产品监管,其实质上还是对产品的全项检验,与产品质量监督抽查制度和食品抽检的内容是一致的,最关键的是避免了被检查对象的知晓性,增加了随机性,更易发现实际问题。"双随机、一公开"抽查监管与飞行检查高度融合,增强震慑力度。飞行检查是在被检查单位不知晓的情况下进行的,启动慎重,行动快,因此可以及时掌握真实情况,做到心中有数。

(三)食品安全监管的事后处理

1.根据《食品安全法》的事后处理

1)责令改正

责令改正是《食品安全法》中最轻的处罚。例如,生产经营的食品、食品添加剂的标签、说明书存在瑕疵,但不影响食品安全且不会对消费者造成误导的,由县级以上人民政府食品安全监督管理部门责令改正。

对情节较严重的,除责令改正外,还会予以警告或没收违法所得,主要包括事故单位在发生食品安全事故后未进行处置、报告;集中交易市场的开办者、柜台出租者、展销会的举办者允许未依法取得许可的食品经营者进入市场销售食品,或者未履行检查、报告等义务;网络食品交易第三方平台提供者未对入网食品经营者进行实名登记、审查许可证,或者未履行报告、停止提供网络交易平台服务等义务;未按要求进行食品贮存、运输和装卸;食品、食品添加剂生产者未按规定对采购的食品原料和生产的食品、食品添加剂进行检验,进货时未查验许可证和相关证明文件;食品生产经营者安排未取得健康证明或者患有国务院卫生行政部门规定的有碍食品安全疾病的人员从事接触直接入口食品的工作;食品生产经营企业未按规定建立食品安全管理制度,或者未按规定配备或者培训、考核食品安全管理人员等。

2)罚款

《食品安全法》的罚款分为小罚和大罚,以5万元为限。

小于5万元为小罚。如第一百三十二条规定,未按要求进行食品贮存、运输和装卸的,由县级以上人民政府食品安全监督管理等部门按照各自职责分工责令改正，给予警告；拒不改正的，责令停产停业，并处1万元以上5万元以下罚款。第一百三十三条规定，拒绝、阻挠、干涉有关部门、机构及其工作人员依法开展食品安全监督检查、事故调查处理、风险监测和风险评估的，由有关主管部门按照各自职责分工责令停产停业，并处2000元以上5万元以下罚款。第一百四十条第五款规定，对食品作虚假宣传且情节严重的，由省级以上人民政府食品安全监督管理部门决定暂停销售该食品，并向社会公布；仍然销售该食品的，由县级以上人民政府食品安全监督管理部门没收违法所得和违法销售的食品，并处2万元以上5万元以下罚款。

大于5万元为大罚。如第一百三十条规定，集中交易市场的开办者、柜台出租者、展销会的举办者允许未依法取得许可的食品经营者进入市场销售食品，或者未履行检查、报告等义务的，由县级以上人民政府食品安全监督管理部门责令改正，没收违法所得，并处5万元以上20万元以下罚款。第一百三十一条规定，网络食品交易第三方平台提供者未对入网食品经营者进行实名登记、审查许可证，或者未履行报告、停止提供网络交易平台服务等义务的，由县级以上人民政府食品安全监督管理部门责令改正，没收违法所得，并处5万元以上20万元以下罚款。第一百三十八条规定，食品检验机构、食品检验人员出具虚假检验报告的，由授予其资质的主管部门或者机构撤销该食品检验机构的检验资质，没收所收取的检验费用，并处检验费用5倍以上10倍以下罚款，检验费用不足1万元的，并处5万元以上10万元以下罚款。

3）吊销许可证

吊销许可证只有在情节比较严重或造成严重后果的情况下才使用，如《食品安全法》第一百二十三条、第一百二十四条、第一百二十五条、第一百二十六条、第一百二十八条、第一百三十条、第一百三十一条、第一百三十二条、第一百三十三条、第一百三十四条均规定了情节严重的，责令停产停业，直接吊销许可证。第一百三十五条还规定了被吊销许可证的食品生产经营者及其法定代表人、直接负责的主管人员和其他直接责任人员自处罚决定作出之日起5年内不得申请食品生产经营许可，或者从事食品生产经营管理工作、担任食品生产经营企业食品安全管理人员，以及因食品安全犯罪被判处有期徒刑以上刑罚的，终身不得从事食品生产经营管理工作，也不得担任食品生产经营企业食品安全管理人员。食品生产经营者聘用人员违反这两款规定的，由县级以上人民政府食品安全监督管理部门吊销许可证。

4）追究责任

（1）拘留。《食品安全法》第一百二十三条规定，对情节严重的，吊销许可证的主管人员与其他直接责任人员，可以由公安机关对其处5日以上15日以下拘留；对违法使用剧毒、高毒农药的，除依照有关法律、法规规定给予处罚外，可以由公安机关依照第一款规定给予拘留。

（2）刑事责任。《食品安全法》第一百四十九条规定，构成犯罪的，依法追究刑事责任。

2. 根据《农产品质量安全法》的事后处理

《农产品质量安全法》已于2022年9月2日经第十三届全国人民代表大会常务委员会第三十六次会议修订通过，自2023年1月1日起施行。这是我国农产品质量安全领域的一件大事，为全面提升农产品质量安全治理能力，稳步提升绿色优质农产品供给能力，构建高水平监管、高质量发展新格局提供了有力的法制保障。

1) 责令停止或限期整改

《农产品质量安全法》第六十六条、第六十八条、第六十九条、第七十条、第七十一条、第七十二条、第七十三条、第七十四条、第七十五条和第七十六条规定，农产品生产者、销售者等违反上述条款规定后，由县级以上地方人民政府农业农村主管部门对其进行责令停止相关违法行为或限期整改等处罚。

2) 没收与罚款

针对违反本法相关条款受到责令停止或限期整改等处分后，仍未按要求执行的违法行为，根据《农产品质量安全法》的规定进行相应处罚，主要包括没收农产品及相关产品和违法所得。针对农户的罚款，一般在100元到1万元之间不等；对于除农户外的农产品生产经营者罚款额度一般在2000元到20万元之间，或者货值金额5倍以上30倍以下的罚款，或者违法所得1倍以上3倍以下的罚款。具体参见相关条款的内容。

整体而言，新法加大了食用农产品相关违法行为的处罚力度，与《食品安全法》相关规定进行衔接。同时，引入了"农户"的概念，对农户另行规定了较轻的处罚，起到震慑作用的同时，也能兼顾农业发展的现状。例如，第七十一条规定，有销售农药、兽药等化学物质残留或者含有的重金属等有毒有害物质不符合农产品质量安全标准的农产品等情形的，农产品生产经营者违法生产经营的农产品货值金额不足1万元的，并处5万元以上10万元以下罚款，货值金额1万元以上的，并处货值金额10倍以上20倍以下罚款；对农户，并处500元以上5000元以下罚款。此外，还增加了对农产品生产企业未建立农产品质量安全管理制度、检测人员出具虚假检测报告、违反特定农产品禁止生产区域禁止行为规定等情况的处罚。增设农产品质量安全领域的公益诉讼制度。明确规定食用农产品生产经营者违反本法规定，污染环境、侵害众多消费者合法权益，损害社会公共利益的，人民检察院可以向人民法院提起诉讼。

3) 刑事、民事等处分

违反第七十条相关条款规定，尚不构成犯罪的，但情节严重的，有许可证的吊销许可证，并可以由公安机关对其直接负责的主管人员和其他直接责任人员处5日以上15日以下拘留。

拒绝、阻挠依法开展的农产品质量安全监督检查、事故调查处理、抽样检测和风险评估的，由有关主管部门按照职责责令停产停业，并处2000元以上5万元以下罚款；构成违反治安管理行为的，由公安机关依法给予治安管理处罚。

违反本法规定，构成犯罪的，依法追究刑事责任。违反本法规定，给消费者造成人身、财产或者其他损害的，依法承担民事赔偿责任。生产经营者财产不足以同时承担民事赔偿责任和缴纳罚款、罚金时，先承担民事赔偿责任。

食用农产品生产经营者违反本法规定，污染环境、侵害众多消费者合法权益，损害社会公共利益的，人民检察院可以依照《民事诉讼法》《行政诉讼法》等法律的规定向人民法院提起诉讼。

3.根据《产品质量法》的事后处理

1）整改

生产、销售不符合保障人体健康和人身、财产安全的国家标准、行业标准的产品的，责令停止生产、销售，没收违法生产、销售的产品，危及公共安全或人体健康、生命财产安全的，必须立即停止该种不合格产品的生产和销售，已出厂的应采取主动召回措施，并按《产品质量法》等相关法律法规要求，予以销毁或做必要的技术处理。查明不合格产品产生的原因，查清质量责任，对有关责任者进行处理；对在制产品、库存产品进行清理，不合格产品不得继续出厂；不合格产品生产企业的整改期限，原则上不超过30个工作日，需要延期的，企业应向后处理实施部门提出延期复查检验申请，后处理实施部门应在接到企业延期复查检验申请的5个工作日内，作出是否准予延期的决定并书面告知企业。首次检验综合判定结论为严重不合格、较严重（一般）不合格的，还应向后处理实施部门提交《不合格产品企业整改承诺书》并履行承诺。生产销售不合格产品，依照有关法律、法规规定执行；根据不合格产品产生的原因和市场监督管理部门的整改要求，在管理、技术、工艺设备等方面采取切实有效的措施，建立和完善产品质量保证体系。

2）没收与罚款

根据《产品质量法》的规定进行处罚，包括没收这些不合格商品，没收销售不合格商品的利润，根据不合格商品的货值的倍数进行处罚。并处违法生产、销售产品（包括已售出和未售出的产品，下同）货值金额等值以上3倍以下的罚款；有违法所得的，并处没收违法所得。

3）追究刑事责任

情节严重的，吊销营业执照；构成犯罪的，依法追究刑事责任；造成社会危害，构成犯罪的，市场监管部门必须依法移送公安机关追究刑事责任。

在产品中掺杂、掺假，以假充真，以次充好，或者以不合格产品冒充合格产品的，责令停止生产、销售，没收违法生产、销售的产品，并处违法生产、销售产品货值金额50%以上3倍以下的罚款；有违法所得的，并处没收违法所得；情节严重的，吊销营业执照；构成犯罪的，依法追究刑事责任。

思维导图

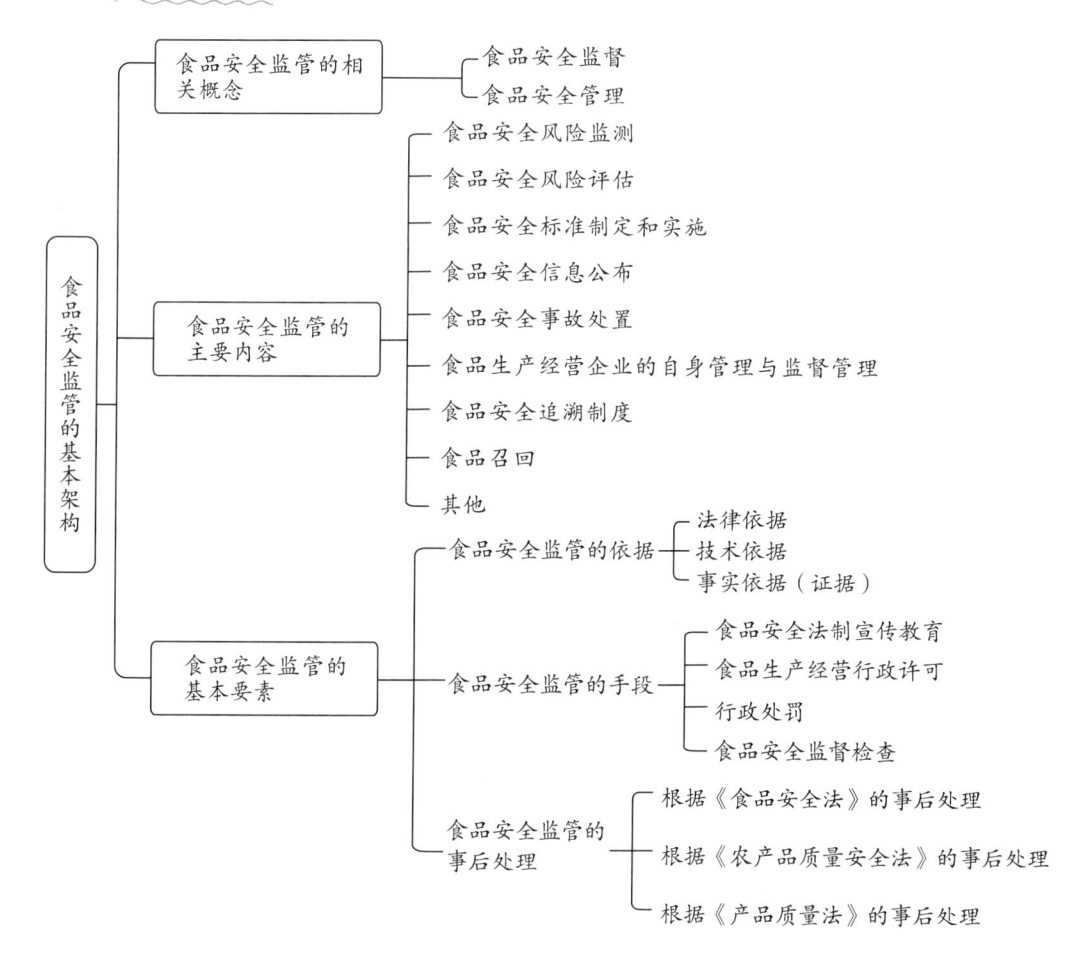

食品安全监管的基本架构
- 食品安全监管的相关概念
  - 食品安全监督
  - 食品安全管理
- 食品安全监管的主要内容
  - 食品安全风险监测
  - 食品安全风险评估
  - 食品安全标准制定和实施
  - 食品安全信息公布
  - 食品安全事故处置
  - 食品生产经营企业的自身管理与监督管理
  - 食品安全追溯制度
  - 食品召回
  - 其他
- 食品安全监管的基本要素
  - 食品安全监管的依据
    - 法律依据
    - 技术依据
    - 事实依据（证据）
  - 食品安全监管的手段
    - 食品安全法制宣传教育
    - 食品生产经营行政许可
    - 行政处罚
    - 食品安全监督检查
  - 食品安全监管的事后处理
    - 根据《食品安全法》的事后处理
    - 根据《农产品质量安全法》的事后处理
    - 根据《产品质量法》的事后处理

第二节 食品安全监管的基本理论

一、食品安全监管的常用理论依据

政府监管起源于市场和政府关系处理方式的转变。由于市场经济不是完美的，市场失灵常常需要政府的介入，以保证经济的正常运行。市场监管已成为各级政府的重要职责之一，也是建设现代国家治理体系的重要组成部分。食品安全监管作为市场监管的重要组成部分，直接关系到新时期人民对美好生活的期待。

我国食品安全市场监管源于备受关注的"大头娃娃"、苏丹红、三聚氰胺、瘦肉精、地沟油等食品安全事件，同时还与我国食品市场本身的特点及食品市场环境和社会经济发展水平等的特殊性相关。任何市场都具有外部性及信息不对称的特点，食品市场也不例外，食品市场不能仅靠市场机制这只"看不见的手"来自发调节，还需要政府科学合理地运用"看得见的手"来实施市场监管,以确保市场秩序正常运行。但政府对市场的监管不是万能的,也会引发"公共失灵"问题。为促进市场公平有序的运行、确保社会经济持续健康发展以及维护消费者的利益,国内外研究人员从经济学、管理学等角度提出了一系列市场监管理论。如基于市场经济学研究,提出并形成了"市场失灵论""真实票据论""信息不对称论""事前事中事后"等理论;基于公共管理理论,提出了"新公共管理理论""委托-代理论""交易成本和产权论"等理论,这些理论的提出及借鉴应用,对政府监管食品安全市场发挥了重要作用。鉴于篇幅所限,下面主要就与食品安全监管较为密切的几种理论作一简述。

(一)新公共管理理论

在传统公共管理下,政府主宰了公共事务管理的全部内容,政府之外的组织或公众是被动接受者,实践证明这不利于管理目标的实现。新公共管理理论模式对于传统公共行政的理论模式是一次深刻的变革,其代表性人物是英国著名学者克里斯托夫·胡德(Christopher Hood)。主要理念和诉求体现在以下三个方面:第一,主张在政府和市场的关系上进行重新定位,通过引入有利于政府运行的内部竞争与外部竞争,以提高政府公共服务供给的质量和效率;第二,主张在国家和社会的关系上进行重新整合,使公民组织、民营机构与政府组织共同承担起公共管理的责任,促进和实现多中心治理;第三,主张在政府运行方式上进行根本变革,把高度集权的等级制的组织结构转变为分权的、扁平的、网格式的组织结构,实行以结果为导向的政府运行绩效管理。新公共管理理论主张将私人部门管理的许多方法应用到公共管理中,以提高管理效率。现代公共管理在参与主体上,强调参与互动,包括政府与第三部门的互动及政府与公众的互动两个层面。

现代公共管理采用治理的形式实现公共利益最大化,必然使各种管理主体能动地参与到公共事务管理之中,形成互动的局面,这个新的发展就产生了新公共管理理论的重要分支——治理理论。治理理论提出,在公共事务管理中,必须通过实现政府与公民社会的合作来进行治理。这是人类社会国家管理史上极富创意的鲜活思想。之所以提出这个思想,是因为人们看到社会资源配置中,既有市场失灵,也有政府失灵。一方面,仅仅依靠市场手段,无法实现资源的最优配置;另一方面,仅仅依靠政府的计划和行政措施,也无法实现资源配置的最优化,不能实现公众利益的最大化。对于解决社会和经济问题,政府受制于种种自身的和外部的不可避免的缺陷,不是也不可能是全知全能的,因而必须通过发挥社会中其他资源的作用来对政府功能的缺失或失效进行补救和矫正。这些重要资源就是社会中应当同样可以成为权力主体的其他公共组织和公民。公共管理推崇治理就是要推进和实现政府与公民社会的合作共治,这不仅是对市场失灵和政府失效救治的需要,也是当代社会民主化进程发展的要求使然。

当代公共管理的核心理论是以人为本,以服务为本,政治国家与市民社会充分结合，市场机制与问责机制有机结合，在实行有效社会监督的约束条件下，以兼顾效率和公平的方式实现公共利益的最大化。

在实践领域，我国《食品安全法》第三条明确规定："食品安全工作实行预防为主、风险管理、全程控制、社会共治，建立科学、严格的监督管理制度。"社会共治理念的提出，就是新公共管理治理理论在食品安全监管实践中应用的体现。食品安全社会共治，是指调动社会各方力量，包括政府监管部门、食品生产经营者、行业协会、消费者协会乃至公民个人，共同参与食品安全工作，形成食品安全社会共管共治的格局。社会共治是创新社会管理的新举措，是促进政府职能转变、实现公共利益最大化的重要途径，也是解决食品安全监管中存在的监管力量相对不足等突出问题的有效手段。食品安全社会共治，需要政府监管责任和企业主体责任共同落实，行业自律和社会监督相互促进，形成社会各方良性互动、有序参与、共同监督的良好社会环境，引导食品生产经营者落实主体责任，强化道德观念，倡导诚信从业风气，促使食品安全保障由单纯依靠食品安全监管部门向多方主体主动参与、共同发挥作用的综合治理转变。

《食品安全法》在一些具体制度的规定上，体现了社会共治原则：一是明确食品行业协会应当按照章程建立健全行业规范和奖惩机制，提供食品安全信息、技术等服务，引导和督促食品生产经营者依法生产经营；二是规定消费者协会和其他消费者组织对违反本法规定，侵害消费者合法权益的行为，依法进行社会监督；三是建立食品安全违法行为有奖举报制度，对举报人的相关信息予以保密，保护其合法权益等；四是规范食品安全信息发布，鼓励新闻媒体对食品安全违法行为进行舆论监督，同时规定有关食品安全的宣传报道应当客观、真实，任何单位和个人不得编造、散布虚假食品安全信息；等等。

（二）真实票据论与索证索票论

真实票据论（real bill theory）起源于17世纪到18世纪的银行发展时期，银行放款必须以真实票据为凭证，所谓"真实票据"是由实际债权人对实际债务人开出的汇票。真实票据理论认为，银行资金来源主要是吸收流动性很强的活期存款，银行经营的宗旨是要满足客户兑现的需要。因此，商业银行只有保持资产的高流动性，才能确保不会因为流动性不足给银行带来经营风险。真实票据论是早期商业银行进行合理的资金配置与稳健经营的理论基础。它提出银行资金的运用受制于其资金来源的性质和结构，并强调银行应保持其资金来源的高度流动性，以确保银行经营与金融市场的安全性。

亚当·斯密对真实票据论进行了首次权威阐述，后来中央银行之父亨利·桑顿在其著作《大不列颠票据信用的性质和作用的探讨》中，以及英国古典政治经济学代表人物大卫·李嘉图在著名的金块主义之争中均予以否定。在19世纪中叶，英国著名的资产阶级经济学家、自由贸易运动的杰出代表、李嘉图货币理论的批判者、英国银行学派的创始人和主要代表人物之一托马斯·图克在其著作《通货原理研究》中和富拉顿进行通货与银行之争时，以"回笼法则"一词最终恢复了这一概念和理论。

真实票据论形成于资本主义自由竞争阶段，当时还没有中央银行作为银行的银行和最后贷款人，也没有任何机构给商业银行或整个银行体系提供流动性保证，流动性差的放款就有可能给银行经营带来市场风险。后来虽然有了中央银行，但真实票据论在相当长时期内一直支配或指导着商业银行的业务经营，确保了金融市场的发展与繁荣，减少了金融风险。

虽然真实票据论产生于银行业，对金融市场的监管发挥了重要指导作用，但对其他市场监管也有一定的借鉴意义，特别是食品市场和食品安全监管领域。我国原国家工商行政管理总局在《关于印发〈食品市场主体准入登记管理制度〉等流通环节食品安全监管八项制度的通知》（工商食字〔2009〕176号）中，明确提出了严格监督食品商场、超市等企业，加强自律管理，确保入市食品质量合格，在巩固"索证索票、进货台账"两项制度成果的基础上，切实履行进货查验和查验记录义务。这是我国将索证索票应用到食品市场监管的开始。我国《食品安全法》（2021年修正版）第五十条规定，食品生产者采购食品原料、食品添加剂、食品相关产品，应当查验供货者的许可证和产品合格证明。食品生产企业应当建立食品原料、食品添加剂、食品相关产品进货查验记录制度，如实记录食品原料、食品添加剂、食品相关产品的名称、规格、数量、生产日期或者生产批号、保质期、进货日期以及供货者名称、地址、联系方式等内容，并保存相关凭证。记录和凭证保存期限不得少于产品保质期满后6个月；没有明确保质期的，保存期限不得少于2年。第五十三条规定，食品经营者采购食品，应当查验供货者的许可证和食品出厂检验合格证或者其他合格证明（以下称合格证明文件）。食品经营企业应当建立食品进货查验记录制度，如实记录食品的名称、规格、数量、生产日期或者生产批号、保质期、进货日期以及供货者名称、地址、联系方式等内容，并保存相关凭证。记录和凭证保存期限应当符合本法第五十条第二款的规定。实行统一配送经营方式的食品经营企业，可以由企业总部统一查验供货者的许可证和食品合格证明文件，进行食品进货查验记录。从事食品批发业务的经营企业应当建立食品销售记录制度，如实记录批发食品的名称、规格、数量、生产日期或者生产批号、保质期、销售日期以及购货者名称、地址、联系方式等内容，并保存相关凭证。记录和凭证保存期限应当符合本法第五十条第二款的规定。

上述条款中对于票据等证明文件的要求，与真实票据论的含义是一脉相承的，对食品安全市场监管具有重要的意义。此外，《食品安全法》第六十五条、第一百二十六条和第一百三十六条对食品生产经营和食用农产品销售及其法律责任也分别作了详细规定。这是我国食品安全市场监管实施索票索证的法律依据，也是真实票据论在食品安全市场监管领域的应用。

（三）信息不对称理论与溯源追溯理论

信息不对称理论（asymmetric information theory）是美国经济学家阿克尔罗夫、斯蒂格利茨和斯宾塞在1970年首次提出的，它为市场经济监管提供了一个新的视角，也为信息经济学的产生与发展奠定了基础。该理论认为在市场交易活动中，由于各类人员对商品有关信息的了解是有差异的，掌握信息比较充分的一方，在商品交易过程中往往处于比较有利的地位；而信息不充分的一方，则处于比较不利的地位，由此造成了市场上信息不对称问题。

信息不对称是市场经济的弊病，一是产生柠檬市场效应（lemon effect），是指在信息不对称的情况下，好的商品往往遭受淘汰，而劣等品会逐渐占领市场，从而取代好的商品，导致市场中都是劣等品。如劣币驱逐良币（bad money drives out good）就是柠檬市场效应的一个重要例证。在铸币时代，当那些低于法定重量或成色的铸币"劣币"进入流通领域之后，人们就倾向于将那些足值货币"良币"收藏起来，最后良币大都被驱逐，市场上流通的就只剩下劣币了。二是不对称信息导致逆向选择（adverse selection），是指由交易双方信息不对称和市场价格下降产生的劣质品驱逐优质品，进而出现市场交易产品平均质量下降的现象。逆向选择理论也说明如果不能建立一个有效的机制遏制假冒伪劣产品，会使假冒伪劣泛滥，形成"劣币驱逐良币"的后果，甚至导致市场瘫痪。

在食品市场交易及其监管过程中，因信息不对称导致"市场失灵"的现象非常突出，甚至可以说在从农田到餐桌整个食品供应链的每一个环节都可能存在。例如，生产者清楚其在种植和养殖过程中农药、兽药等使用情况，而对食品加工企业和消费者隐藏信息；食品加工企业清楚食品加工过程中各种添加剂的使用情况和质量控制过程，却对食品零售商和消费者隐藏信息；食品批发、零售商清楚食品在贮运和销售过程中的质量保障情况，而消费者却不知道这些信息。可见，随着食品供应链的延长，消费者承担的风险也越来越大。

全球食品安全如食物中毒、疯牛病、口蹄疫、禽流感等畜禽疾病和农产品食品农药残留、兽药残留、人为的非法添加等食品安全事件频繁发生，严重威胁着人体健康，引起了全世界的广泛关注，对农产品、食品供应链的有效溯源追溯也成为全球性的热点。20世纪是信息技术发展最快的时期，特别是一维条码技术、PDF417堆叠式二维条码技术（PDF是英文portable data file的缩写，即便携数据文件，417是组成条码的每一个条码字符由4个条和4个空共17个模块构成，简称417）、商品条码编制系统、条码应用系统设计等在信息传递、智能货架、产品溯源等，尤其是在智能手机上的广泛使用，为溯源追溯管理理论的发展提供了技术支撑。进入21世纪，新型通信技术如射频识别技术RFID（radio frequency identification），又称无线射频识别技术，尤其是移动式和固定式RFID读写器的成功开发，极大地拓宽了RFID技术的应用领域。利用条码技术和RFID技术并依托网络技术和数据库技术，可实现信息融合、查询、监控，为每一个生产阶段以及分销到最终消费领域的过程提供针对每件货品安全性、食品成分来源及库存的控制信息，为食品安全市场监管过程信息管理提供了重要的技术手段。

我国2015年4月24日修订通过的《食品安全法》第四十二条规定："国家建立食品安全全程追溯制度。食品生产经营者应当依照本法的规定，建立食品安全追溯体系，保证食品可追溯。国家鼓励食品生产经营者采用信息化手段采集、留存生产经营信息，建立食品安全追溯体系。国务院食品安全监督管理部门会同国务院农业行政等有关部门建立食品安全全程追溯协作机制。"这是我国首次以法律形式确定了食品安全全程追溯制度。2018年和2021年修正后的《食品安全法》第四十二条依然保持了食品安全全程追溯制度。

2015年12月30日，国务院办公厅发布《关于加快推进重要产品追溯体系建设的意见》（国办发〔2015〕95号），要求针对食用农产品、食品、药品等重要产品，积极推动应用物联网、云计算等现代信息技术建设追溯体系。随后，国家其他相关部委和省市也相继出台了有关追溯体系建设的要求或办法，相继在白酒、肉类蔬菜及中药材等流通环节采用信息化追溯体系，这都加快了食品溯源追溯理论的应用，并取得了显著成效。

2018年11月，《农业农村部关于农产品质量安全追溯与农业农村重大创建认定、农业品牌推选、农产品认证、农业展会等工作挂钩的意见》要求，首批国家农产品质量安全县认定及国家现代农业示范区、国家农业可持续发展试验示范区（农业绿色发展先行区）、国家现代农业产业园"二区一园"创建工作与农产品质量安全追溯挂钩，并从2019年1月1日起开始实施。这对农产品质量安全信息化建设具有重要示范意义和带动作用，但农产品和食品全国统一的溯源追溯体系还没有实现全覆盖；在大市场监管体制下应大力推进，通过溯源追溯体系的建立，提高我国农产品在国内外市场上的竞争力，有效化解信息不对称所导致的食品安全问题。

二、食品安全监管的市场规律

马克思主义哲学原理告诉我们，开展食品安全市场监管工作，一是要尊重食品安全市场监管的客观规律，按客观规律办事，解放思想，实事求是，反对不讲科学、不顾客观规律的主观主义；二是要用发展变化的眼光看待食品安全市场监管问题；三是要把尊重食品安全市场监管的客观规律和发挥主观能动性结合起来。对监管机构和监管人员来讲，发挥主观能动性是做好食品安全市场监管的关键，一定要树立正确的价值观、人生观和世界观，这是对监管工作者的基本要求。开展食品安全市场监管工作，坚持问题导向对于解决食品安全市场监管问题是极其重要的；只有深刻思考和研究当今社会食品安全市场监管的突出问题和主要矛盾，发现问题并找出客观规律，按照食品安全市场的客观规律监管，才能实现食品安全市场的有序稳定发展，保证食品安全，保障公众身体健康和生命安全。因此，有必要了解食品安全市场监管的客观规律，并把食品安全市场的客观规律和发挥监管机构及人员主观能动性有效地结合起来，这是实施食品安全市场监管必须遵循市场规律的客观要求。西北农林科技大学的张建新教授（2020）提出，食品安全市场监管的客观规律主要包括一般规律和特殊规律。

（一）一般规律

食品市场是社会主义市场经济的重要组成部分，其发展也必须遵循市场经济运行的一般规律，包括价值规律、供求规律和竞争规律。因此，在社会主义市场经济条件下，食品安全市场监管的一般规律也包括食品安全市场监管的价值规律、供求规律和竞争规律。

1. 食品安全市场监管的价值规律

价值规律是市场经济的基本规律，也是食品安全市场监管的基本规律。在食品市场中，价格也是在市场供求中围绕其价值上下波动形成的。就价值规律本身而言，对食品市场中的每一种食品，无论是需求大于供给，还是需求小于供给，其价格应该在一定的价值范围内上下波动（合理的范围内），且在市场的预期或者消费者可以接受的程度之内，说明价值规律仍然发挥作用，有波动是正常的。

如果这种食品市场价格出现异常变化，如价格过高，比如食品市场中的保健食品、婴幼儿配方乳粉、特殊膳食食品、通过认证的有机食品等，其产品价格已经远远超出了正常食品的价格，通常价格高的食品营养价值确实较高，但其发生食品安全的风险也相对较大；或者价格过低，比如"五毛钱"食品，即单价为"五毛"左右的调味面制品（辣条）、豆制品、膨化食品、牛板筋和笨牛肉等小食品；甚至价格远远低于正常同类食品价格的食品，通常会出现假冒伪劣、掺杂、掺假等问题。按照价值规律，食品安全市场监管要把这些价格非常异常的食品作为监管对象，这就是食品安全市场监管的价值规律。

2. 食品安全市场监管的供求规律

在食品市场上供求关系与价格变动之间具有相互制约的必然性，由于各种因素的影响，不同食品的供给和需求都在不断变化，供求关系的变动和不平衡不但影响着商品的市场价值和价格，也通过价格的传导影响着社会生产和消费。在供过于求的条件下，食品安全市场监管要把重点放到供过于求的食品种类上；在供不应求的条件下，食品安全市场监管要把重点放到供不应求的食品种类上。食品安全市场监管要把供过于求和供不应求的食品作为监管对象，这就是食品安全市场监管的供求规律。毕竟在这两种情况下，市场风险相对比较大，极易发生食品安全问题。

3. 食品安全市场监管的竞争规律

竞争也是食品经济发展的必然产物，竞争的目的都是想要获得最佳的经济效益，并采用不同的竞争手段来实现其效益的最大化。竞争能够推动社会技术进步，推动企业创新，企业的创新是社会发展的根本动力。市场经济鼓励正当的、有序的质量竞争、公平竞争以及平等竞争，反对不正当竞争；反对通过财物或者其他手段贿赂，谋取交易机会获得竞争优势；反对对其食品的性能、功能、质量、销售状况、用户评价、曾获荣誉等作虚假或者引人误解的商业广告宣传，欺骗、误导消费者；反对侵犯商业秘密的行为；反对编造、传播虚假信息或者误导性信息，损害竞争对手的商业信誉、商品声誉；反对利用技术手段，通过影响用户选择或者其他方式，实施妨碍、破坏其他经营者合法提供的网络产品或者服务正常运行的行为等。在食品市场竞争中，常见方式主要包括食品企业在媒体上作的广告，参加各种展会，在大街小巷发食品消费宣传单，在街道路灯杆、马路、人行道及沿街墙壁上张贴"野广告"，发行"小报"，举办"专家学者讲座"，通过会议促销，在食品包装上运用不正确的文字图形误导消费者，假借"养生馆"招牌，通过给消费者免费体检推销食品等，这些都是食品安全市场不正当竞争常见的手段方式，极易引发食品安全风险。如"权健事件"、国家市场监督管理总局"约谈央视国家品牌广告问题"等。食品安全市场监管要把食品违法广告宣传、食品标签虚假标注和不正当竞争作为监管的重点对象，这就是食品安全市场监管的竞争规律。

（二）特殊规律

改革开放40多年来，我国社会经济发展取得举世瞩目的成就。食品工业已经成为国民经济的第一大支柱产业和基础产业，在国民经济，食品安全，国民营养健康，推动供给侧结构性改革，促进第一、二、三产业融合发展等方面扮演着举足轻重的角色。随着人们的经济收入和生活水平的显著提高，对绿色食品、有机食品、低糖低盐低脂的"三低"食品、营养补充食品等营养健康食品的市场需求增长迅速。

另外，与改革开放之前相比，人们对健康饮食的观念发生了巨大的变化，对健康食品的需求不断增加。我国大健康产业也迅猛发展，健康养生业态如绿色有机健康养生食品、药膳健康养生产品、中医民族医保健、人体滋补养生等不断涌现；但大健康食品涉及"医、养、健、管、游、食"等全产业链，增加了食品安全监管的难度，要防止药食混淆，做到防患于未然，就需要遵循食品安全市场监管的特殊规律。

当前，食品掺伪、超范围和超限量使用食品添加剂甚至违法添加等问题依然是我国食品安全事件高发的主要因素，也是食品安全市场监管的重要内容。

任何食品安全问题的发生都具有特殊性，是内因和外因共同起作用的结果；内因是事物变化发展的根据，外因是条件，外因通过内因起作用。因此在分析食品安全问题时，既要看到内因即消费者的需求，又要看到满足食品产品安全的市场空间范围等外部因素，坚持内外因相结合的观点，提出食品安全市场监管对策。

食品安全市场监管的特殊规律在于：一是有效打击食品掺伪、超范围和超限量使用食品添加剂甚至违法添加的行为，保证公平、平等的市场秩序；二是将健康养生业态如绿色有机健康养生食品、药膳健康养生产品、中医民族医保健、人体滋补养生等与食品市场相关的业态列入食品监管范围，防止食品与中药材混淆现象；三是要有效开展食品营养及健康知识的宣传培训，提高消费者防范意识；四是实施健康食品品牌战略，通过食品健康品牌建设，树立健康食品品牌标杆，引导食品市场健康发展，发挥以正压邪功能。

总之，一般规律是指在一切或一类社会形态中发生作用的规律；而特殊规律则是在社会形态一定发展阶段或个别社会形态中发生作用的规律。一般规律和特殊规律的区分不是绝对的而是相对的。在一定条件、一定范围内是一般规律，在另外的条件、更大的范围内则是特殊规律。任何一个社会形态，是一般规律和特殊规律的统一，两者不能完全隔离开来。因此，食品安全市场监管规律也是如此，要把握好一般规律和特殊规律的关系，并遵循客观规律，这是做好食品安全市场监管的关键。

思维导图

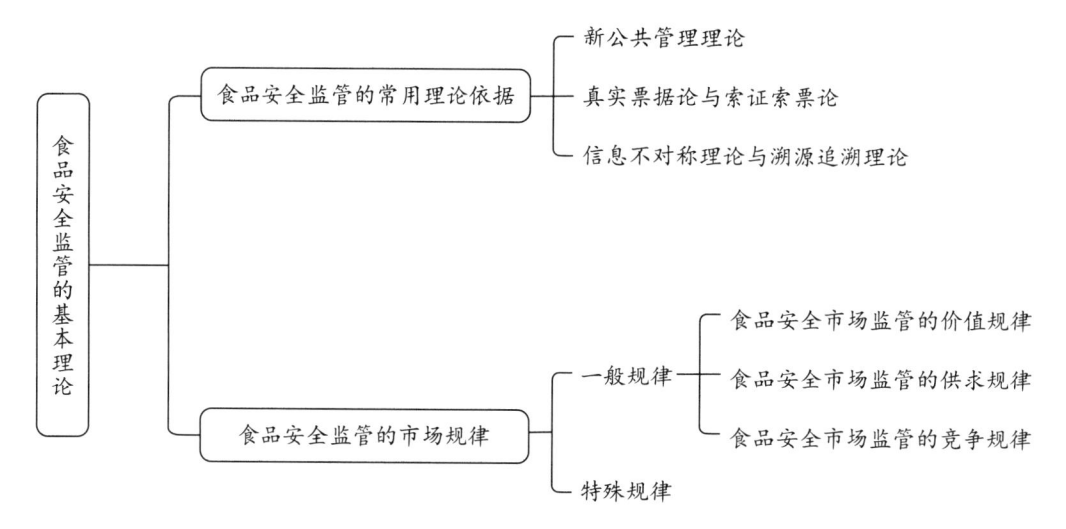

```
                              ┌── 新公共管理理论
         ┌─ 食品安全监管的常用理论依据 ─┼── 真实票据论与索证索票论
         │                    └── 信息不对称理论与溯源追溯理论
食品安全  │
监管的   ─┤                              ┌── 食品安全市场监管的价值规律
基本理论  │                    ┌─ 一般规律 ─┼── 食品安全市场监管的供求规律
         │                    │         └── 食品安全市场监管的竞争规律
         └─ 食品安全监管的市场规律 ─┤
                              └─ 特殊规律
```

本章小结

本章较为系统地阐述了与食品安全监管相关的概念、主要内容、要素、基本理论和市场规律等五方面内容。拟通过本章内容的讲授和学习，主要帮助学生了解食品安全监管的概念、掌握食品安全监管的内容和要素、理解食品安全监管的常用基本理论和领悟食品安全监管的市场规律，并结合案例培养其理论结合实际的分析问题和解决问题的能力。

思考题

1. 简述食品安全监管的概念。
2. 简述食品安全监管的主要内容。
3. 简述食品安全监管的要素。
4. 简述食品安全监管的一般规律和特殊规律。

素质拓展材料

本拓展材料以单个经营企业的自我监管和合规管理来论述市场主体如何履行保证食品安全的义务，尤其是食品安全法律法规和食品安全标准所要求的内容。通过该案例内容的学习，可以帮助学生进一步理解食品安全监管的内容，培养学生理论结合实际的思维方式和分析解决问题的能力，激发其专业兴趣。

食品伙伴网：第三方助力食品合规管理

第三章
我国食品安全监管体制架构

> **本章学习目标**
> 1. 了解食品安全监管的意义；
> 2. 厘清食品安全监管的历史脉络；
> 3. 掌握食品安全监管体制的运行机制和构成；
> 4. 理解并会辩证看待发达国家食品安全监管策略。

第一节 我国食品安全监管体制历史演进及运行

一、食品安全监管工作的意义及思路

党的十八大以来，习近平总书记高度重视食品安全工作，多次就食品安全工作作出重要指示批示，确立了食品安全工作的思想基础、理论指导、制度框架和实践方法，为做好食品安全工作指明了方向。

（一）食品安全工作的意义及基本遵循

1. 食品安全是重大政治任务

习近平总书记明确指出，食品安全是民生，民生与安全联系在一起就是最大的政治；能不能在食品安全上给老百姓一个满意的交代，是对我们执政能力的重大考验；各级党委和政府要把食品安全工作作为一项重大政治任务来抓。习近平总书记的重要论断，为做好食品安全工作明确了政治定位。各级党委政府要把保障食品安全作为一项重大政治任务和民生工程来抓，切实落实属地管理责任，加强基层基础工作，加大投入力度，加强部门协作，强化监管执法，履行好食品安全保障任务。

2. 食品安全是重大民生问题

党的十九大报告提出"坚持以人民为中心"的基本方略，把人民对美好生活的向往作为我们党的奋斗目标。习近平总书记曾多次强调，食品安全关系群众身体健康，关系中华民族未来；食品安全、生产安全、社会治安，对老百姓来说是关乎身家性命的大事；要坚持以人民为中心的发展思想，扭住人民群众最关心的就业、教育、收入、社保、医疗、养老、居住、环境、食品药品安全、社会治安等问题，扎扎实实把民生工作做好。这些重要指示彰显出习近平总书记鲜明而坚定的人民立场，体现出人民利益至高无上的为民情怀，是对我们党不忘初心、牢记使命的有力诠释。做好食品安全工作，必须始终坚持以人民为中心的发展思想，把满足人民对美好生活的需要作为工作的出发点和落脚点，着力解决群众关心的突出问题，让人民吃得安全、吃得放心。

3. 食品安全工作要遵循"四个最严"要求

习近平总书记在2013年中央农村工作会议上首次提出，用最严谨的标准、最严格的监管、最严厉的处罚、最严肃的问责，确保广大人民群众"舌尖上的安全"，此后又多次强调要把"四个最严"落到实处。"四个最严"的要求，明确了食品安全工作的方法和原则，为做好食品安全工作提供了基本遵循。做好食品安全工作必须坚持源头严防、过程严管、风险严控，严格把控从农田到餐桌的每一道防线。建立最严谨的标准，为食品安全提供基础性制度保障；实行最严格的监管，坚决守住不发生区域性、系统性食品安全风险的底线；实施最严厉的处罚，重拳打击各类食品违法违规行为；实现最严肃的问责，推动各方面履行法律赋予的责任。

4. 食品安全工作必须坚持党政同责

习近平总书记明确指出，确保食品安全是民生工程、民心工程，是各级党委、政府义不容辞的责任；各级党委和政府要切实承担起"促一方发展、保一方平安"的政治责任，以完善食品安全责任制、安全生产责任制等，明确并严格落实责任制。习近平总书记的重要论断，体现了党总揽全局、协调各方的政治担当，强化了各级党委、政府对食品安全工作的领导责任。

为完善食品安全责任制，2019年2月，中共中央办公厅、国务院办公厅印发了《地方党政领导干部食品安全责任制规定》，明确食品安全工作责任覆盖所有党政领导，对地方党委主要负责人、政府主要负责人、党委常委会其他委员、政府分管负责人、政府班子其他成员的食品安全职责作出明确规定，把食品安全党政同责要求落实到党内法规层面，推动形成"党政同责、一岗双责，权责一致、齐抓共管，失职追责、尽职免责"的食品安全工作格局。做好食品安全工作，必须增强"四个意识"、坚定"四个自信"、做到"两个维护"，加强党的领导，推动党政部门齐抓共管、协同共治，增强人民群众的获得感、幸福感、安全感。

5. 食品安全工作要实现"从农田到餐桌"全过程监管

习近平总书记指出,食品安全是"产"出来的,也是"管"出来的,要坚持产管并重,加快建立健全覆盖从生产加工到流通消费的全程监管制度,严把从农田到餐桌的每一道防线。习近平总书记的指示不仅揭示了食品安全监管的科学规律,也确立了食品安全治理体系和治理能力现代化的科学路径,为完善食品安全治理体系明确了方向,具有十分重要的实践指导意义。防范食品安全风险,必须构建全过程监管、无缝隙衔接的食品安全监管体系,强化部门间、地区间协调配合,完善行刑衔接机制,最大限度减少盲区、消除隐患。

(二)食品安全工作的思路

1. 食品安全工作的纲领性文件

2019年,中共中央、国务院印发《关于深化改革加强食品安全工作的意见》(以下简称《意见》)。这是第一个以中共中央、国务院名义出台的食品安全工作纲领性文件,是贯彻落实习近平新时代中国特色社会主义思想和党的十九大精神的重大举措,具有里程碑式的重要意义。《意见》明确了当前和今后做好食品安全工作的指导思想、基本原则和总体目标,提出了一系列重要政策措施,为各地区各部门贯彻落实食品安全战略提供了目标指向和基本遵循,有利于加快建立食品安全领域现代化治理体系,提高从农田到餐桌全过程的监管能力,提升食品全链条质量安全保障水平,切实增强广大人民群众的获得感、幸福感、安全感。

2. 食品安全工作的基本原则

《食品安全法》第三条规定:"食品安全工作实行预防为主、风险管理、全程控制、社会共治,建立科学、严格的监督管理制度。"

1)预防为主

牢固树立风险防范意识,强化风险监测、风险评估和供应链管理,提高风险发现与处置能力。坚持关口前移,全面排查、及时发现处置苗头性、倾向性问题,严把食品安全的源头关、生产关、流通关、入口关,坚决守住不发生区域性、系统性食品安全风险的底线。

2)风险管理

树立风险防范意识,强化风险评估、监测、预警和交流,建立健全以风险分析为基础的科学监管制度,严防严管严控风险隐患,确保监管跑在风险前面。

3)全程控制

严格实施"从农田到餐桌"全链条监管,建立健全覆盖全程的监管制度、覆盖所有食品类型的安全标准、覆盖各类生产经营行为的良好操作规范,全面推进食品安全监管法治化、标准化、专业化、信息化建设。

4）社会共治

全面落实企业食品安全主体责任，严格落实地方政府属地管理责任和有关部门监管责任。充分发挥市场机制作用，鼓励和调动社会力量广泛参与，加快形成企业自律、政府监管、社会协同、公众参与的食品安全社会共治格局。

5）建立科学、严格的监督管理制度

（1）增设风险分级管理制度。新修订的《食品安全法》规定，食品安全监管部门应当根据食品安全风险监测、评估结果和食品安全状况等确定监管重点、方式和频次，实施风险分级管理，以提高监管效果，合理分配监管力量和监管资源。

（2）增设责任约谈制度。食品安全监管部门可以对未及时采取措施消除隐患的食品生产经营的主要负责人进行责任约谈；政府可以对未及时发现系统性风险、未及时消除监管区域内的食品安全隐患的监管部门主要负责人和下级人民政府主要负责人进行责任约谈，以督促履行有关方面食品安全监管责任。

（3）实行食品安全信用档案公开和通报制度。食品安全监管部门应当建立食品生产经营者食品安全信用档案，记录许可颁发、日常监督检查结果、违法行为查处等情况，依法向社会公布并实时更新，可以向投资、证券等管理部门通报。

此外，还要把保障人民群众食品安全作为底线放在首位，以维护和促进公众健康为目标，以解决人民群众普遍关心的突出问题为导向，坚持依法监管、改革创新、标本兼治、综合施策，不断增强人民群众的安全感和满意度。

二、我国食品安全监管的历史演进

食品安全关系整个社会的稳定，《史记·郦生陆贾列传》中的"王者以民人为天，而民人以食为天"一语道出了中国古代对于饮食的高度重视。饮食于古人既为"天"，则食品安全自然受到高度关注，我国古代从周朝开始就对食品有了法律方面的规定，开启了食品监管的雏形。本部分内容主要基于历史的脉络简要阐述我国食品安全监管的演进，以便为当代食品安全监管提供参考和借鉴。

（一）我国古代食品安全监管的演进

周朝以来统治者对食品安全问题都较为重视，也颁布了许多法规进行食品市场监管治理。我国古代食品安全监管体系包括统治指导思想渗透、具体法律规范、民间行会监管等多个层次，这些层次共同形成了一个疏而不漏的食品安全监管体系。中国古代食品安全监管的形成，并非一蹴而就，而是一个不断发展调整改进的动态进程。

1. 先秦两汉为食品安全监管的发轫期

周朝距今较为久远，所以包括食品安全在内的许多方面都没有一个完整的体系。但是在《礼记》《周易》等典籍中，已经记载了许多针对食品安全问题作出的规定，体现了先民在生活实践中就逐渐萌发出最朴素的食品安全意识。如《礼记·王制第五》曰："五谷不时，果实不熟，不鬻于市；……禽兽鱼鳖不中杀，不鬻于市。"这句话记载了周代对食品生产与交易的规定，即五谷或果实的成熟与否、禽兽鱼鳖的生长完全与否是当时食品安全最重要的问题，受到特别关注。这条记载也成为后世一系列食品安全理念和相关立法的思想滥觞。又如《周易·噬嗑卦》记载："噬腊肉遇毒，小吝，无咎。"

承秦而起的两汉，作为中国古代第一个长期稳定存续的专制政权，在法律制度创设上贡献良多，这其中就包括对食品安全的相关立法。1983年，湖北省江陵地区出土的张家山汉简《二年律令》之《贼律》中"诸食脯肉"简规定："诸食脯肉，脯肉毒杀、伤、病人者，亟尽孰（熟）燔其余。其县官脯肉也，亦燔之。当燔弗燔，及吏主者，皆坐脯肉臧（赃），与盗同法。"这条律文普遍被学者视作"目前所见中国古代最早的食品卫生法的条文"。大意是：（一般人）食用干肉后，如导致中毒或死亡的，应尽快、全部、认真地将余下的有毒干肉焚毁。官府发放的干肉有毒的，亦需以同样方式焚毁。应当焚毁而不焚毁的，以及主管官吏不作为的，均根据所余脯肉的价值计算赃值，然后依照盗窃罪的条款予以处罚。作为中国最早的食品卫生安全法，本条值得注意之处有三点：一是明确了不安全食品销毁处理的具体标准。律文要求焚毁有毒脯肉时应当做到"亟"（快速）、"尽"（完全）、"孰"（仔细认真），体现了政府部门彻底消除有毒脯肉危害的决心。二是明确了食品安全主管官吏的法律责任。律文规定负有焚毁毒肉职责的官员不作为将以盗窃罪惩处，表明汉代已经形成了后世食品安全监管公职人员法律问责机制的雏形。三是本条归入《贼律》范畴，体现了汉代政府对食品安全问题在立法层面的高度重视。《二年律令》中的《贼律》位于全律篇首，表明危害公共安全在汉代是政府最关注的犯罪问题。而将"诸食脯肉"简纳入《贼律》，说明食品安全在时人看来与公共安全息息相关，故其重要性非《二年律令》中其他篇目所能比拟。由此可见，"脯肉有毒"的犯罪主体非常宽泛，要共同追究食品经营商人和负责食品安全的主管官员的责任，这充分说明了汉朝对食品安全问题的重视，在一定程度上也说明了脯肉食品安全问题在汉朝的严重性。

先秦时期，由于饮食加工技术与交通不发达，民众可食用的食品大多是初级农产品，其食品安全治理理念主要关注农产品的成熟度及与社会礼仪文化的结合，为人民群众的生产生活及饮食安全提供指导，进一步反映出先秦朴素的顺应天时、敬畏天地的生存意识和忧患意识。

2. 隋唐是食品安全监管最为严厉的时期

如果说秦汉奠定了中国古代对食品安全监管的基本意识和法律规范，那么发展到隋唐时期，食品安全监管制度已达到相当规范和成熟的程度。唐律在吸收汉律预防和惩处脯肉犯罪经验的基础上有了很大发展，尽可能考虑各种因毒脯肉故意或者过失危害他人生命健康的行为。唐朝对食品安全实行多方位的监管,法律规定详细,惩罚措施严厉。

例如《唐律疏议》卷一十八《贼盗律》中有与张家山汉简《二年律令》"诸食脯肉"简相似的规定:"脯肉有毒,曾经病人,有余者速焚之,违者杖九十;若故与人食并出卖,令人病者,徒一年,以故致死者绞。即人自食致死者,从过失杀人法。盗而食者,不坐。"从本条律文可知,唐代关于"脯肉有毒"罪的规定较之汉代更为周详完备。一是明确将生产售卖有毒脯肉行为入罪,杜绝有毒有害食品的流通。汉代以来有关"脯肉有毒"罪的法律规定,其内容不包括生产售卖有毒脯肉的行为。唐律正式将其入罪,是对日益猖獗且社会危害性不断增大的此类不法行为在立法上的积极回应。二是在主观恶性上明确区分了故意与过失。唐代之前有关食品安全的立法中,未对犯罪主体的主观恶性作出明确区分。本条律文除了规定故意实施危害食品安全的犯罪行为,还增加了"'即人自食致死者',谓有余,不速焚之,虽不与人,其人自食,因即致死者,从过失杀人法,征铜入死家"的规定。故意犯罪与过失犯罪的划分,有助于司法过程中根据此类犯罪主体的实际主观恶性定罪量刑,做到不偏不倚、罚当其罪。《唐律疏议》中的这些特点,体现了唐代在立法技术上的成熟,也使唐律关于食品安全的上述法律规定成为以后历代相关内容立法的基本遵循。

除了"脯肉有毒"的规定,在唐代,为了杜绝宫廷之内食品安全问题的发生,颁布了一套关于皇帝御膳食品安全的专门法令。据《唐六典》记载:"尚食掌供膳羞品齐之数,惣司膳、司酝、司药、司饎四司之官属。凡进食,先尝之。司膳掌割烹煎和之事,司酝掌酒醴酏饮之事,司药掌医方药物之事,司饎掌给宫人廪饩、饮食、薪炭之事。"在宫廷设置尚食局,专门负责皇帝膳食,这是专门负责皇帝食品安全的监管机构。尚食局设奉御、食医、主食等,奉御负责皇帝的常膳,食医负责皇帝膳食四时五味配合之宜,主食负责皇帝的主膳。

3. 两宋是食品安全监管的专业时期

两宋是中国古代商品经济高度发达的时代,也是对食品监管最专业的朝代。宋代,饮食市场空前繁荣,孟元老的《东京梦华录》和周密的《武林旧事》都对当时市场的繁华有所描述,但商品市场的繁荣不可避免地带来一些问题。为了有效制止食品制假贩假行为,加强食品安全监管,宋代法律《宋刑统》继承了唐律严厉的法律规定,其全文照录唐律条文,如其中关于"诸食脯肉"的条款,对有毒有害食品的销售者通过刑法予以严惩。

茶叶是当时的重要商品之一,不法商贩为获取更多利润,往往在茶叶生产、贩运、销售等环节弄虚作假,导致茶叶质量安全风险。针对茶叶贸易中的掺杂掺假问题,宋朝政府出台了许多措施,以保障茶叶质量安全。一是严惩制售假茶行为。政府在基本律典《宋刑统》之外,对制售假茶行为规定了更严苛的处罚。宋太祖开宝年间

(968—976)颁布律令:"禁民卖假茶,一斤杖一百,二十斤以上弃市。已未,诏自今准律以行,滥,论罪。"宋太宗太平兴国四年(979)颁诏:"诏鬻伪茶一斤杖一百,二十斤以上弃市。"即贩卖一斤假茶杖打一百,贩卖二十斤则处以死刑。二是奖励举报茶叶造假者。制售假茶的活动较为隐蔽,政府监管一般不易察觉。为更好打击制售假茶行为,政府对举报造假售假者予以金钱奖励,从内部分化瓦解制售假茶团伙。如"(太宗)淳化元年十一月,诏京茶库交茶,须依省账等等色号、年分支遣。违者,许人告捉勘罪,赏钱百千,……(哲宗)元符元年,户部上凡获私末茶并杂和者,即犯者未获,估价给赏,并如私腊茶获犯人法。杂和茶宜弃者,斤特给二十钱,至十缗止"。这种措施与当前市场监管领域所提倡建立的"吹哨人制度"颇相类似,或可视作"吹哨人制度"的中国古代版。三是实施专业的甄别评判手段。为了辨别茶叶质量,宋朝政府采取"开汤审评"的方式,即由职业监察官员采取滚水泡茶和化学试验法,现场对茶色、茶味、茶形进行辨别,判定茶叶的质量状况,如果发现所销售的茶叶中掺杂掺假,则严加惩罚,这种勘验办法在《大观茶论》中有所记载。

除了对食品安全犯罪者重罚,宋朝还引入了行会制度,通过行业协会实现食品生产经营者食品安全问题的自我管理。同时,为了加强行业协会的监管,要求从业商人必须加入行会,并按照行业类别分门别类登记在册。商品质量由具体的行业协会把关,行业协会会长是商品质量的担保人,具体负责对商品成色和价格的评定,从而实现对食品安全问题的监管。

4.清代是我国食品安全监管的科学化时期

明朝对于皇室的饮食安全一如既往的严格,且对于民间的法律规定也作了较大改善。《大明律》中,对于在古代非常重要的盐和茶作了严格的规定。明朝对于茶与盐的重视,也体现了当时统治者对于民间市场食品安全的重视。

清朝是我国历史上食品安全监管最发达和最科学的时期。与其他朝代相比,清朝法律对食品安全的监管向问题食品转移,同时减弱了对人的处罚力度,充分体现了清朝食品安全执法的科学化与人性化。清朝制定了严格的食品安全检验抽查制度。在清朝,茶叶贸易市场空前繁荣,造假贩假也非常严重。为了杜绝茶叶造假贩假现象,清朝加大了对茶叶的监管力度。一是实行茶叶执照经营。要从事茶叶经营,茶商必须持有清政府颁发的"经营执照"和"注册商标";要进行茶叶出口贸易,茶商还必须享有出口经营权。二是实行专人负责茶叶质量抽查。清朝任命官员专门负责抽查茶叶,对茶叶的包装、品牌以及质量进行彻底抽查,如果发现存在不符现象,要进行相应处罚。例如针对出口贸易的茶叶,要采用滚水泡茶和化学试验法对茶叶质量逐一进行抽查,如果发现有质量问题,该批次茶叶将全部充公。三是清朝后期主管部门还制定了茶叶质量标准,全方位监管茶叶质量。

除了立法和食品安全检测手段的渐趋完备,这一时期伴随商品经济发展而出现的行会组织对古代食品安全监管也起到了有益补充。行会作用的发挥，与其自身"官民双重性"密切相关。行会有保护本行业同行利益以及保证商业信誉和市场秩序等内在要求；政府借助行会，实现了对市场更为直接、全面、细致的监管，取得了比政府部门单纯的"保姆式"监管更佳的监管效果。中国古代通过"半官半民"的行会，使包括食品在内的商品质量安全和资源配置效率得到了显著提高。

从上述朝代对食品安全监管的有关法律举措来看，主要有以下几个特点：首先，古代对危害食品安全的行为都施以"重典"，如规定以有毒食品致人死命者，要被判处绞刑；其次，古代政府对食品安全的监管强调的不仅仅是食品卫生、食品安全，而且对掺假等食品质量问题的监管也毫不含糊；最后，古代政府对食品安全进行监管的同时，还引入了行会管理，通过行业自律，对食品质量进行把关并监察其不法行为。

（二）我国近现代食品安全监管的演进

进入20世纪后，随着人口的增加和相关技术的发展，我国食物生产和消费的规模越来越大，跨区域食物交易也逐渐开始兴起。然而，受科学知识和生产、消费条件的限制，不洁饮食是当时造成食物中毒乃至人员死亡的主要原因。为治理因食品卫生引起的食物中毒和疾病传播，近现代政府都建立了专门的监管机构。光绪三十二年（1906），清政府在民政部设置卫生司，掌管全国卫生事务。北洋政府时期，现代食品卫生监管思想开始萌芽，设置卫生行政机关，负责管理饮料食品取缔、屠宰取缔、饮食检查和着色品检查等事项，甚至出台了《京师警察厅饮食物营业规则》等法规。1917年，绥远、山西爆发鼠疫，北洋政府在成立中央防疫处后，还建立了卫生实验所。民国十六年（1927）四月，国民政府在内政部设置卫生司。民国十七年（1928），公布实施《屠宰场规则》。民国十八年（1929），国民政府定都南京后正式成立卫生部，并设立专司食品卫生研究、检验以及高级人才培养的中央卫生所。民国三十四年（1945）抗战胜利后，国民政府开始筹建类似美国FDA的药品食物管理局，因诸多因素搁浅。上述食品卫生监管机构的设置，标志着我国以食品卫生为重点的食品安全监管体制的初步形成。

（三）新中国食品安全监管的演进

中华人民共和国成立后，就食品安全市场监管而言，主要经历了食品卫生监管、食品安全监管和农产品质量安全监管三次大变迁。虽然不同学者着眼点不同，对食品安全监管历史阶段的划分也不尽一致，但食品安全监管演进的整个过程基本是一致的。张建新教授（2020）将食品安全市场监管的历史划分为如下五个阶段：

1. 以食品卫生为主线向食品质量与安全延伸的监管阶段（1949—2002年）

依据《食品卫生管理试行条例》（1965年）、《食品卫生法（试行）》（1983年）和

《食品卫生法》（1995年）的要求，以"单一部门"即卫生行政部门负责的监管体制，主要由卫生防疫和食品卫生监督两个部门负责实施，这个体制从中华人民共和国成立初期一直延续到2002年。市场监管方式主要以行政管理为主。

  监管的主要内容有：①许可登记活动。凡从事食品生产经营活动必须取得食品卫生机关的许可，通过许可登记活动，保证食品生产经营者具备条件、符合资格。②食品卫生检查监督。对食品生产经营的场所、设施和活动进行日常的检查，保证食品生产经营活动按照国家卫生标准进行，防止生产出售有损人身健康的食品，保证正常的生产、工作和生活秩序。③及时发现和处理问题，对违法者给予行政处罚。如调查和处理食品中毒和污染事故，对出售有害食品者给予罚款。

  1978年开始我国逐步进行改革开放，从体制变迁的历史与国务院各部门"三定方案"的规定，以及食品安全市场监管等体制开始进行调整。20世纪80年代中期，随着改革开放的深入，我国经济体制由计划经济向商品经济过渡，特别是1985年国民经济呈现快速发展，产品供不应求矛盾凸显，"重产出、轻质量"的现象有所抬头，一些基础工业产品质量出现严重下滑。面对这种形势，过去的食品卫生监管及其产品的质量管理方式已经不适应当时的情况。原国家经济委员会向国务院和全国人民代表大会作了《关于扭转部分工业产品质量下降状况的报告》，提出了遏制产品质量滑坡的九项措施，其中最重要的举措之一就是实行产品质量国家监督抽查制度。与此同时，国务院对我国食品卫生监管体制进行了一定的调整，食品卫生与食品安全监管初步进入了"多部门"监管，食品安全相关监管制度也在不断改革之中。1988年4月，新成立的国家技术监督局开始把食品加工产品纳入国家监督抽查范围；1992年，中共十四大提出我国经济改革的目标是建立社会主义市场经济；1993年，国务院机构改革方案规定打破政企合一模式，政府不要干预食品生产经营企业的经济行为，但要对其生产的产品质量和安全进行监管；1998年3月，把原国家技术监督局改为国家质量技术监督局，提出了对产品质量实施国家监督抽查制度的要求，为促进我国产品质量的提高起到了积极作用。随后各地质量技术监督局相继成立，并对省级以下质量技术监督部门实行垂直管理，避免了地区政府管理部门对市场监管的干预，保证了公平、公正。

2. 食品卫生和食品安全监管并重、监管体制渐明的阶段（2003—2007年）

  这一阶段，国内外食品安全事件频发，仅以食品卫生监管来遏制食品安全问题的发生已经不适应这一阶段人民群众对食品安全的需要。2003年5月，在国家药品监督管理局的基础上，组建了国家食品药品监督管理局，仍然为国务院直属机构。

  2004年，安徽阜阳发生了"大头娃娃"事件和四川彭州发生了"毒泡菜"事件，这些食品安全事件引起了社会各界的普遍关注。为了遏制食品安全事件的发生，《国务院关于进一步加强食品安全工作的决定》（国发〔2004〕23号）出台。文件首次明确指出了按照一个监管环节由一个部门监管的原则，采取"分段监管为主、品种监管为辅"

的方式，进一步理顺食品安全监管职能，明确责任。具体来说，农业部门负责初级农产品生产环节的监管；质检部门负责食品生产加工环节的监管，将由卫生部门承担的食品生产加工环节的卫生监管职责划归质检部门；工商行政管理部门负责食品流通环节的监管；卫生部门负责餐饮业和食堂等消费环节的监管；食品药品监管部门负责对食品安全的综合监督、组织协调和依法组织查处重大事故。按照权责一致的原则，建立食品安全监管责任制和责任追究制。这也是"食品安全"概念第一次出现在国家级规范性文件里，是中华人民共和国成立以来我国对食品安全监管工作最大的一次调整，形成了食品药品监督管理局、质量技术监督局、工商行政管理局等各负其责的"多部门、分段式"监管体制。

原国家质量监督检验检疫总局（以下简称国家质检总局）按照《工业产品许可证条例》的要求，于2002年7月在全国范围内率先对米、面、油、酱油、醋5类食品实施食品质量安全市场准入制度。2003年1月14日，首批带有QS标志（quality safety）的食品进入市场，同年开始对肉制品、乳制品、饮料、调味品、方便面、饼干等10类食品实施市场准入，之后扩大到28类食品；另外，还对食品包装材料和容器等7类产品也实施了市场准入。食品市场准入包括三个方面内容：①食品生产许可证制度：生产食品的企业必须获得国家颁发的食品生产许可证，否则不得生产食品。②强制检验制度：生产食品的企业对其产品必须自检，检验合格后方可出厂，质监部门对获证企业产品实行定期监督检验，对检验不合格的产品实行加严检验。③QS标志制度：获得食品生产许可证的企业，在产品包装上使用QS标志。由此初步形成了全程监管的理念，坚持预防为主、源头治理的工作思路，形成了"全国统一领导，地方政府负责，部门指导协调，各方联合行动"的监管工作格局。为了适应食品安全新情况和新变化，2005年初新修订的《国务院工作规则》提出，政府要全面履行经济调节、市场监管、社会管理和公共服务职能，这是第一次提出市场监管概念。

3. 以食品安全为主线并上升到法律层面的监管阶段（2008—2012年）

2008年的重大食品安全事故——三聚氰胺奶粉事件致使全国29万婴幼儿因食用该奶粉而出现泌尿系统异常，其中6人死亡。2012年4月，山东省青岛市城阳区发现了使用福尔马林浸泡小银鱼的食品安全事件。屡禁不止的此类事件，是对我国"分段监管为主、品种监管为辅"的食品安全监管方式前所未有的挑战。为此，2008年3月，国务院决定将原国家食品药品监督管理局改由卫生部归口管理。2009年2月28日，第十一届全国人民代表大会常务委员会第七次会议通过了《食品安全法》，并于2009年6月1日起开始施行，《食品卫生法》同时废止。《食品安全法》规定，国务院设立食品安全委员会，其工作职责由国务院规定。国务院卫生行政部门承担食品安全综合协调职责，负责食品安全风险评估、食品安全标准制定、食品安全信息公布、食品检验机构的资质认定条件和检验规范的制定，以及组织查处食品安全重大事故。国务院质量监督、工商行政管理和国家食品药品监督管理部门依照本法和国务院规定的职责，分别对食品生产、食品流通、餐饮服务活动实施监督管理。从法律层面首次确定成立了国家食品安全委员会，国务院于2010年2月6日印发《关于设立国务院食品安全委员会的通知》（国发〔2010〕6号），成立了由国务院领导担任正副主任，由卫生、财政、农业、工商、质检、食品药品监管等15个部门负责同志作为成员组成的食品安全委员会，作为国务院食品安全工作的高层次议事协调机构。

对食品安全监管实施以"分段监管为主、品种监管为辅"的监管体制。分段监管是指按照食品生产加工的环节，由原农业部、原卫生部、原国家质量监督检验检疫总局、原国家工商行政管理总局、海关、商务部、原食品药品监督管理局等部门分段监管，如流通领域由工商行政管理部门监管，食品生产加工由质监部门监管，餐饮服务由食品药品部门监管，食用农产品由农业部门监管，卫生部门负责食品安全标准制定发布和食品风险评估等。品种监管，如乳品、转基因食品由农业部负责垂直监管，生猪屠宰由商务部负责监管，食盐由盐务局专营并监管等。2012年，党的十八大召开以后，党中央、国务院发布一系列文件，将食品安全的协调部门集中为原农业部和食品药品监督管理局，形成农业部负责农畜产品，国家食品药品监督管理局负责食品加工、流通、消费等环节安全的两段式管理格局，国家食品安全委员会对两个部门进行协调，原卫生部负责食品安全国家标准的制定及食品风险评估，避免造成过去多部门监管职责界定不明确的局面。

4. 以《食品安全法》严惩犯罪为主线的严厉监管阶段（2013—2017年）

这一阶段食品安全形势依然严峻，特别是假冒伪劣食品、保健食品违法添加等问题在社会上引起了群众的焦虑和不安。2013年3月，组建国家食品药品监督管理总局（CFDA），从卫生部划出，成为国务院直属机构；保留国务院食品安全委员会，具体工作由CFDA承担，并把质监部门负责食品生产加工和工商行政部门负责流通领域等职责转交给CFDA，强化了食品药品监管体制在食品药品监管中的突出地位。

为了遏制食品安全犯罪，依法惩治危害食品安全犯罪，保障人民群众身体健康、生命安全，2013年4月28日，最高人民法院审判委员会第1576次会议和最高人民检察院第十二届检察委员会第5次会议通过了《最高人民法院、最高人民检察院关于办理危害食品安全刑事案件适用法律若干问题的解释》。该解释明确了生产、销售不符合食品安全标准的食品和生产、销售有毒、有害食品以及违反食品安全监督管理职责的国家机关工作人员渎职罪的量刑标准，同时明确了国家禁用物质即属有毒、有害物质，凡是在食品中添加禁用物质的行为均应以生产、销售有毒、有害食品罪定罪处罚。基于当时保健食品中非法添加禁用药物易发多发的特点，明确规定对此类行为应以生产、销售有毒、有害食品罪定罪处罚。针对实际生产中存在的使用有毒、有害的非食品原料加工食品的行为，如利用"地沟油"加工食用油等，明确此类违法添加行为同样属于《刑法》规定的在"生产、销售的食品中掺入有毒、有害的非食品原料"。从此，公安系统介入打击食品安全犯罪，这是我国食品安全市场监管的最后一道防线，实现了食品安全形势的好转。

在这一阶段，我国十分重视食品安全工作。2013年12月，中央农村工作会议强调指出，关于农产品质量和食品安全，能不能在食品安全上给老百姓一个满意的交代，是对我们执政能力的重大考验。食品安全源头在农产品，要把农产品质量安全作为转变农业发展方式、加快现代农业建设的关键环节，用最严谨的标准、最严格的监管、最严厉的处罚、最严肃的问责即"四个最严"，确保广大人民群众"舌尖上的安全"。食品安全首先是"产"出来的，要严格把控生产环境安全，严格管制乱用、滥用农业投入品；食品安全也是"管"出来的，要形成覆盖从田间到餐桌全过程的监管制度。要大力培育食品品牌，用品牌保证人们对产品质量的信心。在这次会议上，首次提出要用"四个最严"做好农产品质量安全和食品安全监管工作。

2015年5月，中共中央政治局就健全公共安全体系进行第二十三次集体学习，学习时强调，要切实提高农产品质量安全水平，以更大力度抓好农产品质量安全，完善农产品质量安全监管体系，把确保质量安全作为农业转方式、调结构的关键环节，让人民群众吃得安全放心。要切实加强食品药品安全监管，用最严谨的标准、最严格的监管、最严厉的处罚、最严肃的问责，加快建立科学完善的食品药品安全治理体系，坚持产管并重，严把从农田到餐桌、从实验室到医院的每一道防线。这是第二次强调用"四个最严"做好农产品质量安全和食品安全监管工作。

2016年12月，中央财经领导小组第十四次会议召开，研究"十三五"规划纲要确定的重大工程项目进展和解决好人民群众普遍关心的突出问题等工作。此次会议强调，加强食品安全监管，关系全国13亿多人"舌尖上的安全"，关系广大人民群众身体健康和生命安全。要严字当头，严谨标准、严格监管、严厉处罚、严肃问责，各级党委和政府要作为一项重大政治任务来抓。要坚持源头严防、过程严管、风险严控，完善食品药品安全监管体制，加强统一性、权威性。要从满足普遍需求出发，促进餐饮业提高安全质量。这是第三次强调用"四个最严"做好农产品质量安全和食品安全监管工作。

这都为我国农产品和食品安全监管提出了目标和方向。为适应食品安全监管形势发展的需要，按照"四个最严"的要求，《食品安全法》也进行了几次修改，减少监管部门，食品安全监管主要由食品安全监管部门（2018年之前是食品药品监督管理部门，2018年后为市场监督管理部门）负责，农产品质量安全监管由农业部门负责，并用法律的形式固定下来，减少了食品安全监管链条上的空白点，并有效整合了监管资源。

在这一阶段食品安全市场监管的改革力度不断加大，特别是从2013年开始，针对食品市场监管实际，各级政府对食品药品监管部门、工商行政管理部门和质量技术监督部门进行了食品安全监管体制改革探索和实践。各地的改革模式复杂多样，组建了"三合一""二合一"的市场监督管理局。多部门管理变为统一管理，减少了职能交叉等"错位"问题。监管环节不再分段监管，而是统一为全过程监管，再加上检验检测技术资源、执法队伍等实现统筹整合，有望填补监管空白，改变"缺位"问题。

2017年10月，党的十九大报告指出，中国特色社会主义进入新时代，我国社会主要矛盾已经转化为人民日益增长的美好生活需要和不平衡不充分的发展之间的矛盾。实施食品安全战略，让人民吃得放心。这是对食品安全市场监管提出的更高要求，为今后市场监管指明了方向。

5. 以大市场一体化、党政同责为主线的监管阶段（2018年至今）

2018年3月，根据第十三届全国人民代表大会第一次会议批准的国务院机构改革方案，将国家工商行政管理总局的职责、国家质量监督检验检疫总局的职责、国家食品药品监督管理总局的职责、国家发展和改革委员会的价格监督检查与反垄断执法职责、商务部的经营者集中反垄断执法以及国务院反垄断委员会办公室等职责整合，组建国家市场监督管理总局，作为国务院直属机构。总局下设国家药品监督管理局。国家市场监督管理总局负责市场综合监督管理，统一登记市场主体并建立信息公示和共享机制，组织市场监管综合执法工作，承担反垄断统一执法，规范和维护市场秩序，组织实施质量强国战略，负责工业产品质量安全、食品安全、特种设备安全监管等。2018年4月10日，国家市场监督管理总局正式挂牌，大市场一体化监管格局开始起步，也是大市场、大健康监管的体制支撑。

2018年4月12日，国务院印发《关于落实〈政府工作报告〉重点工作部门分工的意见》，国家市场监督管理总局牵头负责的工作重点任务有三项，其中一项就与食品监管相关：创新食品药品监管方式，注重用互联网、大数据等提升监管效能，加快实现全程留痕、信息可追溯，让问题产品无处藏身、不法制售者难逃法网，让消费者买得放心、吃得安全。

2018年11月，农业农村部印发《农业农村部关于农产品质量安全追溯与农业农村重大创建认定、农业品牌推选、农产品认证、农业展会等工作挂钩的意见》（农质发〔2018〕10号）。该意见要求，农业农村重大创建认定、农业品牌推选、农产品认证和农业展会，全面执行追溯挂钩工作机制。追溯挂钩是实现农产品质量安全监管体系和监管能力现代化的体制机制创新，是扩大我国农产品追溯覆盖面、快速提升农产品消费安全感、满足人民美好生活要求的重要举措。农业农村部与市场监管部门制定完善了农产品监管协作机制，农产品的批发、零售和加工环节各主体将按要求查验农产品追溯码或索要追溯凭证。

2019年2月，中共中央办公厅、国务院办公厅印发《地方党政领导干部食品安全责任制规定》，强调地方各级党委和政府对本地区食品安全工作负总责，主要负责人是本地区食品安全工作第一责任人，班子其他成员对分管行业或者领域内的食品安全工作负责。该规定对地方党委主要负责人、政府主要负责人、党委常委会其他委员、政府分管负责人、政府班子其他成员等五个方面的地方党政领导干部的食品安全职责作出明确，既明确了职责"是什么"，也明确了"怎么干"，还明确了履职到位与否"怎么办"，有利于进一步形成党政领导齐抓共管食品安全工作的强大合力，对于推动形成"党政同责、一岗双责，权责一致、齐抓共管，失职追责、尽职免责"的食品安全工作格局，提高食品安全现代化治理能力和水平，将产生重大而积极的作用。

总而言之，中华人民共和国成立以来，中国食品工业由小变大、由弱变强，特别是改革开放40多年来，农产品加工和食品工业已经成为国民经济支柱行业之一。食品安全已经成为社会治理和公共安全的重要内容，食品安全市场监管任务繁重。从上述五个发展阶段来看，客观上每个阶段都有一定成效，但各个阶段的食品安全市场监管主体都是政府，对多元治理主体参与缺乏硬约束，且相关的监管制度框架和治理措施均建立在政府规制的基础之上，以有效提升政府单一治理体系监管能力。但由于食品安全市场监管受多种因素影响，后期仍然需要不断探索适合国情的"中国式"食品安全市场监管公共治理模式。

（四）食品安全监管相关课程的演进

作为食品质量与安全专业的一门核心必修课程，虽然各开设高校的课程名称叫法不尽一致，如"食品安全监督管理""食品安全监督管理学""食品安全与监督管理"等，但课程重点内容的架构基本一致，都涉及食品安全监管的基本要求和举措。

如果将我国古代涉及饮食的法律行为也算作一种监管的话，那么《二年律令》《唐律疏议》《宋刑统》《大明律》《大清律例》等相关饮食管理内容也许可被称为"食品安全监督管理学"的雏形。光绪三十二年（1906），清政府在民政部设置卫生司；北洋政府时期，设置卫生行政机关，负责管理饮料食品取缔、屠宰取缔、饮食检查和着色品检查等事项，甚至出台了《京师警察厅饮食物营业规则》等法规。民国十六年（1927），国民政府在内政部设置卫生司，民国十七年（1928）公布实施《屠宰场规则》，民国十八年（1929）设立中央卫生所专司食品卫生研究等。上述食品卫生机构的设置和相关法规的颁布实施，标志着我国近现代食品安全监管的主体、客体和方式手段等监管架构初步形成，其法规也可以看作是"食品安全监督管理学"内容的来源。

中华人民共和国成立后，由于受苏联卫生管理模式的影响，相当长一段时期内（2003年以前），我国的食品监管主要侧重于卫生方面并由卫生行政部门及其下属的卫生防疫站负责，其监管人员也多来自医学院校的卫生监督相关专业。此间，1965年的《食品卫生管理试行条例》、1983年的《食品卫生法（试行）》、1995年的《食品卫生法》以及国家发布的其他与食品相关的决定、规定和报告等也可以看作是"食品安全监督管理学"内容的来源。但目前网上所能搜到并与"食品安全监督管理学"最为相近且较早的教材莫过于哈尔滨医科大学卫生系营养与食品卫生教研室于1983年翻译并印制的《食品监督》，该材料来自1981年联合国粮农组织食物与营养丛刊（14/5）的食品质量监督手册的第五分册。随后，1986年金纪元出版了《食品卫生监督》，1987年王村夫出版了《食品卫生监督员手册》，1993年倪传忠出版了《食品卫生监督论》等，也就是说自20世纪80年代初开始，国内已经有不少食品监管方面的专业书籍或教材，虽然这一阶段仍然以食品卫生监督为主。

2003年以后，随着我国经济的快速发展和国务院机构改革的深入推进，一方面食品安全问题不断发生，另一方面政府也在不停地调整监管。在此期间，监管也由过去的注重食品卫生开始转向食品安全，体制也由原来的分段监管为主、品种监管为辅转向大市场一体化监管。为进一步加强食品安全监管的专业化、规范化和高效化，食品安全监管相关部门陆续印刷出版了相当多的食品安全监管类培训教材或手册，如《食品安全监管》《食品安全监督管理》《食品安全监管实务》《食品流通监督管理教程》《食品安全与卫生监督管理》《食品安全监督管理资料汇编》《食品监督管理典型案例及其评析》《中国食品安全监督管理年鉴》等。同时，也有不少科研院所机构的专家学者出版了食品安全监管类似的专著，如《食品安全监督管理概览》《食品安全管理工程学》《中国食品安全监管策略研究》《中国食品安全监管体制运行现状和对策研究》《中国食品安全现状、问题及对策战略研究》《中国食品安全现状、问题及对策战略研究（第二辑）》等。

为了从人才培养方面应对当时的食品安全形势，2001年西北农林科技大学率先申请并获批了国内首个食品质量与安全本科专业，目前国内已有近200家高校开设了该专业。在国家专业质量标准中也明确将"食品安全监督管理学"指定为该专业的核心课程，但缺少适合本专业学生的教材，因此许多学校都是摸索着将不同的相关资料融合在一起进行讲授，加之食品安全相关的法规及政策又不停地出台、修订或废止，导致同一门课程在不同学校所讲授的内容相差较大。与此同时，虽然食品安全监管部门也发生了改变，但医科院校并没有淡化在食品安全监管人才方面的培养。2017年，贵州医科大学孙晓红等出版了供食品卫生与营养学专业使用的普通高等教育"十三五"规划教材《食品安全监督管理学》。2019年，哈尔滨医科大学李颖出版了供卫生监督、预防医学等专业使用的国家卫生健康委员会"十三五"规划教材《食品安全与监督管理》，这在一定程度上为食品质量与安全专业学生提供了学习参考教材。2020年，西北农林科技大学张建新出版了《食品市场监管概论》（食品安全管理丛书）。2021年，南京中医药大学的于瑞莲等出版了普通高等教育食品质量与安全专业规划教材《食品安全监督管理学》。2023年，郭元新等出版了"十四五"普通高等教育本科部委级规划教材《食品安全监督管理》。上述教材的出版进一步扩大了食品安全监管课程授课教材的可选范围。

三、我国食品安全监管体制的运行机制

由上可知,为提升食品安全保障水平,近年来政府在食品法律法规、监管政策、手段、方法等方面进行了一系列改革,工作机制也发生了天翻地覆的变化。关于体制与机制的区别,前者是指国家机关、企事业单位在机构设置、领导隶属关系和管理权限划分等方面的体系、制度、方法、形式等的总称(《辞海》释义);后者原来是指机器的构造和运作原理,借指事物的内在工作方式,包括有关组成部分的相互关系以及各种变化的相互联系,即各种机构的总和,并通过这些机构的相互作用,使选择由观念变为行动,并发挥功效。因此,我国的食品安全监管体制就是国家在食品安全监管部门机构设置、权限划分等方面所形成的体系、制度、方法等的总称,而机制就是食品安全监管部门工作的运行方式。当前,我国食品安全监管体制的机制主要分为综合协调机制和工作机制。

(一)食品安全工作综合协调机制

1. 国务院食品安全委员会及其办公室

1)国务院食品安全委员会

2009年,《食品安全法》规定"国务院设立食品安全委员会"。2010年,国务院食品安全委员会正式组建,李克强同志任主任,回良玉、王岐山同志任副主任,成员单位14个,食品安全委员会办公室独立设置。2013年至2018年,张高丽同志任国务院食品安全委员会主任,汪洋同志任副主任,成员单位22个,食品安全委员会办公室不再单设,在原食品药品监管总局加挂食品安全委员会办公室牌子。2018年,韩正同志任国务院食品安全委员会主任,胡春华、王勇同志任副主任,截至2020年12月,成员单位为23个,市场监管总局承担国务院食品安全委员会日常工作。

国务院食品安全委员会的主要职责是:贯彻落实党中央、国务院关于食品安全工作的重大方针政策,分析食品安全形势,组织实施食品安全战略,提出食品安全监督管理的重大政策措施,部署食品安全工作,完善食品安全治理体系。统筹协调指导全国食品安全工作,督促国务院有关部门和省级人民政府履行食品安全工作职责,落实食品安全属地管理责任。统筹协调指导重大食品安全突发事件、重大违法案件处置、调查处理和新闻发布工作。承担党中央、国务院交办的其他工作。

国务院食品安全委员会23家成员单位及其主要职责是:生态环境部、农业农村部、粮食和储备局、林草局负责食品安全源头治理;卫生健康委负责食品安全风险监测评估和标准制定;海关总署负责进出口食品安全监管;中央政法委、公安部负责打击食品安全犯罪相关工作;教育部负责校园食品安全相关工作以及学校食品安全宣传教育;民政部负责养老服务机构等的食品安全相关工作;文化和旅游部、民航局、供销合作总社、中国国家铁路集团有限公司等部门负责重点区域食品安全工作;中央宣

传部、中央网信办主要负责食品安全宣传和舆论引导;发展改革委、科技部、工业和信息化部、司法部、财政部、商务部等部门为食品安全工作提供支持;市场监管总局负责食品生产、经营环节监管工作。国务院食品安全委员会成员单位可根据工作需要进行调整。

2)国务院食品安全委员会办公室

国务院食品安全委员会是国务院食品安全工作的议事协调机构,下设食品安全委员会办公室,承担食品安全委员会的日常工作。2010年,国务院按照中央编办文件要求设立食品安全委员会办公室。2013年机构改革后,由国家食品药品监督管理总局加挂食品安全委员会办公室牌子,承担食品安全委员会日常工作。2018年后,食品安全委员会办公室设在市场监管总局,公安部、农业农村部、卫生健康委、海关总署为食品安全委员会办公室副主任单位。

食品安全委员会办公室的主要职责是:贯彻落实党中央、国务院决策部署,按照食品安全委员会要求,组织开展重大食品安全问题的调查研究,并提出政策建议。推动健全食品安全跨地区跨部门协调联动机制,协调食品安全全过程监管中的重大问题。受食品安全委员会委托,组织开展对省级人民政府食品安全监管工作的督促检查和评议考核。组织拟定食品安全年度重点工作安排,并督促落实。协调跨部门重大食品安全突发事件、重大违法案件处置、调查处理和新闻发布工作。指导食品安全委员会专家委员会工作,承办食品安全委员会交办的其他事项。

3)工作机制

(1)统筹协调机制。每年召开全体会议,适时召开专题会议,研究解决食品安全领域重大问题,分析食品安全形势,部署重点工作。开展食品安全工作顶层设计和科学规划,研究制定重大政策措施。每年印发《食品安全重点工作安排》,明确各地区、各有关部门年度重点任务。

(2)部门联动机制。加强各部门的协作联动,强化食品安全风险会商。牵头协调各部门联合开展食品安全专项整治行动,推进食品安全全过程监管。

(3)督促指导机制。定期调度食品安全工作,工作进展情况及时报送党中央、国务院。加强对地方食品安全委员会及其办公室工作的指导,强化食品安全工作组织领导,督促落实食品安全属地管理责任。

(4)评议考核机制。2012年,国务院印发《关于加强食品安全工作的决定》,明确上级政府要对下级政府进行年度食品安全绩效考核。2015年,修订的《食品安全法》中明确规定,上级人民政府负责对下一级人民政府的食品安全监督管理工作进行评议、考核。2016年,国务院办公厅下发《关于印发食品安全工作评议考核办法的通知》(国办发〔2016〕65号),明确了食品安全工作评议考核的内容、步骤、结果运用。

2013年至2015年,原食品药品监管总局每年组织对各省(自治区、直辖市)食品药品监管局开展食品安全评议考核。2016年至今,受国务院食品安全委员会委托,国务院食品安全委员会办公室会同国务院食品安全委员会相关成员单位，每年组织对各省（自治区、直辖市）人民政府开展食品安全评议考核，考核结果上报国务院食品安全委员会，通报各省（自治区、直辖市）人民政府。对评议考核中发现的问题，督促当地政府整改落实到位。通过充分发挥食品安全评议考核"指挥棒"的作用，推动地方政府有效落实食品安全属地管理责任，守牢食品安全底线。

（5）示范创建机制。习近平总书记在福建工作期间，率先在全国开展治理"餐桌污染"、建设食品放心工程，取得了实实在在的成效。为总结推广福建经验，国务院食品安全委员会于2014年11月在福建厦门召开全国治理"餐桌污染"现场会，正式启动国家食品安全示范城市创建试点工作。截至2022年底，已命名授牌29个国家食品安全示范城市。国家食品安全示范城市创建作为开展食品安全工作的重要载体和抓手，能够提升食品安全整体水平。

（6）专家咨询机制。国务院食品安全委员会设立专家委员会，作为国务院食品安全委员会的决策咨询机构，充分发挥专家参谋助手作用，承担重大问题调研，为国家食品安全工作提供决策建议；参与食品安全相关政策法规、重大项目、重点规划等的咨询论证和研究评审；开展食品安全风险研判，参与重大食品安全事故调查和研判，为预防和控制食品安全问题提供技术支持；参与食品安全科普宣传、教育培训、学术交流等，就公众关注的食品安全热点问题解疑释惑。国家卫生健康委组织成立食品安全风险评估专家委员会和食品安全国家标准审评委员会，分别开展食品安全风险评估工作和对食品安全国家标准草案的科学性和实用性等进行审查。

2. 地方政府食品安全委员会及其办公室

当前，省、市、县各级均成立了食品安全委员会及其办公室，各级食品安全委员会及其办公室积极协调相关部门联合开展形势会商，分析研判食品安全形势，协调解决食品安全重大问题等，确保食品安全监管职责有机衔接。《地方党政领导干部食品安全责任制规定》印发后，部分省、市、县食安委主任调整为由党政一把手领导担任"双主任"的模式，食品安全党政同责进一步得到强化，全国各地积极探索，涌现出一系列食品安全创新性、典型性做法。

（1）区域联动机制。截至2020年12月，全国已建立9个省级区域协作机制，覆盖我国31个省（自治区、直辖市）和香港、澳门地区。例如，京津冀食品安全区域联动协作机制，涉及北京、天津、河北；"长三角"食品安全合作专题组，涉及江苏、浙江、安徽、上海；东北"三省一区"食品安全风险预警交流协作机制，涉及内蒙古、辽宁、吉林、黑龙江。

（2）成员单位考核机制。全国各地充分发挥食品安全评议考核"指挥棒"的作用，在完成每年对下级政府食品安全评议考核"规定动作"的同时，积极开展对食品安全委员会成员单位食品安全工作的评议考核，对评议考核结果进行通报，有效推动落实部门食品安全工作责任，促进协同配合，凝聚监管合力。

（3）食品安全示范创建机制。全国大部分省（自治区、直辖市）坚持以食品安全城市创建为重要载体和抓手，在推进国家食品安全示范城市创建的同时，扎实开展省级食品安全示范城市和示范县创建工作，充分发挥示范引领作用，提升食品安全治理能力和保障水平。

（4）基层能力建设机制。全国大部分省（自治区、直辖市）建立健全乡镇（街道）食品安全协调机制、加强乡镇（街道）食品安全委员会办公室规范化建设，开展乡镇（街道）食品安全委员会办公室分类指导工作。建立落实食品安全"四员"（管理员、宣传员、协管员、信息员）制度，充分发挥社会监督力量作用，强化基层食品安全监管工作。

（二）大市场监管体制下食品安全监管工作机制

2018年，市场监管总局正式成立，负责市场综合监督管理，构建了大市场监管体制下的食品安全监管工作新体系，形成了以食品安全协调司、食品生产安全监督管理司、食品经营安全监督管理司、特殊食品安全监督管理司、食品安全抽检监测司、执法稽查局等司局为主体，其他相关司局为支撑的食品安全监管新格局，为做好大市场环境下的食品安全工作奠定了坚实基础。

食品安全协调司主要负责重大政策措施的拟定和组织实施、统筹协调食品全过程监管中的重大问题，推动健全食品安全跨地区跨部门协调联动机制工作，承办国务院食品安全委员会日常工作。

食品生产安全监督管理司主要负责分析掌握生产领域食品安全形势，拟定食品生产监督管理和食品生产者落实主体责任的制度措施并组织实施，组织食盐生产质量安全监督管理工作，组织开展食品生产企业监督检查，指导企业建立健全食品安全可追溯体系。

食品经营安全监督管理司主要负责分析掌握流通和餐饮服务领域食品安全形势，拟定食品流通、餐饮服务、市场销售食用农产品监督管理和食品经营者落实主体责任的制度措施，组织实施并指导开展监督检查工作，组织食盐经营质量安全监督管理工作，组织实施餐饮质量安全提升行动，指导重大活动食品安全保障工作。

特殊食品安全监督管理司主要负责分析掌握保健食品、特殊医学用途配方食品和婴幼儿配方乳粉等特殊食品领域安全形势，拟定特殊食品注册、备案和监督管理的制度措施并组织实施。

食品安全抽检监测司主要负责拟定全国食品安全监督抽检计划并组织实施，定期公布相关信息，督促指导不合格食品核查、处置、召回，组织开展食品安全评价性抽检、风险预警和风险交流，参与制定食品安全标准、食品安全风险监测计划，承担风险监测工作，组织排查风险隐患。

执法稽查局内设稽查四处，主要负责拟定食品稽查办案的制度措施并组织实施，组织查办、督查督办具有全国性影响的、跨省的重大特大食品案件，指导地方查处食品有关违法行为和案件查办工作。

此外，国家市场监管总局还与农业农村部、海关总局等部门建立了联动机制，明确了有关职责分工，具体如下：

农业农村部负责食用农产品从种植养殖环节到进入批发、零售市场或者生产加工企业前的质量安全监管。食用农产品进入批发、零售市场或者生产加工企业后，由国家市场监管总局监管。农业农村部负责动植物疫病防控、畜禽屠宰环节、生鲜乳收购环节质量安全的监管。两部门还在食品安全产地准出、市场准入和追溯机制方面，加强了协调配合和工作衔接，形成了监管合力。

国家市场监管总局与海关总署两部门建立机制，避免了对各类进出口食品的重复检验、重复收费、重复处罚。海关总署负责进口食品安全监管，进口的食品以及食品相关产品应当符合我国食品安全国家标准；境外发生的食品安全事件可能对我国境内造成影响，或者在进口食品中发现严重食品安全问题的，海关总署应当及时采取风险预警或者控制措施，并向国家市场监管总局通报，国家市场监管总局应当及时采取相应措施。两部门还建立了进口产品缺陷信息通报和协作机制。海关总署在口岸检验监管中发现不合格或存在安全隐患的进口产品，依法实施技术处理、退运、销毁，并向国家市场监管总局通报。国家市场监管总局统一管理缺陷产品召回工作，通过消费者报告、事故调查、伤害监测等获知进口产品存在缺陷的，依法实施召回措施；对拒不履行召回义务的，国家市场监管总局向海关总署通报，由海关总署依法采取相应措施。

国家卫生健康委员会（以下简称国家卫健委）负责食品安全风险评估工作，会同国家市场监管总局等部门制定、实施食品安全风险监测计划。国家卫健委对通过食品安全风险监测或者接到举报发现食品可能存在安全隐患的，应当立即组织进行检验和食品安全风险评估，并及时向国家市场监管总局通报食品安全风险评估结果，对于得出不安全结论的食品，国家市场监管总局应当立即采取措施。国家市场监管总局在监管工作中发现需要进行食品安全风险评估的，应当及时向国家卫健委提出建议。

思维导图

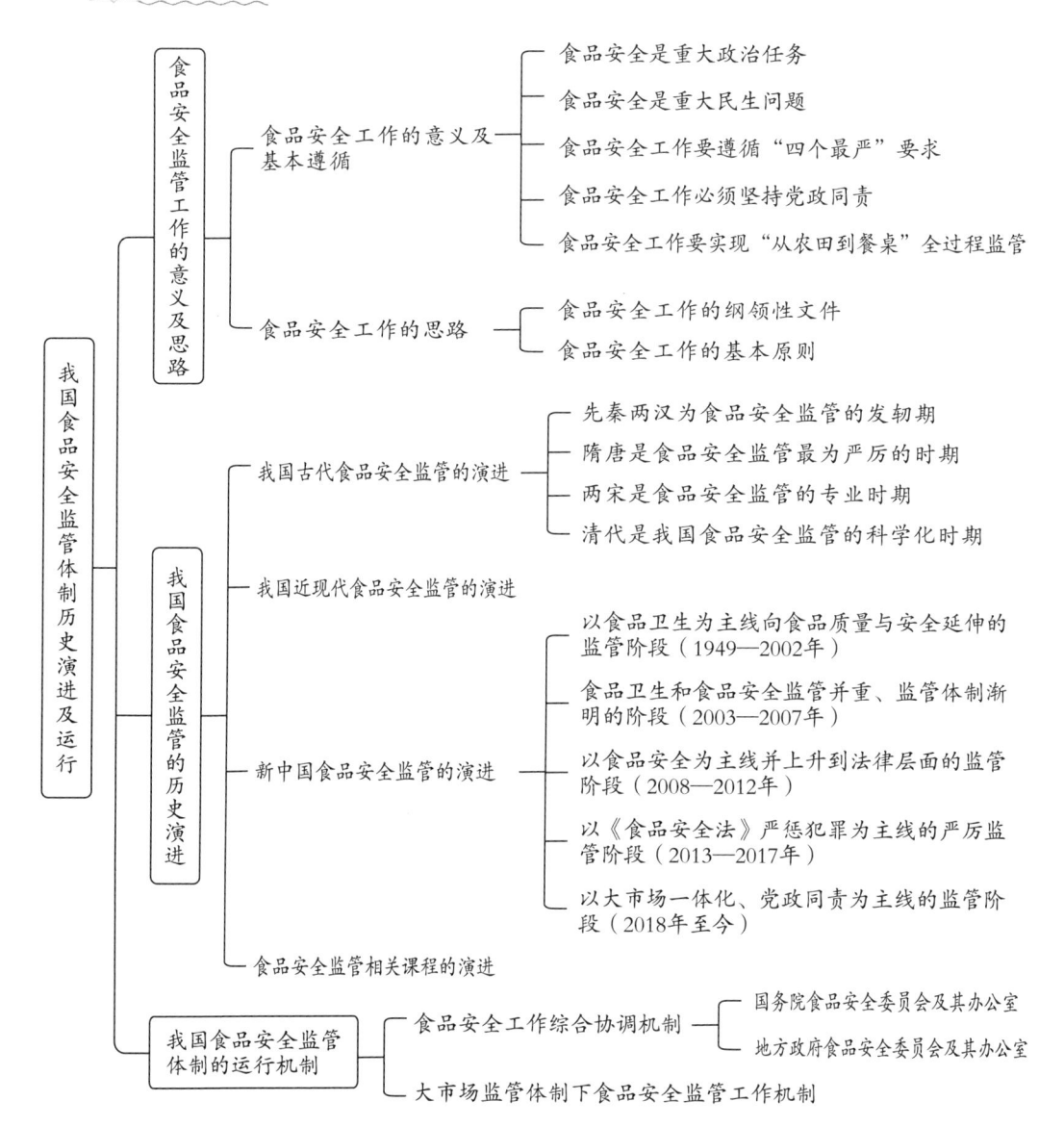

- 我国食品安全监管体制历史演进及运行
  - 食品安全监管工作的意义及思路
    - 食品安全工作的意义及基本遵循
      - 食品安全是重大政治任务
      - 食品安全是重大民生问题
      - 食品安全工作要遵循"四个最严"要求
      - 食品安全工作必须坚持党政同责
      - 食品安全工作要实现"从农田到餐桌"全过程监管
    - 食品安全工作的思路
      - 食品安全工作的纲领性文件
      - 食品安全工作的基本原则
  - 我国食品安全监管的历史演进
    - 我国古代食品安全监管的演进
      - 先秦两汉为食品安全监管的发轫期
      - 隋唐是食品安全监管最为严厉的时期
      - 两宋是食品安全监管的专业时期
      - 清代是我国食品安全监管的科学化时期
    - 我国近现代食品安全监管的演进
    - 新中国食品安全监管的演进
      - 以食品卫生为主线向食品质量与安全延伸的监管阶段（1949—2002年）
      - 食品卫生和食品安全监管并重、监管体制渐明的阶段（2003—2007年）
      - 以食品安全为主线并上升到法律层面的监管阶段（2008—2012年）
      - 以《食品安全法》严惩犯罪为主线的严厉监管阶段（2013—2017年）
      - 以大市场一体化、党政同责为主线的监管阶段（2018年至今）
    - 食品安全监管相关课程的演进
  - 我国食品安全监管体制的运行机制
    - 食品安全工作综合协调机制
      - 国务院食品安全委员会及其办公室
      - 地方政府食品安全委员会及其办公室
    - 大市场监管体制下食品安全监管工作机制

第二节 我国食品安全监管体系框架

体系是指由若干有关事物或某些意识相互联系的系统而构成的一个有特定功能的有机整体。食品安全市场监管体系是确保食品安全监管高效运行的关键，其建设也是一个非常巨大的系统工程，涉及法学、社会科学、综合管理科学、食品科学、食品工程、分析化学、食品微生物学、标准化学、计量科学、信息科学等多学科知识。张建新教授（2020）在总结前人观点并考虑未来发展需要的基础上，依据"安全产品是生产出来的，而不是检验出来的，但更重要的是管出来的"观点，以食品安全市场监管需要为突破，以食品安全问题为导向，把监控重点放在食品原料生产和食品生产加工的全过程，提出了食品安全市场监管体系框架。该体系框架由八个部分组成，即食品法律法规体系、市场准入、食品生产经营标准体系、合格评定、消费者评价、信息化（互联网+）、市场监管标准体系和食品违法犯罪处置。

食品市场监管体系框架的八个组成部分形成了以食品法律法规为准则、以食品市场准入为入口、以食品生产经营标准体系为核心、以食品合格评定为抓手、以信息化（互联网+）为手段、以消费者评价为补充、以食品市场监管标准体系为防线和以食品违法犯罪处置为最后一道防线的相互关联、相互支撑的具有内在联系的科学的有机整体。该体系框架贯穿于食品生产经营和食品市场监管的事前、事中和事后全过程，且体系框架的八个部分相互渗透、相互支撑、相互制约，各自发挥着相应功能，实现全覆盖的食品市场监管体系，也适用于农产品种植业和养殖业及食品生产经营的安全控制管理。

一、食品法律法规体系

食品法律法规是确保食品安全和维护食品市场经济秩序以及国家市场监管体制机制建立的法律基础，是食品生产经营管理和食品安全市场监管体制机制的准绳和最高遵循。食品法律法规体系在食品市场监管体系框架中处于统揽全局的关键地位，是食品市场主体行为的准则和政府市场管理职权的法律依据，在规范市场经济运行过程中，食品法律法规明确规定什么是合法的或者法定应该无条件执行的，什么是非法的或者必须明令禁止的。

食品法律法规体系是中国特色社会主义法律体系的重要组成部分。我国食品法律法规体系的建立以《宪法》为统帅，以《食品安全法》《农产品质量安全法》和《产品质量法》为主体，以《标准化法》《计量法》《反不正当竞争法》等与食品相关的法律为补充，由行政法规、地方性法规等多个层次构成的。这些法律法规由不同立法主体按照《宪法》和法律规定的立法权限制定，具有不同法律效力，共同构成一个科学和谐统一的有机整体。

二、食品市场准入

食品市场准入是国家市场管理部门依据食品法律法规相关要求，对食品市场主体进入市场法定地位的确认。就食品安全市场监管而言，市场准入是市场监管的第一道关口，把好入口关是极其重要的，关系到食品产业的发展和消费者对食品需求和身心健康的满足程度。

食品市场准入要细化准入条件，确保不同类型食品市场主体准入底线要求，消灭无证生产经营，正确处理改善市场准入与营商环境的关系，妥善解决"放管服"与市场准入的关系，改善营商环境和推行"放管服"不是无限扩大市场准入范围，也不是无条件实施市场准入,而是对符合条件的食品市场主体"放管服"。

在食品生产许可证管理中,一是把食用农产品市场准入等内容纳入其中,保证食用农产品生产过程的安全性。二是把特殊食品如保健食品和特殊膳食食品(婴幼儿配方乳粉、特殊医学用途配方食品)、微生物菌剂以及新食品原料等的审核登记注册管理与其市场准入结合起来。通过审核登记注册,要求进入食品市场还应满足一定的市场准入许可条件。三是增加对质量安全认证食品的市场准入管理,绿色食品、有机食品和地理标志产品在认证通过后,还要实施市场准入管理,遏制非法认证或者不合格认证产品流入市场,同时对认证产品市场准入的条件实施溯源追溯体系的要求,提高认证产品的市场准入门槛。

在食品经营许可证管理中,一是把健康养生等新业态纳入经营许可范围,设置相应的市场准入条件,遏制该业态的欺诈行为。二是餐饮服务的主体业态变化迅速,如网络外卖、团膳(团体用餐服务)、农家乐、学生小饭桌等,应进一步细化分类管理,制定不同类型的餐饮服务市场准入条件,遏制违法经营和不安全食品流入市场。

在食品相关产品许可证管理中,在现有食品用塑料包装容器工具等制品、食品用纸包装容器等制品、餐具洗涤剂、压力锅和工业与商用电热食品加工设备生产许可上,要增加对饲料和饲料添加剂以及兽药的市场准入管理,把好入市安全关口。同时,加大对与食品相关及无关的化工原料生产销售市场管理,建立与食品相关及无关的化工原料溯源追溯体系,限制非法化工原料用于食品和食用农产品生产及加工领域。

三、食品生产经营标准体系(简称标准体系)

标准体系是食品安全市场监管体系框架中最为庞大复杂的体系,由技术标准体系、管理标准体系和工作标准体系三个子体系构成,三者互为一体,相互支撑,相互联系,是决定最终产品质量安全的"基因工程"。标准体系是规范食品市场主体生产、加工、销售、流通及经营行为的主要技术、管理和工作的依据。在食品安全市场监管体系框架中,要把标准体系建设作为企业自律和社会承诺的硬条件加以规定。

标准体系是食品安全的基石,涉及食用农产品和食品生产加工的全过程。通常一个行之有效的标准体系由数百个甚至数千个标准组成,关键标准大多数是企业内部的控制性标准。由于企业的规模不同,形成的标准体系中标准的数量也有明显的差异。但不论标准体系中标准数量的多少,在技术标准体系中最为关键的标准是不能缺少的,食品的质量安全来源于技术标准的执行。

四、合格评定

合格评定实际上就是国际上通用的产品质量安全认证和相关体系认证。通过认证可以促进企业提高产品质量的安全性,也是食品安全市场监管的一种方式,主要包括质量管理体系（ISO 9000）认证、危害分析与关键点控制（HACCP）认证、良好农业规范（GAP）认证、良好操作规范（GMP）认证、食品安全管理体系（ISO 22000）认证、企业社会责任（SA 8000）认证、绿色食品认证、有机食品认证、无公害农产品产地与产品认证、环境质量管理体系（ISO 14000）认证等，这些都属于第三方认证，是对食品生产加工及经营企业的质量安全确认。因此，通过认证即取得了质量安全的"证明"。一般情况下，获得这个证明是要收费的，因此，在市场经济条件下只凭这样的证明还是不能完全确保质量安全的。

五、消费者评价

消费者评价是食品安全市场监管体系框架的重要补充，市场上的食品类型繁多，消费者对不同食品、不同品牌等有较为深刻的认识，并不断积累判定食品优劣的经验，形成了各具特色的消费风格和习惯。因此，把消费者的评价纳入该体系是十分必要的。消费者评价的实施，要根据评价的目标，制定相应的要求和具体的实施方案，针对不同问题编制调查提纲，内设计要全面准确反映评价需要，经过实际分析归类，确定消费者对产品质量安全的满意度。

六、信息化（互联网+）

信息化监管是构建食品安全市场监管体系框架不可缺少的手段之一，也是解决食品信息不对称的有效方法。食品溯源追溯是信息化的形式之一，最重要的就是要建立全国统一标准的食品食用农产品产地、加工与流通和餐饮服务信息化大平台，实施"第二次市场准入"制度。

七、食品市场监管标准体系

市场监管标准体系是食品安全市场监管体系框架的主要防线标准，也是食品安全市场监管工作人员从事市场监管工作的执行标准，对于如何发挥监管职能具有重要的指导意义。针对食品安全市场监管的对象，市场监管标准体系主要由食品生产监管标准、食品经营监管标准、三小食品监管标准、特殊食品监管标准和食品相关产品监管标准五个部分组成。

八、食品违法犯罪处置

食品安全违法犯罪处置是食品安全市场监管的最后一道防线。现行的《食品安全法》第九章中有关食品安全的法律责任共28条，其中生产经营者的法律责任15条，占53.57%；食品安全风险监测、评估机构1条；食品检验机构2条；违法广告宣传和虚假信息2条；政府和主管部门5条；民事赔偿2条；构成犯罪1条。可见，生产经营者的法律责任排位第一，是市场监管的关键；而政府和主管部门的法律责任排位第二，这关系到市场监管执法的有效性，是对监管部门职责的法律要求，也是做好食品安全市场监管的关键。

食品法律责任分为三种类型：食品刑事责任、食品行政责任和食品民事责任。食品刑事责任由我国《刑法》第一百四十三条规定的生产、销售不符合食品安全标准的食品罪和第一百四十四条规定的生产、销售有毒、有害食品罪构成。关于食品安全犯罪，2013年5月4日实施的《最高人民法院、最高人民检察院关于办理危害食品安全刑事案件适用法律若干问题的解释》对判定两个罪名的几种具体情况作了明确解释说明。食品行政责任在我国《产品质量法》《食品安全法》及《农产品质量安全法》中有明确的规定。食品民事责任在《侵权责任法》《食品安全法》《产品质量法》及《农产品质量安全法》中有明确规定。

总之，上述八个部分只要都能够发挥功能，食品安全市场监管就会有序运行，食品质量安全就能得到保证，人民群众对食品安全的认可度就会提高。

思维导图

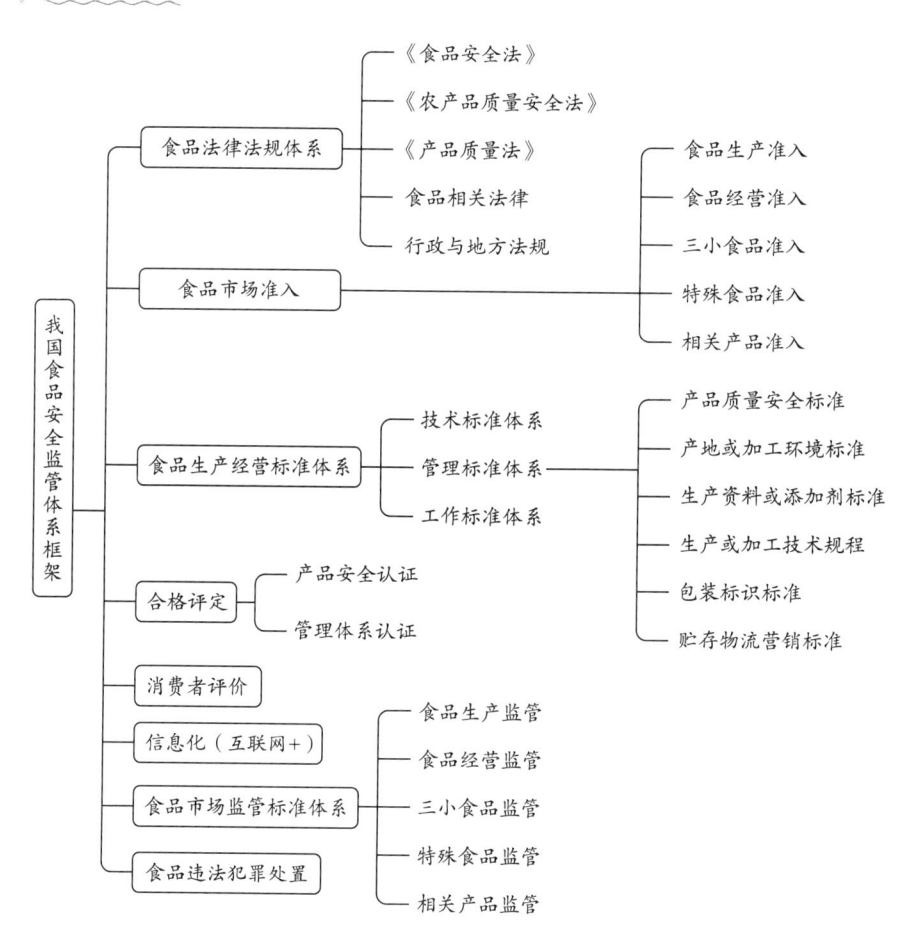

我国食品安全监管体系框架
- 食品法律法规体系
  - 《食品安全法》
  - 《农产品质量安全法》
  - 《产品质量法》
  - 食品相关法律
  - 行政与地方法规
- 食品市场准入
  - 食品生产准入
  - 食品经营准入
  - 三小食品准入
  - 特殊食品准入
  - 相关产品准入
- 食品生产经营标准体系
  - 技术标准体系
  - 管理标准体系
  - 工作标准体系
    - 产品质量安全标准
    - 产地或加工环境标准
    - 生产资料或添加剂标准
    - 生产或加工技术规程
    - 包装标识标准
    - 贮存物流营销标准
- 合格评定
  - 产品安全认证
  - 管理体系认证
- 消费者评价
- 信息化（互联网+）
- 食品市场监管标准体系
  - 食品生产监管
  - 食品经营监管
  - 三小食品监管
  - 特殊食品监管
  - 相关产品监管
- 食品违法犯罪处置

第三节 发达国家食品安全监管策略

由上可知，经过多年的摸索和机构调整，直至2018年市场监管总局正式成立，大市场监管体制下的食品安全监管工作新体系才基本形成。为进一步做好市场经济条件下我国的食品安全监管工作，下面简要介绍部分发达国家在食品安全监管方面的策略与措施，以供参考和借鉴。

一、透明开放的食品产业治理策略

（一）通过国家政策推动市场健康发展

发达国家政府重视营养健康知识的普及与营养健康人才的培养，具备完善的营养健康相关法规体系。美国FDA专门制定了两个管理法规，对健康食品和膳食补充剂进行分类管理，其一是《营养标签与教育法》，要求上市的所有食品必须附上合格的标签，该管理办法也同样适用于健康食品的管理；其二是《膳食补充剂健康与教育法》，是一种专门针对膳食补充剂的法规。

（二）透明、开放和完善的市场监管机制

发达国家能较快地发展营养与健康食品产业，主要归根于其透明、开放并且完善的市场监管机制。以健康产品营养声称为例，美国、日本等发达国家对健康产品声称相对灵活，日本、欧盟及澳大利亚的管理机构仅针对"降低疾病危险性"功能声称，要求启动耗时长并且经过试验验证的特别审批流程，但其他的健康声称如营养素功能声称、强化功能声称及结构功能声称等仅需要通过普通审批程序即可。审批流程的简化，市场准入的快速便捷，无疑为健康食品产业的发展提供了强有力的支持和保障。

（三）鼓励企业重视基础研究和创新能力

发达国家由于监管制度完善，政府可以通过监管机制监督企业，而企业可以根据监管制度完善经营，以产品为导向，系统进行科研与工程化应用系统研究，促进产业又好又快发展。美国作为全球最大的膳食补充剂市场，其产品上市前都有大量动物实验、流行病学调查数据作为支撑，以保证其产品的质量。

（四）强化食品企业和行业协会自律意识，普及健康消费理念

较高的企业与行业协会的自律性是营养健康食品行业顺利发展的必要条件，行业自律组织对营养健康食品的协同监管，在营养健康食品监管过程中发挥着重要的作用。以

日本为例，其行业自律组织对营养健康食品的监管主要体现在其备案、审批与行业认证相结合的分类管理制度上，由行业协会对部分营养健康食品进行管理，体现了行业社会组织参与社会监督的管理方法，对营养健康食品的质量安全也起到了重要的保障作用。

自20世纪50年代末起，美国、德国等发达国家提出健康管理的概念，历经半个多世纪的教育与实施，这些国家的消费者个人健康意识极强，大多将健康消费作为预防疾病的主要手段。通过定期自觉地消费营养健康食品，已形成同日常食品消费无异的消费文化和习惯。

二、重视生态环境监管和环境修复

（一）积极开展食品原产地环境基准/标准制定和健康风险评估

没有清洁的环境，就没有安全的食品。餐桌食品安全取决于食品的加工、包装、储运等过程的安全性，但归根结底还是要从保障食物源头开始。例如，农产品中有毒有害污染物的限值，取决于其生长环境的大气质量、土壤质量、灌溉水的质量，以及农药和化肥使用等，而合理的大气、水体、土壤等环境基准是保障食品安全的关键所在，环境基准作为"从农田到餐桌"无缝链接的食品安全标准体系的重要支撑，已逐渐成为保障食品安全的第一道防线。

食物从农田到餐桌的整个过程，影响其安全性的关键因素是其原生环境，而开展食品原产地的环境健康风险评估工作是保障原生环境质量的关键措施，也是防范人体健康风险的关键所在。重点包括：①通过有效的污染普查、风险识别和评估手段，识别原产地的污染水平及潜在健康风险，为相关政策的提出提供科学依据；②定期梳理和更新环境污染物毒理学、暴露评价及健康效应研究基础和数据储备库，构建科学的方法体系；③推动并更新环境污染特征，包括人体摄入量、暴露方式、寿命、体重参数等环境暴露行为和健康数据的收集和研究，为原产地的健康风险评估提供重要数据支撑；④积极推动建立有机农业安全生产基地，从根本上解决农业生态环境的污染问题，是解决食品安全问题的必然选择。

（二）建立"从农田到餐桌"长期运行的健康网络

建立食品环境综合监测及风险管控体系，加强"从农田到餐桌"整个链条上全面且长期的监控，具体包括：①实施不同环境的长期性、动态性重金属污染监测和预警，选择有代表性的重金属污染风险地区，建立环境重金属污染与人群生物监测网络；②设立多个产地风险评估站点和产地监测员，加强产地风险评估的监测力度，形成产地风险评估网络，提高"不安全产地"的检出率；③形成基于健康风险评估的统一的监测方法、监测指标、监测限值，确保整个链条上监测网络的协调统一。

（三）建立基于健康风险全程管控的环境与食品基准/标准体系

建立基于"健康风险、风险管理"原则下的全程管控的环境与食品基准/标准体系，具体包括：①制定基于健康风险管控的环境与食品相关标准或基准；②在相关基准和标准的制定过程中统一规范环境重金属健康风险评价方法、程序和技术要求，建立风险评估模型、决策支持系统；③定期更新基准及标准的指标及限值，若无充足数据支撑，不得随意更改；④强化专业技术支撑机构的培育和人才队伍的培养，促进方法学及科研技术的增强，推动相关基准和标准的制定修订。

（四）普及环境健康风险评估教育，树立全民健康风险防范意识

积极推进"全民防范健康风险"的运动，提高公众"环境健康风险素养"，具体包括：①鼓励和支持"环境健康风险素养"公益性科普事业，大力推进全民"环境健康风险素养"的提高；②有效利用大众媒介，通过开展全方位、多层次的教育宣传工作，提高不同区域、不同层次人群的环境健康风险素养。

三、保障食品真实性，维护食品安全信心

自美国提出经济利益驱动型食品掺假（economically motivated adulteration，EMA）问题以来，发达国家在保障食品真实性方面提出了一系列有效措施，目前主要包括：①构建经济利益驱动型食品掺假数据库，主要包括美国国家食品保护与防御中心创建的EMA数据库、美国药典委员会（USP）创建的食品欺诈数据库，以及欧盟共享的食品欺诈网络等；②开展EMA事件特征研究，评估和减少EMA风险；③提出脆弱性评估和关键控制点体系，最大限度减少食品欺诈和掺假原材料风险；④颁布应对食品掺假的法律法规，做到有法可依；⑤构建食品掺假检测技术体系，实现简单、快速、准确鉴别的目标。

四、高度重视致病菌及其耐药性的危害

（一）完备的细菌耐药性监控系统

目前，大部分发达国家已陆续建立了微生物耐药性的监测系统，其监测数据的运用对合理使用抗生素、改善细菌耐药性状况发挥了非常积极的作用。美国食品药品监督管理局以及农业部和疾病控制中心联合成立了国家抗菌药物耐药性监测系统（National Antimicrobial Resistance Monitoring System，NARMS）；加拿大组建了国家肠道菌抗菌药耐药性监测指导委员会（NSCARE），并制定了加拿大抗菌药耐药性综合监测计划（Canadian Integrated Program for Antimicrobial Resistance Surveillance，CIPARS）；欧盟兽用抗菌药耐药性管理工作要由欧洲药品管理局下设的兽用药品委员会负责，健康与消费者保护司、食品安全局等也参与相关的管理研究工作。

（二）严格的兽药防控和管理体系

发达国家重视兽药残留的防控和管理体系建设，美国、欧盟、日本等均在法律法

规层面制定了相关的残留限量标准,并已形成相对完善的控制体系;同时,美国、欧盟等发达国家和地区的兽药管理法治化程度较高,药政、药监和药检三个体系并存,各司其职、彼此衔接、相互监督,为兽药残留的有效防控提供了切实有效的法律保障。

五、强有力的食品安全信息化平台和技术支撑

(一)强制性的食品安全信息化法律法规和支撑平台体系

发达国家完善的食品安全信息化法律法规体系,一方面对问题食品进行严格监测,确保食品安全问题能得到快速处理,有效保障食品安全;另一方面对食品生产经营者也能起到有效约束的作用。美国、欧盟、加拿大和澳大利亚等发达国家和地区已逐步进入食品安全网络监控管理时代。通过建立一系列的环境监测体系、农药残留检测体系、兽药检测体系、污染物监测体系、食源性疾病监测体系、食品掺假监控体系、食品安全风险预警体系、食品可追溯体系,以及快速反应网络、食品成分数据库、食品安全过程管控系统等食品安全信息化平台,为政府实施有效管理提供了强有力的技术支撑。当监测中发现食品风险,监管部门能够迅速对问题进行判定,准确缩小问题食品的范围,并对问题食品进行追溯和召回,最大限度减少因食品安全问题所带来的损失。

发达国家在个体识别技术、数据信息结构和格式标准化、追溯系统模型、数据库信息管理、数据统计分析、可视化等方面关键技术配套完善,为食品安全信息系统的构建提供了有力的技术支撑,以美国、欧盟、日本为代表的发达国家和地区信息技术的研发能力和应用水平居世界前列,通过云计算、移动互联网等现代技术的运用,构建完善的食品安全检测、预警和应急反应系统。

(二)有效运行的信息化系统平台和信息共享机制

发达国家食品安全信息化和智能化应用非常普遍,以食品安全检测领域为例,发达国家国际知名检测实验室都不同程度地使用了实验室信息管理系统来规范实验室内部的业务流程,并对人员、资产、设备进行有效管理。随着信息技术的提升,系统的功能也开始逐渐扩展到业务结算、客户服务、数据共享、大数据分析等领域。另外,利用新一代互联网技术,采用"云计算"的思路和方法,建立"云检测"服务平台,有效实现检测报告的溯源管理,保障检测报告的真实性,并且实现产品检测数据的大集中。

发达国家非常注重食品安全信息的发布和共享,公众参与食品安全监管的积极性普遍较高。美国、欧盟等在立法与监管过程中高度重视食品安全信息的透明化与公开化。如美国将食品安全生产经营者、食品行业协会、食品安全专家等拥有的除"国家机密"以外的信息,明确为公开的"食品安全信息",不但建立了一套从联邦到地方

的食品安全监管信息网络，还建立了覆盖全国的信息搜集、评估及反馈方面的基础设施，对信息进行全方位披露。

六、完备的进口食品安全监管体系和详尽的食物资源数据库

欧盟一直致力于建立涵盖所有食品类别和食品链各环节的法律法规体系，30年来陆续制定了20多部食品安全方面的法规。美国进口食品管理注重全球性的合作策略，美国食品药品管理局大力推行外国供货商审核制度，要求进口商在向美国引入安全食品方面承担责任。国际食品法典委员会和联合国粮食及农业组织对进口食品采取进口食品入境前控制、进口食品边境控制、进口食品国内控制等多项监管措施。

发达国家和国际组织已经在掌握全球食物产量、食品贸易量、消费量等方面走在前列，如美国农业部、联合国粮食及农业组织、世界贸易组织等均构建了不同领域、涉及世界各个国家和地区海量数据的数据库。这些数据库是掌握国际食品贸易信息的重要数据来源，具有系统性、连续性和可靠性等特点，能够为掌握世界食品产业信息提供最基础的数据支持。

思维导图

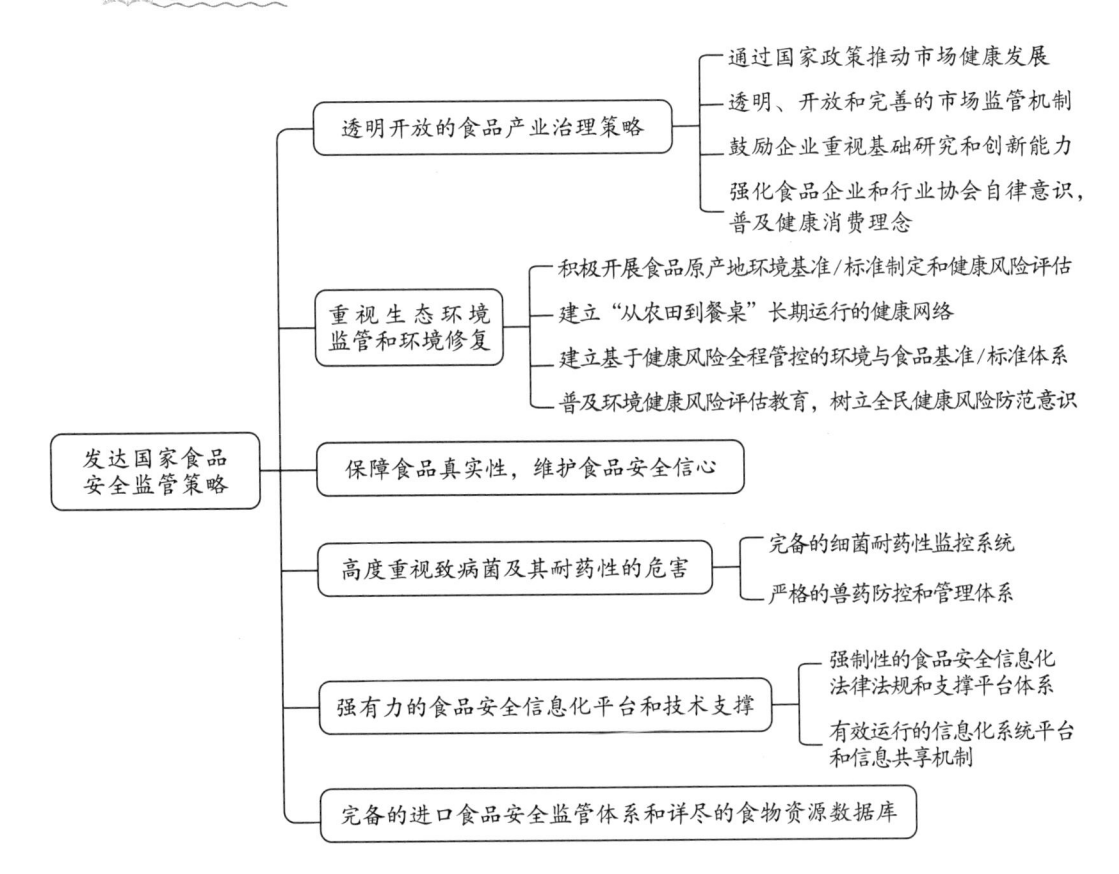

```
                              ┌─ 通过国家政策推动市场健康发展
                              ├─ 透明、开放和完善的市场监管机制
        透明开放的食品产业治理策略 ┤
                              ├─ 鼓励企业重视基础研究和创新能力
                              └─ 强化食品企业和行业协会自律意识，
                                 普及健康消费理念

                              ┌─ 积极开展食品原产地环境基准/标准制定和健康风险评估
                              ├─ 建立"从农田到餐桌"长期运行的健康网络
        重视生态环境监管和环境修复 ┤
                              ├─ 建立基于健康风险全程管控的环境与食品基准/标准体系
                              └─ 普及环境健康风险评估教育，树立全民健康风险防范意识

发达国家食品 ─┤ 保障食品真实性，维护食品安全信心
安全监管策略
                                       ┌─ 完备的细菌耐药性监控系统
        高度重视致病菌及其耐药性的危害 ┤
                                       └─ 严格的兽药防控和管理体系

                                          ┌─ 强制性的食品安全信息化
        强有力的食品安全信息化平台和技术支撑 ┤   法律法规和支撑平台体系
                                          └─ 有效运行的信息化系统平台
                                             和信息共享机制

        完备的进口食品安全监管体系和详尽的食物资源数据库
```

✍ 本章小结

本章首先简要介绍了食品安全监管工作的重要性和基本原则，然后从历史进程的视角系统讲述了古代、近现代和当代中国食品安全监管的演进；随后，又对我国当代食品安全监管体制的运行机制和构成进行了概述；最后，简述了发达国家在食品安全监管方面的策略，以便为大市场体系下我国的食品安全监管工作提供借鉴和参考。拟通过本章内容的讲授和学习，主要帮助学生了解食品安全监管的意义、厘清食品安全监管的历史脉络、掌握食品安全监管体制的运行机制和构成、正确看待发达国家食品安全监管策略，培养其批判性思维和分析问题、解决问题的能力。

思考题

1. 简述食品安全监管工作的基本遵循。
2. 简述古代食品安全监管对现代监管的启发。
3. 简述我国食品安全监管的运行机制。
4. 简述我国食品安全监管体系框架组成。
5. 如何辩证看待发达国家的食品安全监管策略？

素质拓展材料

本拓展材料主要讲述集体性自我监管，既包括单个生产经营者或者新崛起的平台经营者通过覆盖从农场到餐桌的全程管理来促使各尽其职和协同合作，又包括行业协会、社会团体等服务于行业发展的第三方组织借助标准等工具来促进不同生产经营者之间的合作。通过该案例内容的学习，可以帮助学生了解食品安全监管实务，进一步理解食品安全监管体制的构成和运行机制，启发学生结合生活实际来加深理论知识的掌握，培养学生理论结合实际的习惯，激发其专业兴趣。

美团：合力共促线下餐饮行业良性发展

第四章

我国食品安全监管相关法规与标准概述

> **本章学习目标**
>
> 1. 了解食品安全监管相关法规的修订背景;
> 2. 掌握我国食品安全监管法规及标准的构成体系;
> 3. 掌握食品生产经营许可相关管理办法;
> 4. 学会分析标准强制性的内涵。

第一节 食品安全监管相关法律

食品安全法律法规是调整食品安全社会关系的法律法规规范的总称,主要包括食品安全有关法律、法规、规章、司法解释等。各级行政机关依照法定权限、程序制定并公开发布的各种规范性文件,由于涉及公民、法人和其他组织的权利义务,具有普遍约束力,并在一定期限内反复适用,是食品安全法律法规制度体系中的重要补充。

我国政治体制实现了从社会主义计划经济到社会主义计划经济与商品经济并存,再到社会主义市场经济发展和中国特色社会主义进入新时代的变革,食品市场监管法律法规和食品市场监管体制也随之进行了调整与修改,确保了食品安全监管法律法规与社会经济发展的适应性,促进了食品工业经济的发展,满足了人民群众对食品安全的基本需要。但由于食品市场不断变化,新业态不断涌现,食品市场监管法律法规在处理实际问题上还存在一定的滞后性。因此,按照新时代食品安全监管的要求,及时修订、制定法规,进而调整优化监管体制,对进一步提高食品安全监管水平意义深远。鉴于大部分食品类专业开设了"食品质量标准体系与法规"等类似课程,因此本章主要对近几年新修订的部分法律法规及标准作一简要概述。

一、我国食品安全法律法规的构成

（一）法律

法律是由全国人民代表大会及其常务委员会制定的调整特定社会关系的法律文件，是特定范畴内的基本法。根据所调整的社会关系的不同，与食品安全有关的法律主要包括《宪法》《刑法》《食品安全法》《农产品质量安全法》《动物防疫法》《进出境动植物检疫法》《产品质量法》等。

另外，《最高人民法院关于审理食品安全民事纠纷案件适用法律若干问题的解释（一）》《最高人民法院、最高人民检察院关于办理危害食品安全刑事案件适用法律若干问题的解释》《最高人民法院、最高人民检察院、公安部关于依法严惩"地沟油"犯罪活动的通知》《最高人民法院、最高人民检察院关于办理生产、销售伪劣商品刑事案件具体应用法律若干问题的解释》《最高人民检察院、公安部关于公安机关管辖的刑事案件立案追诉标准的规定》等在食品安全法律体系中也具有非常重要的作用。

（二）法规

1. 行政法规

国务院根据《宪法》和法律，制定行政法规。行政法规由总理签署国务院令公布。与食品安全有关的行政法规主要包括《食品安全法实施条例》《国务院关于加强食品等产品安全监督管理的特别规定》《乳品质量安全监督管理条例》《生猪屠宰管理条例》《食盐专营办法》《兽药管理条例》等。

2. 地方性法规

地方性法规由省（自治区、直辖市）人民代表大会及其常务委员会以及设区的市和自治州人大及其常委会根据本行政区域的具体情况和实际需要，在不与《宪法》、法律、行政法规相抵触的前提下制定。全国各省（自治区、直辖市）都先后出台了食品安全方面的地方性法规，如《安徽省食品安全条例》《辽宁省食品安全条例》《上海市食品安全条例》《陕西省食品小作坊小餐饮及摊贩管理条例》等，完善了地方食品安全监管规定。

（三）规章

1. 部门规章

国务院各部、委员会等具有行政管理职能的组成部门及直属机构，可以根据法律和国务院的行政法规、决定、命令，在本部门的权限范围内制定规章。部门规章规定的事项应当属于执行法律或者国务院的行政法规、决定、命令的事项。涉及两个以上国务院部门职权范围的事项，应当提请国务院制定行政法规或者由国务院有关部门联合制定规章。部门规章应当经部务会议或者委员会会议决定，由部门首长签署命令予以公布。

如市场监管总局先后联合教育部、卫生健康委制定了《学校食品安全与营养健康管理规定》，发布了《保健食品原料目录与保健功能目录管理办法》《食盐质量安全监督管理办法》，修订了《食品安全抽样检验管理办法》《食品生产许可管理办法》等。这些部门规章制度的制定实施，为食品安全监管提供了法治保障。

2. 地方政府规章

省（自治区、直辖市）和设区的市、自治州的人民政府，可以根据法律、行政法规和本省（自治区、直辖市）的地方性法规制定规章。地方政府规章应当经政府常务会议或者全体会议决定，由省长、自治区主席、市长或者自治州州长签署命令予以公布。

二、食品安全主要法律

（一）《食品安全法》修订解读

2009年，《食品安全法》的出台取代了1995年颁布的《食品卫生法》，为从制度上解决现实生活中存在的食品安全问题，更好地保证食品安全提供了法律依据。其中确立了以食品安全风险监测和评估为基础的科学管理制度，明确了食品安全风险评估结果是制定、修订食品安全标准和对食品安全实施监管的科学依据。

2013年，《食品安全法》启动修订，2015年4月24日新修订的《食品安全法》经第十二届全国人大常委会第十四次会议审议通过。新版《食品安全法》共10章154条，修订后有了很大的完善，主管部门明确为食品药品监管部门。

2018年12月29日，第十三届全国人民代表大会常务委员会第七次会议决定对《食品安全法》作出修改。修改后主管部门为市场监督管理局，食品和药品分开管理，单设药品监管局。2021年4月29日，第十三届全国人民代表大会常务委员会第二十八次会议《关于修改〈中华人民共和国道路交通安全法〉等八部法律的决定》通过了再次修正后的《食品安全法》，对食品生产许可证调整为食品生产许可和食品经营许可及备案两种类型。本次修订解读如下：

1. 修订背景

2009年颁布实施的《食品安全法》对规范食品生产经营活动、保障食品安全发挥了重要作用，食品安全各方面工作取得积极进展，形势总体稳中向好。与此同时，我国食品违法生产经营现象依然存在，食品安全事件时有发生，食品安全深层次矛盾和问题还没有得到根本解决。我国食用农产品的产地环境污染状况不容乐观，农业投入品的使用还不规范；食品行业产业基础薄弱，食品生产经营者的食品安全素质和法律责任意识不强；食品安全监管体制、手段和制度等尚不能完全适应食品安全的需要，监管能力、监管方式还不能适应食品安全治理的需要；食品安全故意违法犯罪还处于高发、频发阶段，法律责任偏轻，重典治乱威慑作用没有得到充分发挥，食品安全形势依然严峻。

党的十八大以来，党中央、国务院进一步改革完善我国食品安全监管体制，着力建立最严格的食品安全监管制度，积极推进食品安全社会共治格局。以法律形式固化监管体制改革成果，完善监管制度机制，解决食品安全领域存在的突出问题，以法治方式维护食品安全，为最严格的食品安全监管提供体制制度保障，修订《食品安全法》十分必要。《食品安全法》是整个食品安全法律体系的基础，它确立的基本原则应该贯穿整个食品安全法律体系，其他食品相关法规都要按照《食品安全法》进行修订。

2. 修订的主要内容

修订后的《食品安全法》共 10 章 154 条，在修订中主要把握了以下几点：一是更加突出预防为主、风险防范。进一步完善食品安全风险监测、风险评估和食品安全标准等基础性制度，增设生产经营者自查、责任约谈、风险分级管理等重点制度。二是建立最严格的全过程监管制度。对食品生产、销售、餐饮服务等各个环节，以及食品生产经营过程中涉及的食品添加剂、食品相关产品等有关事项，有针对性地补充、强化相关制度，全程监管。三是建立最严格的法律责任制度。综合运用民事、行政、刑事等手段，实行最严厉的处罚、最严肃的问责和最严格的追责。四是实行食品安全社会共治。充分发挥消费者、行业协会、新闻媒体等方面的监督作用，形成食品安全社会共治格局。主要修订内容包括：

1）明确食品安全工作的基本原则

食品安全工作实行预防为主、风险管理、全程控制、社会共治，建立科学、严格的监督管理制度。

2）巩固和深化监管体制改革成果

一是明晰食用农产品监管职责。食用农产品进入批发、零售市场或生产加工企业后，按食品对待由食品安全监管部门监督管理。

二是明确食品安全标准制定职责。食品安全国家标准由国务院卫生行政部门会同国务院食品安全监督管理部门制定、公布，国家标准化行政部门提供国家标准编号。食品中农药残留、兽药残留的限量规定及其检验方法与规程由国务院卫生行政部门、国务院农业行政部门会同国务院食品安全监督管理部门制定。

三是明确进口食品销售职责。进入市场销售的进口食品、食品添加剂由食品安全监管部门依法监管。

四是强化食品安全基层监管职责。县级人民政府食品安全监督管理部门可以在乡镇或者特定区域设立派出机构，履行食品安全监管职责。

第四章 我国食品安全监管相关法规与标准概述

3）加强食品安全风险管理

一是完善食品安全风险监测和风险评估制度。明确食品安全风险监测技术机构的行为规范、结果通报等规定，明确食品安全风险评估方法、评估因素、评估情形以及评估时效性等规定。

二是强化食品安全风险交流制度。明确风险交流的组织者和参与者、风险交流原则、风险交流内容等规定。

三是明确食品安全风险分级管理。监管部门根据食品安全风险监测、风险评估结果和食品安全状况等，确定监督管理的重点、方式和频次，实施风险分级管理。

四是强化食品安全追溯。明确国家建立食品安全全程追溯制度，食品生产经营者承担食品安全追溯主体责任，食品安全监督管理等有关部门建立食品安全全程追溯协作机制。

4）强化食品安全源头管理

一是强化食用农产品风险监测和风险评估。明确风险评估范畴、评估专家、信息通报等规定。

二是严格规范农业投入品使用。规定国家对农药使用实行严格管理制度，加快淘汰剧毒、高毒、高残留农药，食用农产品生产者严格履行农业投入品使用主体责任，严格执行安全间隔期或休药期以及相关禁止性规定。

三是规范食用农产品销售。明确食用农产品批发市场对进入该批发市场销售的食用农产品进行抽样检验，对不符合食品安全标准的产品停止销售并报告等规定。明确建立执行食用农产品销售进货查验记录制度，以及包装、保鲜、贮存、运输中保鲜剂、防腐剂等食品添加剂和包装材料等使用规定。

5）强化食品生产经营者主体责任

在生产经营许可、标准备案、进货查验、包装标签、产品检验、产品召回、事故报告、侵权赔偿等义务基础上，强化食品生产经营者主体责任。

一是强化企业主要负责人责任。企业主要负责人负责企业食品安全管理制度、人员、资金等方面的重大决策。

二是强化生产经营过程控制。明确食品生产企业应当就原料控制、生产关键环节控制、检验控制、运输和交付控制等事项制定并实施控制要求，明确贮存、运输和装卸食品的容器、工具和设备的安全、清洁、防污染、温湿度以及贮存、运输等要求。

三是强化食品安全管理人员培训考核。食品生产经营企业加强食品安全管理人员培训和考核，不具备食品安全管理能力的不得上岗。增设监督管理部门对管理人员随机监督抽查考核规定。

四是强化食品安全自查。明确食品生产经营者定期检查评价、整改、报告等规定，强化特殊食品生产企业规范建立质量管理体系，定期进行体系自查、提交自查报告等规定。

五是强化问题食品召回。明确食品生产经营者召回规定，强化食品生产经营者召回义务，强化食品生产经营者召回、处理、报告等方面的规定。

六是强化特殊食品生产经营者义务。明确特殊食品注册和备案范围、职责等方面的规定。强化婴幼儿配方食品生产企业实施从原料进厂到成品出厂的全过程质量控制、出厂逐批检验、原辅料标准、禁止分装、配方品牌等方面的规定。

6）完善食品安全监管规定

一是强化监管人员的培训考核。监管部门加强对执法人员食品安全法律、法规、标准和专业知识与执法能力等的培训考核，不具备相应知识和能力的不得从事食品安全执法工作。

二是完善检验制度。国务院卫生行政部门应当及时会同国务院有关部门规定食品中有害物质的临时限量值和临时检验方法，作为生产经营和监督管理的依据。完善复检申请、复检机构、复检结论效力等规定。

三是强化责任约谈。明确责任约谈情形、约谈人员、整改要求、信用管理等规定。

四是强化监督检查结果公开。明确建立食品安全监管信用档案、依法公布更新以及加强不良信用管理，增加监督检查频次，通报投资、证券、金融机构等规定。

五是强化信息公布管理。规范食品安全信息收集、核实分析、公布等规定。

六是强化贡献褒奖。对在食品安全工作中作出突出贡献的单位和个人，按照国家有关规定给予表彰、奖励。

（二）《农产品质量安全法》修订解读

2022年9月2日，经第十三届全国人民代表大会常务委员会第三十六次会议修订后的《农产品质量安全法》发布，并于2023年1月1日起正式实施。本法最早于2006年4月29日第十届全国人民代表大会常务委员会第二十一次会议通过，2018年10月26日第十三届全国人民代表大会常务委员会第六次会议《关于修改〈中华人民共和国野生动物保护法〉等十五部法律的决定》修正。

新修订的《农产品质量安全法》分为8章，含总则、附则共计81条，此次修订《农产品质量安全法》，坚持全面体现最严谨的标准、最严格的监管、最严厉的处罚和最严肃的问责"四个最严"要求，从生产环节到加工、消费环节，做好与《食品安全法》的衔接。

1. 修法历程

2018年，全国人大常委会对《农产品质量安全法》进行了执法检查，提出加快修订农产品质量安全法律法规的监督意见。同年，《农产品质量安全法》纳入第十三届全国人大常委会立法规划。2019年6月18日，农业农村部向社会公开征求《农产品质量安全法修订草案（征求意见稿）》。2021年9月1日，国务院常务会议上审议通过了

《农产品质量安全法（修订草案）》，会议决定将草案提请全国人大常委会审议。2022年9月2日上午，第十三届全国人大常委会第三十六次会议表决通过了新修订的《农产品质量安全法》。

2. 主要内容

新修订的《农产品质量安全法》共8章81条，从农产品产地、生产过程、销售流通过程、监管部门职责、协作机制等方面和《食品安全法》作密切衔接，进一步加强农产品全过程监管。主要内容包括：压实地方政府的属地管理责任，明确生产经营者主体责任，健全农产品质量安全责任机制，强化农产品质量安全风险管理和标准制定，完善农产品生产经营全过程管控措施和农产品质量安全监督管理措施，加大对违法行为的处罚力度等。

3. 新增内容

新法中，在农产品质量安全的定义中增加生产经营的农产品达到农产品质量安全标准的内容；在农产品质量安全标准中增加"储存、运输"农产品过程中的质量安全管理要求；强调要确保严格实施"国家建立健全农产品质量安全标准体系"；因农产品质量安全监督管理责任落实不力、问题突出被约谈的地方人民政府，应当及时采取整改措施；食品生产者采购农产品等食品原料要查验许可证和合格证明；建立健全农产品质量安全全程监督管理协作机制。

4. 亮点内容

1) 健全责任机制，压实监管责任

明确农产品生产经营者应当对其生产经营的农产品质量安全负责；明确规定县级以上地方人民政府对本行政区域的农产品质量安全工作负责；明确国务院农业农村主管部门、市场监督管理部门依照本法和规定的职责，对农产品质量安全实施监督管理；明确乡镇人民政府协助上级人民政府及其有关部门做好农产品质量安全监督管理工作；明确基层组织发挥优势和作用，指导农产品生产经营者加强质量安全管理。

2) 强化农产品质量安全风险管理和标准制定

制定风险监测计划；建立农产品质量安全风险评估制度；明确农产品质量安全标准的内容。

3) 实现生产经营全过程管控

建立农产品产地监测制度，制定监测计划，加强农产品产地安全调查、监测和评价工作；加强地理标志农产品保护和管理；鼓励采用绿色生产技术和全程质量控制技术；鼓励打造农产品品牌；建立农产品质量安全管理制度，健全农产品质量安全控制体系；农民专业合作社和农产品行业协会提供生产技术服务，加强自律管理；建立农产品质量安全追溯协作机制；对列入农产品质量安全追溯目录的农产品实施追溯管理；

推行承诺达标合格证制度。

4）完善监督管理措施

规范监督抽查工作，建立健全随机抽查机制，制定监督抽查计划；实施农产品质量安全风险分级管理；开展农产品质量安全风险监测和风险评估工作时，采集样品按照市场价格支付费用；加强农产品生产日常检查；建立农产品生产经营者信用记录；完善监督检查措施；强化考核问责；完善应急措施，制定突发事件应急预案。

总之，农产品质量安全事关人民群众身体健康，是最基本的民心工程、民生工程。国家加强农产品质量安全工作，实行风险管理、源头治理、全程控制，建立科学、严格的监督管理制度，构建协同、高效的社会共治体系。

思维导图

```
食品安全监管相关法律
├── 我国食品安全法律法规的构成
│   ├── 法律
│   ├── 法规
│   │   ├── 行政法规
│   │   └── 地方性法规
│   └── 规章
│       ├── 部门规章
│       └── 地方政府规章
└── 食品安全主要法律
    ├── 《食品安全法》修订解读
    │   ├── 修订背景
    │   └── 修订的主要内容
    └── 《农产品质量安全法》修订解读
        ├── 修法历程
        ├── 主要内容
        ├── 新增内容
        └── 亮点内容
```

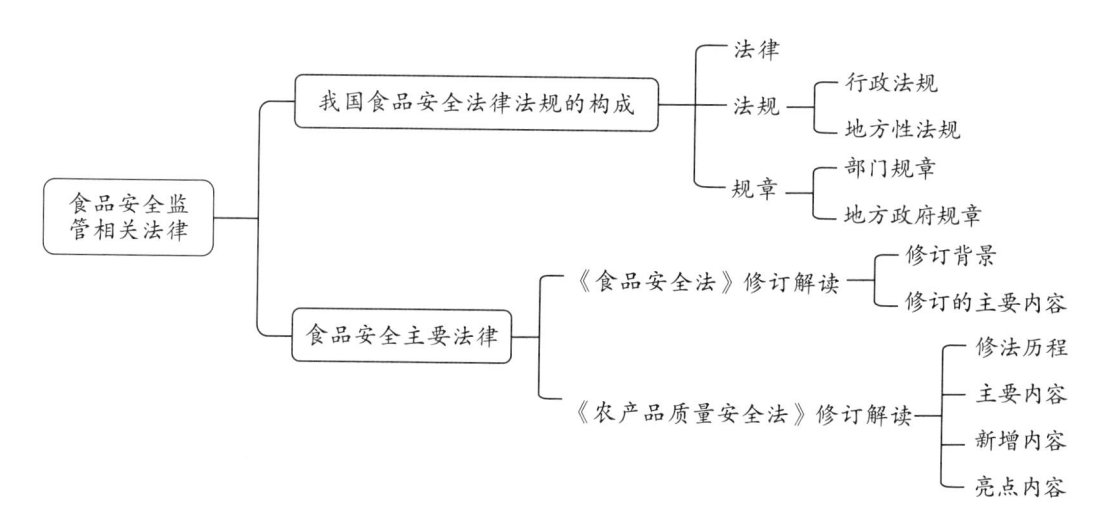

第二节　食品安全监管相关法规

一、《食品安全法实施条例》修订解读

《食品安全法实施条例》（以下简称《条例》）于 2009 年 7 月 20 日公布，根据 2016 年 2 月 6 日《国务院关于修改部分行政法规的决定》修订，2019 年 3 月 26 日国务院第 42 次常务会议通过修订，10 月 11 日中华人民共和国国务院令第 721 号公布。

（一）修订背景

2009 年，我国出台了第一部《食品安全法》。同年，国务院颁布《条例》。2015 年，《食品安全法》进行了全面修订，明确了预防为主、风险管理、全程控制、社会共治的工作原则，并逐渐凝聚成为食品安全治理的社会共识。新修订的《食品安全法》

颁布后，原《条例》的部分规定已经滞后，党中央、国务院新的决策部署需要从行政法规层面予以落实，《食品安全法》的一些原则制度需要进行具体化，特别是实践中新出现的一些突出问题和矛盾需要解决，比如部门间协调配合不够顺畅，部分食品安全标准之间衔接不够紧密，食品贮存、运输环节不够规范，食品虚假宣传时有发生，食品安全行政执法自由裁量权需要明确细化等，都需要通过科学的制度设计予以解决。同时，监管实践中形成的一些有效做法也需要总结、上升为法律规范。因此，有必要对《条例》作出修订。

（二）修订的主要内容

新修订的《条例》，共10章86条，较2016年2月修订的《条例》增加了22条，有不少新内容、新亮点，体现了食品安全"四个最严"的要求，解释了食品行业对于食品安全监管的诸多疑惑，使食品安全监管政策的落地更加具有可操作性，对于推动我国食品安全的科学监管和食品行业发展具有积极作用。主要内容包括：

1. 完善最严谨的标准

食品安全标准是判定风险和监管执法的重要依据。《条例》从以下几个方面进一步完善了标准管理制度：

一是强化国家标准规划及年度实施计划。要求国务院卫生行政部门会同食品安全监督管理、农业行政等部门制定食品安全国家标准规划及其年度实施计划，并要求将草案放在网上公开征求意见。同时，规范食品安全地方标准的制定，明确地方标准公开征求意见、备案和废止的程序要求，明确保健食品等特殊食品不得制定地方标准。

二是明确企业标准管理要求。《条例》明确食品生产企业不得制定低于食品安全国家标准或者地方标准要求的企业标准。同时，将处罚的范围限定在食品生产经营者生产经营的食品符合食品安全标准但不符合食品所标注的企业标准规定的食品安全指标的情形，进一步厘清了企业标准的含义和性质。

三是建立食品安全非法添加物质"黑名单"制度。为强化对打击违法行为的技术支撑，《条例》进一步要求对发现的添加或者可能添加到食品中的非食品用化学物质和其他可能危害人体健康的物质，制定名录及检测方法并予以公布。

四是明确对可能掺杂掺假的食品补充检验项目和检验方法。《条例》明确对可能掺杂掺假的食品，现有标准和规定无法检验的，国务院食品安全监管部门可以制定补充检验项目和检验方法，用于抽样检验、案件调查处理和事故处置。

2. 实施最严格的监管

一是建立食品安全检查员制度。食品安全监管属于专业监管，为此《条例》规定，国家建立食品安全检查员制度，依托现有资源加强职业化检查员队伍建设，强化考核培训，提高检查员专业化水平。

二是建立食品安全飞行检查和异地交叉检查制度。为破除地方保护,《条例》明确设区的市级以上食品安全监督管理部门可对下级部门负责日常监督管理的生产经营者实施随机检查,也可以组织下级部门实施异地检查;设区的市级以上食品安全监督管理部门认为必要的,还可直接调查处理下级部门管辖的食品安全违法案件,也可指定其他下级部门调查处理。

三是针对性解决突出问题。比如,明确禁止利用包括会议、讲座、健康咨询在内的任何方式对食品进行虚假宣传;明确非保健食品不得声称具有保健功能;规定不得发布未经资质认定的检验机构出具的食品检验信息,不得利用上述信息对食品等进行等级评定。

四是完善特殊食品管理制度。严格特殊食品标签管理,明确特殊食品的标签、说明书内容应当与注册或者备案的标签、说明书一致。同时,《条例》还对特殊食品的出厂检验、销售渠道、广告管理、产品命名等作出了严格规定。

3. 实行最严厉的处罚

一是细化列举《食品安全法》规定的情节严重的情形。《条例》从涉案产品货值金额、违法行为持续时间、造成的损害后果、主观恶意程度等方面明确了情节严重的情形,并明确要求对情节严重的违法行为处以罚款时应当依法从重从严。

二是落实"处罚到人"要求。《条例》规定存在故意实施违法行为,违法行为性质恶劣,或者违法行为造成严重后果等情形的,除依照《食品安全法》的规定给予处罚外,对单位的法定代表人、主要负责人等处以其上一年度从本单位取得收入的1倍以上10倍以下罚款。

三是增设违法情形并设定严格的法律责任。《条例》对新增义务所设法律责任加大了处罚力度,提高罚款额度。比如,对于发布无资质食品检验机构出具的食品检验信息或利用上述检验信息进行等级评定而欺骗误导消费者的,最高可罚至100万元。

四是强化信用惩戒。《条例》明确要求建立守信联合激励和失信联合惩戒机制,建立严重违法生产经营者黑名单制度,将食品安全信用状况与准入、融资、信贷、征信等相衔接,及时向社会公布。

4. 强化属地管理责任

一是要求建立统一权威的食品安全监管体制。明晰强化食品安全委员会研究部署、统筹指导、提出重大政策措施、督查落实等职责。

二是强化地方政府食品安全事故应急管理责任。细化落实《食品安全法》关于地方政府制定本行政区域食品安全事故应急预案的规定,要求县级以上人民政府应当完善食品安全事故应急管理机制,改善应急装备,做好应急物资储备和应急队伍建设。

三是强化地方政府无害化处理基础设施建设责任。规定县级以上地方人民政府根据需要建设必要的食品无害化处理和销毁设施，并明确食品生产经营者可以按规定使用，以妥善处置不安全食品，防止回流市场带来的风险。

四是明确乡镇政府支持协助的食品安全责任。要求乡镇人民政府和街道办事处支持、协助监管部门依法开展食品安全监管工作，避免层层下放责任，导致食品安全责任落空。

5. 强化食品安全风险防控基础

一是加强农业投入品的风险评估。《条例》规定国务院卫生行政、食品安全监督管理等部门发现需要对农药、兽药、饲料等农业投入品进行安全性评估的，应当向国务院农业行政部门提出安全性评估建议。国务院农业行政部门应当及时组织评估，并通报评估结果。

二是强化进口食品风险控制措施。《条例》规定出入境检验检疫部门要及时对境外发生或进口发现的严重食品安全问题进行风险预警，并采取退货、销毁、禁止进口等措施。还可以对部分食品实行指定口岸进口。

三是健全风险监测会商和处置制度。要求卫生行政部门与食品安全监督管理部门建立风险监测会商机制，分析数据、研判风险并形成报告。对存在食品安全隐患的，监管部门经调查确认后，要及时通知食品生产经营者进行自查，并依法实施食品召回，及时控制风险。

四是建立风险信息交流机制。规定食品安全监督管理部门和其他有关部门建立食品安全风险信息交流机制，明确食品安全风险信息交流的内容、程序和要求，有利于理性防范风险。

6. 夯实食品生产经营者主体责任

一是细化列举主要负责人的责任。《条例》突出强调主要负责人要对本企业的食品安全工作全面负责，要求其承担建立落实食品安全责任制，加强供货者管理、进货查验和出厂检验、生产经营过程控制、食品安全自查等职责。

二是明确食品安全管理人员的责任。《条例》要求食品安全管理人员协助企业主要负责人做好食品安全管理工作。食品安全管理人员应当掌握与其岗位相适应的食品安全法律、法规、标准和专业知识，具备食品安全管理能力。

三是明晰食品委托生产双方的法律责任。《条例》规定食品生产经营者委托生产食品的，应当委托取得食品生产许可的生产者生产，并对其生产行为进行监督，对委托生产的食品安全负责。受托方应当依照法律、法规、食品安全标准以及合同约定进行生产，对生产行为负责，并接受委托方的监督。

四是强化集中用餐单位食品安全责任。《条例》明确学校、托幼机构等集中用餐单位的食堂应当执行原料控制、餐具饮具清洗消毒、食品留样等制度，并依照《食品安全法》的规定定期开展食堂食品安全自查。

此外，《条例》还对网络交易第三方平台、食品集中交易市场的开办者、食品展销会的举办者的义务和责任作了进一步细化。

7. 突出社会共治

一是完善举报奖励制度，对内部举报人予以重奖。《条例》规定，国家建立食品安全违法行为举报奖励制度，对举报所在企业食品安全重大违法犯罪行为的，应加大奖励力度。同时，要求保护举报人的合法权益，明确举报奖励资金纳入各级人民政府预算。

二是加大对编造、散布虚假食品安全信息行为的惩戒。《条例》规定，食品安全监管等部门发现编造、散布虚假食品安全信息的，涉嫌构成违反治安管理行为的，应当将相关情况通报同级公安机关。

三是普及食品安全科学常识和法律知识。明确将食品安全科学常识和法律知识纳入国民素质教育内容，提高全社会的食品安全意识。

8. 强化依法治理理念

一是强调对主观故意的惩戒。《条例》第六十七条从违法行为的货值金额、持续时间、损害后果、主观恶意等方面列举了五种"情节严重"的情形。一方面，有助于增强法律适用性，规范自由裁量；另一方面，其中的"故意提供虚假信息或者隐瞒真实情况""拒绝、逃避监督检查"两种情形，实际是将惩戒"故意"违法行为的主观过错原则引入行政法律制度的积极创新。

二是强调尽职免责，依法设立从轻减轻处罚条款。在依法严厉惩处故意违法和严重违法行为的背景下，《条例》明确食品生产经营者依照《食品安全法》第六十三条第一、二款的规定停止经营，实施食品召回，或者采取其他有效措施减轻或者消除食品安全风险，未造成危害后果的，可以从轻或者减轻处罚。这既有利于鼓励食品生产经营者积极、大胆地履行主体责任，防控食品安全风险，也意在强调在食品安全执法实践中，应当秉持法治的原则和理念，切实做到处罚法定、过罚相当、处罚与教育相结合。

二、《食品生产许可管理办法》解读

（一）制定背景

为规范食品、食品添加剂生产许可活动，加强食品生产监管，保障食品安全，国家市场监管总局制定了《食品生产许可管理办法》（国家市场监管总局令第24号，以下简称《办法》），自2020年3月1日起实施。原国家食品药品监督管理总局2015年8月31日公布，根据2017年11月7日原国家食品药品监督管理总局《关于修改部分规章的决定》修正的《食品生产许可管理办法》同时废止。

新《办法》贯彻落实了党中央、国务院"放管服"改革工作部署和《国务院关于在全国推开"证照分离"改革的通知》的要求，加强事中事后监管，推动食品生产监管工作重心向事后监管转移，进一步增强了食品生产许可管理体制的可操作性。《办法》规定生产许可监管部门为国家及省、自治区、直辖市市场监管部门。

（二）内容亮点

1. 全面推进食品生产许可信息化

《办法》规定，食品生产许可申请、受理、审查、发证、查询等全流程网上办理。明确要求发放食品生产许可电子证书（《办法》第六十条明确电子证书和纸质证书拥有同等的法律效力），取消了补办的相关规定。

此外，为全面贯彻落实《食品安全法》及《办法》的要求，国家市场监管总局决定自2020年3月1日起，正式启用新版食品生产许可证。旧版食品、食品添加剂生产许可证有效期未届满的，继续有效；期间生产者可申请更换新版食品生产许可证或进行生产许可变更、延续等申请；持有多张旧版食品生产许可证的，可以一并申请换发一张新版食品生产许可证，也可以分别申请，其生产的食品类别在已换发的新版食品生产许可证副本上予以变更。

2. 明确生产许可分类的依据和准则

《办法》第五条规定明确了食品生产许可分类的依据和准则，市场监督管理部门按照食品的风险程度，结合食品原料、生产工艺等因素，对食品生产实施分类许可。

国家市场监管总局对《食品生产许可分类目录》进行修订。自2020年3月1日起，食品生产许可证中"食品生产许可品种明细表"按照新修订的《食品生产许可分类目录》填写。其中，《食品生产许可分类目录》中，有食品31类、食品添加剂1类涵盖3小类，共32类。

3. 缩短现场核查、审查决定、发证和注销等时限

《办法》缩短了审查与决定许可的时限，监管部门现场核查时限由10个工作日缩短为5个工作日；作出许可决定时限由20个工作日缩短为10个工作日，特殊情况延长时限由10个工作日缩短为5个工作日；作出生产许可决定到发证时限由10个工作日缩短为5个工作日；申请注销时限由30个工作日缩短为20个工作日。

4. 明晰各级监管部门之间的职责及应承担的责任

《办法》新增了婴幼儿辅助食品、食盐等食品的生产许可由省、自治区、直辖市市场监督管理部门负责；明确特殊食品现场核查原则上不得委托下级市场监督管理部门。

《办法》第十八条规定："申请人申请生产多个类别食品的，由申请人按照省级市场监督管理部门确定的食品生产许可管理权限，自主选择其中一个受理部门提交申请

材料。受理部门应当及时告知有相应审批权限的市场监督管理部门，组织联合审查。"

《办法》第四十八条规定新增了参与审核人员的信息保密要求："未经申请人同意，行政机关及其工作人员、参加现场核查的人员不得披露申请人提交的商业秘密、未披露信息或者保密商务信息，法律另有规定或者涉及国家安全、重大社会公共利益的除外。"

5. 简化食品生产许可申请材料

《办法》调整了食品生产许可申请材料：申请人申请食品生产许可时，只需提交《食品生产许可申请书》等必要且重要材料，不再要求提交营业执照复印件、食品生产加工场所及其周围环境平面图、各功能区间布局平面图。取消提供的材料中，营业执照（复印件）可通过内部监管信息系统核验申请人的主体信息，其他相关材料可以在现场核查环节现场核验信息。

《办法》第十三条、第十六条规定要求申请材料中增加食品安全专业技术人员、食品安全管理人员信息。《办法》做到了与《食品安全法》第三十三条规定"有专职或者兼职的食品安全专业技术人员、食品安全管理人员和保证食品安全的规章制度"的有效融合。

延续、变更与注销申请材料不再需要提交食品生产许可证正副本材料。

6. 简化调整许可证书内容

《办法》简化了食品生产许可证书的内容，见国家市场监督管理总局关于食品生产许可证书的样式及内容；其中删除内容有食品生产许可证书中不再记载日常监督管理机构、日常监督管理人员、投诉举报电话、签发人、外设仓库信息及其相关规定。此外，特殊食品载明的"产品注册批准文号"修改为"产品或者产品配方的注册号"。

同时，《办法》还删除了2015年发布的《食品生产许可管理办法》中第三十条和第四十六条中有关日常监督管理人员的相关内容。

7. 明确需提供合格报告的许可类型，增加企业合规送检可选择度

《办法》明确了需提供合格报告的许可类型：对首次申请许可或者增加食品类别的变更许可的，根据食品生产工艺流程等要求，核查试制食品的检验报告。《办法》还增加了检验报告的来源：试制食品检验可以由生产者自行检验，或者委托有资质的食品检验机构检验。做到了与《食品安全法》第八十九条规定内容的有效融合。

8. 明确获证企业持续合规要求

《办法》第三十二条第四款规定，食品生产者的生产条件发生变化，不再符合食品生产要求，需要重新办理许可手续的，应当依法办理。

9. 进一步明确和强化食品生产者及从业人员的法律责任

《办法》第四十九条第二款的规定明确了食品生产者生产的食品不属于食品生产

许可证上载明的食品类别的，视为未取得食品生产许可从事食品生产活动，处罚等同"无证生产"。《办法》第五十三条第二款规定明确了食品生产者的生产场所迁址后未重新申请取得食品生产许可从事食品生产活动的，由县级以上地方市场监管部门依照《食品安全法》第一百二十二条的规定给予处罚。

《办法》增加了对相关从业人员的处罚规定，与新发布的《食品安全法实施条例》做到了很好的融合，如《办法》第五十四条规定，食品生产者违反本办法规定，有《食品安全法实施条例》第七十五条第一款规定的情形的，依法对单位的法定代表人、主要负责人、直接负责的主管人员和其他直接责任人员给予处罚。

《办法》规定，被吊销生产许可证的食品生产者及其法定代表人、直接负责的主管人员和其他直接责任人员自处罚决定作出之日起 5 年内不得申请食品生产经营许可，或者从事食品生产经营管理工作、担任食品生产经营企业食品安全管理人员。

《办法》第五十三条规定加大了处罚力度：如未按照规定申请变更的罚款由原来的 2000 元到 1 万元调整到 1 万元至 3 万元；未按规定申请办理注销手续的罚款由 2000 元以下调整至 5000 元以下等。

新版《办法》顺应时代需求，将相关信息进行了高度融合，同时加强了与法律法规之间的关联性、一致性；从监管方面来看属于"宽进严出"，"轻许可重监督"；从实际出发，简化缩短了办事流程，更多的从服务于企业进行考虑。

三、《食品经营许可和备案管理办法》解读

2023 年 7 月 12 日，国家市场监督管理总局公布《食品经营许可和备案管理办法》（国家市场监督管理总局令第 78 号，以下简称《办法》），自 2023 年 12 月 1 日起代替原国家食品药品监督管理总局令第 17 号《食品经营许可管理办法》。新《办法》共 9 章 66 条，重点内容包括：

落实中央决策部署，适应改革发展需求。《办法》按照中共中央、国务院《关于深化改革加强食品安全工作的意见》的要求，落实新修订的《食品安全法》有关规定，增设专章明确仅销售预包装食品备案的具体要求；在推进食品经营许可和备案信息化建设的基础上，进一步简化食品经营许可流程，压减许可办理时限，并将部分按照许可管理的情形调整为报告，释放改革红利。

聚焦落实"四个最严"，压实企业主体责任。《办法》结合行业发展、食品安全风险状况等，进一步明晰办理食品经营许可的范围和无须取得食品经营许可的具体情形，将实践中容易导致责任落空且有迫切监管需要的连锁总部、餐饮服务管理等纳入经营许可范围，增加并细化了单位食堂承包经营者、食品展销会举办者等的食品安全主体责任。

坚持问题导向，回应基层呼声期盼。《办法》重新梳理食品经营许可经营项目和主体业态分类，并对每一类别分别明确了具体分类情形以及许可和监管要求，增强了可

操作性；按照《行政处罚法》有关要求，根据违法行为的事实、性质、情节以及社会危害程度，设置不同幅度的罚则，对于可以改正的违法行为，设定了责令限期改正等柔性措施。

（一）《办法》的修订背景

一是适应食品经营许可改革新形势新精神。2019年5月，中共中央、国务院发布《关于深化改革加强食品安全工作的意见》，提出要深化食品经营许可改革，优化许可程序，实现全程电子化。同年10月，国务院颁布新修订的《食品安全法实施条例》，规定承包经营集中用餐单位食堂的，应当依法取得食品经营许可。2021年4月，第十三届全国人大常委会第二十八次会议审议通过修正案，将《食品安全法》第三十五条中"仅销售预包装食品"由许可管理改为备案管理。为进一步深入贯彻落实党中央、国务院决策部署，有必要及时修订《食品经营许可管理办法》，实现食品经营许可管理政治效果、法律效果、社会效果的有机统一，推进国家治理体系和治理能力现代化。

二是适应食品经营行业创新高质量发展的新需要。近年来，食品经营领域发展迅速，新兴业态不断涌现，新型经营模式层出不穷，食品经营行业显示出与"互联网+"深度融合的趋势，利用自动设备从事食品经营活动等新兴业态发展方兴未艾，新型技术发展进一步助推食品经营模式多样化。如何以保障食品安全为前提，助力新业态、新模式、新技术持续健康发展，促进食品经营行业高质量发展，对食品经营许可管理提出了更高要求。

三是适应地方食品经营安全监管的新需求。《食品经营许可管理办法》实施以来，有力提升了工作效能和服务水平，但也发现了一些问题，如部分经营项目还需进一步优化，食品连锁经营总部、食品经营管理类企业、食品经营新业态许可条件设定和要求还不明确等。有必要进一步完善食品经营许可制度，有效解决基层日常许可工作面临的困惑和瓶颈。

（二）《办法》在贯彻"放管服"改革精神、优化营商环境方面的修订内容

一是明确仅销售预包装食品备案有关要求。2021年新修订的《食品安全法》第三十五条将"仅销售预包装食品"由许可管理改为备案管理。为进一步明确仅销售预包装食品备案的相关要求，经反复论证研究，将原《食品经营许可管理办法》更改为《食品经营许可和备案管理办法》。新修订的《办法》第五条、第六章作为仅销售预包装食品备案的专门条款和章节，明确备案范围、备案主体资质要求和备案信息公示等内容。

二是调整有关许可事项为报告事项。将原《办法》中从事网络经营应当在主体业态后以括号标注和经营场所外设仓库（包括自有和租赁）应当在食品经营许可证副本中载明仓库具体地址两项许可事项，调整为报告事项。《办法》第十六条明确食品经营

者从事网络经营的,外设仓库(包括自有和租赁)的,或者集体用餐配送单位向学校、托幼机构供餐的,应当在开展相关经营活动之日起10个工作日内向所在地县级以上地方市场监督管理部门报告,并在食品经营许可和备案管理信息平台记录报告情况。同时,《办法》第三十条明确了六种情形发生变化,应当报告。

三是简化食品经营许可程序。《办法》第十三条明确申请食品经营许可时,不再要求申请人提交食品安全规章制度,代之以食品安全规章制度目录清单。对营业执照或者其他主体资格证明等文件,行政机关能实现网上核验的,不再要求申请人提供复印件。《办法》第二十条明确食品经营许可申请包含预包装食品销售的,对其中的预包装食品销售项目不需要进行现场核查。《办法》第三十四条明确申请变更、延续许可(限经营条件未发生变化,经营项目减项或未发生变化的),可以免除现场核查,申请材料齐全、符合法定形式的,当场作出行政许可决定。《办法》第三十二条作为救济性条款,提出在食品经营许可有效期届满前15个工作日内提出延续许可申请的,原食品经营许可有效期届满后,食品经营者应当暂停食品经营活动,原发证的市场监督管理部门作出准予延续的决定后,方可继续开展食品经营活动。

四是压缩食品经营许可办理时限。压缩许可工作时限是近年来各地普遍实施的一项便利措施,《办法》第二十一条规定,县级以上地方市场监督管理部门应当自受理申请之日起10个工作日内作出是否准予行政许可的决定。因特殊原因需要延长期限的,经市场监督管理部门负责人批准,可以延长5个工作日,并应当将延长期限的理由告知申请人。鼓励有条件的地方市场监督管理部门优化许可工作流程,压减现场核查、许可决定等工作时限。将许可法定时限从原定的至多30个工作日压缩至至多15个工作日。

五是推进食品经营许可和备案信息化建设。为全面推进食品经营许可和备案全程电子化工作,《办法》第九条明确县级以上地方市场监督管理部门应当加强食品经营许可和备案信息化建设,在行政机关网站公开食品经营许可和备案管理权限、办事指南等事项。县级以上地方市场监督管理部门应当通过食品经营许可和备案管理信息平台实施食品经营许可和备案全流程网上办理。食品经营许可电子证书与纸质食品经营许可证书具有同等法律效力。《办法》第十七条明确符合法律规定的可靠电子签名、电子印章与手写签名或者盖章具有同等法律效力。通过让数据多跑路,减少企业跑动次数,提高服务企业水平,提升食品经营许可工作效能。

(三)《办法》在统筹发展和安全、优化食品经营许可事项方面的修订内容

一是助力新业态、新模式、新技术持续健康发展。面对新兴业态不断涌现、新型经营模式层出不穷的现状,将《首批营商环境创新试点改革事项清单》中的"允许对食品自动制售设备等新业态发放食品经营许可"纳入《办法》中,第十三条明确利用自动设备从事食品经营的,申请人应当提交每台设备的具体放置地点、食品经营许可证的展示方法、食品安全风险管控方案等材料。

二是聚焦企业反映的堵点难点问题。《办法》对拍黄瓜、泡茶等简单食品制售行为，作出了简化许可的规定。《办法》第十四条明确食品经营者从事解冻、简单加热、冲调、组合、摆盘、洗切等食品安全风险较低的简单制售的，县级以上地方市场监督管理部门在保证食品安全的前提下，可以适当简化设备设施、专门区域等审查内容。从事生食类食品、冷加工糕点、冷荤类食品等高风险食品制售的不适用前款规定。同时，进一步明晰办理食品经营许可的范围，《办法》第四条明确销售食用农产品，仅销售预包装食品，医疗机构、药品零售企业销售特殊医学用途配方食品中的特定全营养配方食品，已经取得食品生产许可证的食品生产者在其生产加工场所或者通过网络销售其生产的食品等情形，无须取得食品经营许可。

三是调整细化食品经营类别及项目。为统筹安全和发展，坚持问题导向，进一步科学精准调整细化食品经营项目，《办法》第十一条将食品经营项目分为食品销售、餐饮服务、食品经营管理三类。在食品经营项目中单独设立食品经营管理类，并明确食品经营管理包括食品销售连锁管理、餐饮服务连锁管理、餐饮服务管理等；在餐饮服务类中增加半成品制售项目，删除糕点类食品制售，将其按照加工工艺分别归入热食类食品制售和冷食类食品制售的范畴。另外，《办法》第六十二条明确食品销售连锁管理、餐饮服务连锁管理、餐饮服务管理、半成品定义，规定半成品制售仅限中央厨房申请，进一步规范了"散装食品"的定义，明确未经食品生产者预先定量包装或制作在包装材料、容器中的食品，食品销售者在经营场所根据需要对食品生产者生产的食品进行拆包销售或进行重新包装后销售的食品，均纳入散装食品的范畴。

四是调整食品经营主体业态标注。为管控风险，落实《食品安全法》对从事食品批发业务的经营企业提出的应当建立食品销售记录等特殊规定，考虑到从事食品批发的特殊性，以及校园食品安全群众关心、社会关切，学校供餐人数众多，供餐数量巨大，食品安全风险较高，防控难度较大等因素，《办法》第十一条增加从事食品批发销售的，或者学校、托幼机构食堂，应当在主体业态后以括号标注的要求。

五是调整食品经营许可条件。为落实《企业落实食品安全主体责任监督管理规定》，强化食品经营者主体责任落实，在《办法》第十二条第三项许可条件的人员要求中，明确需配备食品安全总监、食品安全员等食品安全管理人员相关规定。

（四）《办法》对相关法律责任的完善和补充

一是科学细化食品经营许可证变更的法律责任。《办法》第五十二条规定，食品经营许可证载明的主体业态、经营项目等许可事项发生变化，食品经营者未按照规定申请变更的，由县级以上地方市场监督管理部门依照《食品安全法》第一百二十二条的规定给予处罚。但是，有下列情形之一，依照《行政处罚法》第三十二条、第三十三条的规定从轻、减轻或者不予行政处罚：（一）主体业态、经营项目发生变化，但食品安全风险等级未升高的；（二）增加经营项目类型，但增加的经营项目所需的经营条件被已经取得许可的经营项目涵盖的；（三）违法行为轻微，未对消费者人身健康和生命安全等造成危害后果的；（四）法律、法规、规章规定的其他情形。食品经营许可证载明的除许可事项以外的其他事项发生变化，食品经营者未按照规定申请变更的，由县级以上地方市场监督管理部门责令限期改正；逾期不改的，处1000元以上1万元以下罚款。

二是设定仅销售预包装食品违法行为法律责任。《办法》第五十九条规定，未按照规定提交备案信息或者备案信息发生变化未按照规定进行备案信息更新的，由县级以上地方市场监督管理部门责令限期改正；逾期不改的，处2000元以上1万元以下罚款。备案时提供虚假信息的，由县级以上地方市场监督管理部门取消备案，处5000元以上3万元以下罚款。

三是强化柔性执法手段使用。把责令限期改正作为主要处罚手段，对可以改正的违法行为，多采用责令限期改正的柔性处罚手段。《办法》第五十二条、第五十六条、第五十七条、第五十八条、第五十九条均作出了先责令限期改正再处罚的规定。

四、《食品生产经营监督检查管理办法》解读

2021年12月31日，国家市场监督管理总局令第49号发布了《食品生产经营监督检查管理办法》（以下简称新《办法》），与《食品生产经营日常监督检查管理办法》（食品药品监管总局令第23号）相比，主要亮点如下：

1. 新增飞行检查和体系检查两种监督检查方式

在前期探索实施了飞行检查及体系检查均取得较好效果的基础上，新《办法》就监督检查方式进行了整合，纳入了飞行检查和体系检查。

2. 明确细化了各级监管部门的职责分工与协调配合

新《办法》对国家市场监督管理总局、省级市场监督管理部门、市级市场监督管理部门等的职责分工与协调进行了明确。

3. 进一步细化和加严各环节检查内容

新《办法》对生产、销售、餐饮等环节的检查内容进行补充、细化，要求更严格；明确集中交易市场开办者、展销会举办者监督检查要点应当包括举办前报告、入场食品经营者的资质审查、食品安全管理责任明确、经营环境和条件检查等情况；对温度、湿度有特殊要求的食品贮存业务的非食品生产经营者的监督检查要点应当包括备案、信息记录和追溯、食品安全要求落实等情况；餐饮服务环节监督检查要点增加"场所清洁维护和设备设施清洁情况"，新增"餐饮服务环节的监督检查应当强化学校等集中用餐单位供餐的食品安全要求"。

4. 细化监督检查计划按照风险等级制定的要求

新《办法》规定按照风险等级等因素编制年度监督检查计划，实施重点监督检查、飞行检查、体系检查等多种检查方式，并明确了四个风险等级的具体划分。市场监督管理部门应当对特殊食品生产者，风险等级为C级、D级的食品生产者，风险等级为D级的食品经营者以及中央厨房、集体用餐配送单位等高风险食品生产经营者实施重点监督检查，并可以根据实际情况增加日常监督检查频次。市场监督管理部门可以根据工作需要，对发现问题线索的食品生产经营者实施飞行检查等。

5. 新增对检查人员的要求

检查人员较多的，可以组成检查组。市场监督管理部门根据需要可以聘请相关领域专业技术人员参加监督检查。检查人员与检查对象之间存在直接利害关系等的，应当回避。检查人员应当当场出示有效执法证件或者市场监督管理部门出具的检查任务书。检查人员应当按照本《办法》规定和检查要点要求开展监督检查，并对监督检查情况如实记录。检查人员（含聘用制检查人员和相关领域专业技术人员）在实施监督检查过程中，应当严格遵守有关法律法规、廉政纪律和工作要求。实施飞行检查，检查人员不得事先告知被检查单位飞行检查内容、检查人员行程等检查相关信息。

6. 监督检查根据需要可以进行抽样检验

新《办法》第二十八条规定："市场监督管理部门实施监督检查，可以根据需要，依照食品安全抽样检验管理有关规定，对被检查单位生产经营的原料、半成品、成品等进行抽样检验。"

7. 新增随机考核企业食品安全管理人员的要求

新《办法》第二十九条规定："市场监督管理部门实施监督检查时，可以依法对企业食品安全管理人员随机进行监督抽查考核并公布考核情况。抽查考核不合格的，应当督促企业限期整改，并及时安排补考。"

8. 细化了对不同检查结果的处理方式

新《办法》将原来的"符合、基本符合与不符合"三种检查结果进一步细化，并分别明确了监管部门对不同检查结果的处理方式。

9. 新增对标签、说明书存在瑕疵的处理及认定

食品、食品添加剂的标签、说明书存在瑕疵的，市场监督管理部门应当责令当事人改正。经食品生产者采取补救措施且能保证食品安全的食品、食品添加剂可以继续销售，销售时应当向消费者明示补救措施。对可以认定为标签、说明书瑕疵的情形进行了明确。

10. 有关时间规定

为避免重复检查,新《办法》规定对于同一个食品生产者原则上 3 个月内不再重复实施监督检查。新《办法》将检查结果信息公开由检查结束后 2 个工作日内延长为 20 个工作日内。明确检查结果对消费者有重要影响的,食品生产经营者应当按照规定在食品生产经营场所醒目位置张贴或者公开展示监督检查结果记录表,并保持至下次监督检查。有条件的可以通过电子屏幕等信息化方式向消费者展示监督检查结果记录表。

11. 增大处罚力度,增加罚款金额及情形

食品生产经营者撕毁、涂改日常监督检查结果记录表,或者未保持日常监督检查结果记录表至下次日常监督检查的,罚款金额由"2000 元以上 3 万元以下"增加到"5000 元以上 5 万元以下"。"处 5000 元以上 5 万元以下罚款"的情形新增"食品生产经营者未按照规定在显著位置张贴或者公开展示相关监督检查结果记录表"。

12. 新增从重从严和从轻处罚的原则

新《办法》规定《食品安全法实施条例》第六十七条第一款规定的情形严重的,应当依法从重从严。新《办法》规定以下两种情形不予行政处罚:食品生产经营者违反食品安全法律、法规、规章和食品安全标准的规定,属于初次违法且危害后果轻微并及时改正的;当事人有证据足以证明没有主观过错的。

五、《食用农产品市场销售质量安全监督管理办法》解读

为了规范食用农产品市场销售行为,加强食用农产品市场销售质量安全监督管理,国家市场监督管理总局修订发布了《食用农产品市场销售质量安全监督管理办法》(国家市场监督管理总局令第 81 号,以下简称《办法》,自 2023 年 12 月 1 日起施行)。现就《办法》相关内容解读如下:

(一)《办法》的修订背景

近年来,《食品安全法实施条例》《农产品质量安全法》相继修订,对食品安全和农产品质量安全作出新规定。尤其是新修订的《农产品质量安全法》提出建立实施农产品承诺达标合格证制度,迫切需要从食用农产品市场销售环节明确相应衔接要求。同时,食用农产品市场销售涌现新模式,现有监管办法和工作举措与行业发展要求和监管需求不相适应的问题日益明显,有必要及时修订《办法》。

(二)《办法》的适用范围

《办法》所称的食用农产品市场销售,指通过食用农产品集中交易市场、商场、超市、便利店等固定场所销售食用农产品的活动,不包括食用农产品收购行为。

《办法》所称的食用农产品,指来源于种植业、林业、畜牧业和渔业等供人食用的初级产品,即在农业活动中获得的供人食用的植物、动物、微生物及其产品,不包括法律法规禁止食用的野生动物产品及其制品。根据《农产品质量安全法释义》,"植物、动物、微生物及其产品"包括在农业活动中直接获得的未经加工的以及经过分拣、去皮、剥壳、粉碎、清洗、切割、冷冻、打蜡、分级、包装等初加工,但未改变其基本自然性状和化学性质的初加工产品,区别于经过加工已基本不能辨认其原有形态的"食品"或"产品"。鱼干、菜干、果干等"干货"若仅经过简单晾晒,未经过其他加工工艺,可以作为食用农产品上市销售。

(三)《办法》主要修订内容

一是衔接落实法律法规要求。根据《农产品质量安全法》有关规定,将承诺达标合格证列为采购食用农产品的有效凭证之一,并鼓励优先采购带证的食用农产品;落实新修订的《食品安全法实施条例》中食品安全管理人员培训和考核、委托贮存和运输、集中交易市场开办者报告等规定。

二是强化市场开办者和销售者食品安全责任。规定集中交易市场开办者履行入场销售者登记建档、签订协议、入场查验、场内检查、信息公示、食品安全违法行为制止及报告、食品安全事故处置、投诉举报处置等管理义务,规定食用农产品销售者履行进货查验、定期检查、标示信息等主体责任;对鲜切果蔬等即食食用农产品明确提出做好食品安全防护等相关要求;对群众反映的"生鲜灯"误导消费者问题,增加对销售场所照明等设施的设置和使用要求。

三是完善法律责任。结合食用农产品市场销售以个体散户为主的突出特点,按照"警示为主,拒不改正再处罚"的基本原则设置法律责任,将部分条款的罚款起点适度下调。

(四)《办法》所称的进货凭证和产品质量合格凭证

进货凭证是指销售者采购食用农产品时,向供货者索取并保存,能够体现食用农产品名称、数量、进货日期以及供货者名称、地址、联系方式等内容的相关凭证,如供货者提供的销售凭证、食用农产品采购协议等。

产品质量合格凭证主要表现为三种形式:一是食用农产品生产者或者供货者出具的农产品承诺达标合格证;二是供货者出具的自检合格证明;三是有关部门出具的检验检疫合格证明。其中,供货者出具的自检合格证明既包括供货者自行检验后开具的合格证明,也包括供货者委托检验机构开展检验后开具的合格证明。

(五)《办法》与承诺达标合格证制度的衔接

一是将《农产品质量安全法》中规定的农产品承诺达标合格证作为产品质量合格

凭证的具体表现形式之一，并鼓励从事连锁经营和批发业务的食用农产品销售企业优先采购带证的食用农产品。

二是规定集中交易市场开办者应当查验入场食用农产品的进货凭证和产品质量合格凭证。对无法提供承诺达标合格证或者其他产品质量合格凭证的食用农产品，由集中交易市场开办者进行抽样检验或者快速检测，结果合格的，方可允许进入市场销售。

三是市场监管部门和农业农村部门建立承诺达标合格证问题通报协查机制。市场监管部门发现农产品生产经营主体未按照规定出具承诺达标合格证、承诺达标合格证存在虚假信息、带证食用农产品不合格等情形，应当及时通报所在地同级农业农村部门；根据农业农村部门提供的不合格带证食用农产品流向信息，及时追查不合格产品并依法处理。

六、《食品相关产品质量安全监督管理暂行办法》解读

为了加强食品相关产品质量安全监督管理，保障公众身体健康和生命安全，国家市场监督管理总局于2022年10月8日发布了《食品相关产品质量安全监督管理暂行办法》（以下简称《办法》），自2023年3月1日起施行。

本《办法》共5章39条，其中所称食品相关产品，是指用于食品的包装材料、容器、洗涤剂、消毒剂和用于食品生产经营的工具、设备。其中，消毒剂的质量安全监督管理按照有关规定执行。食品相关产品质量安全工作实行预防为主、风险管理、全程控制、社会共治，建立科学、严格的监督管理制度。

资质要求：对直接接触食品的包装材料等具有较高风险的食品相关产品，按照国家有关工业产品生产许可证管理的规定实施生产许可。食品相关产品生产许可实行告知承诺审批和全覆盖例行检查。

标识要求：食品相关产品应当按照有关标准要求在显著位置标注"食品接触用""食品包装用"等用语或者标志。食品安全标准对食品相关产品标识信息另有其他要求的，从其规定。

人员管理：国家建立食品相关产品生产企业质量安全管理人员制度。食品相关产品生产者应当建立并落实食品相关产品质量安全责任制，配备与其企业规模、产品类别、风险等级、管理水平、安全状况等相适应的质量安全总监、质量安全员等质量安全管理人员，明确企业主要负责人、质量安全总监、质量安全员等不同层级管理人员的岗位职责。

在依法配备质量安全员的基础上，直接接触食品的包装材料等具有较高风险的食品相关产品生产者，应当配备质量安全总监。食品相关产品质量安全总监和质量安全员具体管理要求，参照国家食品安全主体责任管理制度执行。

《办法》以"四个最严"为主线，强化涵盖生产、销售、贮存、包装等关键环节的食品相关产品生产全过程控制；明确生产销售者"第一责任人"的主体责任和市场监

管人员的属地监管责任，参照国家食品安全主体责任管理制度，要求生产者配备质量安全总监和质量安全员，食品相关产品生产许可实行告知承诺审批和全覆盖例行检查；同时，明确了违反本《办法》需承担的法律责任。

七、食品安全监管的相关规定

（一）关于食品广告监管

《食品安全法》第七十三条、第七十九条、第八十条分别对食品广告、保健食品广告、特殊医学用途配方食品广告作出了规定；第一百四十条规定了广告经营者、发布者、社会团体或者其他组织、个人等多种责任主体进行虚假广告、虚假宣传的行政责任、民事责任；还明确了依照《广告法》进行处罚的情形，建立了《食品安全法》与《广告法》的制度联系。因此，食品安全监管人员应当掌握《广告法》的相关规定。

依照《广告法》的规定，食品广告不得含有虚假或者引人误解的内容，不得欺骗、误导消费者。有下列情形之一的，为虚假广告：商品或者服务不存在的；商品信息、服务信息以及与商品或者服务有关的允诺等信息与实际情况不符，对购买行为有实质性影响的；使用虚构、伪造或者无法验证的信息作证明材料的；虚构使用商品或者接受服务的效果的；以虚假或者引人误解的内容欺骗、误导消费者的其他情形。

保健食品广告应当显著标明"本品不能代替药物"，并不得含有下列内容：表示功效、安全性的断言或者保证；涉及疾病预防、治疗功能；声称或者暗示广告商品为保障健康所必需；与药品、其他保健食品进行比较；利用广告代言人作推荐、证明；法律、行政法规规定禁止的其他内容。广播电台、电视台、报刊音像出版单位、互联网信息服务提供者不得以介绍健康、养生知识等形式变相发布保健食品广告。此外，还禁止在大众传播媒介或者公共场所发布声称全部或者部分替代母乳的婴儿乳制品、饮料和其他食品广告。

市场监管部门应进一步履行广告监管职责，加强事中事后监管，督促指导广播电台、电视台、报刊出版单位认真落实主体责任，健全广告发布管理制度，依法依规经营。继续加大广告监管执法力度，开展"双随机、一公开"监管，建立健全广告监测制度，完善监测措施，及时发现和依法查处违法广告行为。强化协同监管，充分发挥整治虚假违法广告联席会议机制作用，加强与宣传、广电等部门的协作配合，强化信息共享、联合监管，共同做好广告发布机构监管工作。

（二）关于食品不正当竞争监管

食品生产经营者在食品生产经营活动中应当遵循自愿、平等、公平、诚信的原则，遵守法律和商业道德，自觉抵制不正当竞争行为。依照《反不正当竞争法》的规定，食品生产经营者不得对其商品的性能、功能、质量、销售状况、用户评价、曾获荣誉等作虚假或者引人误解的商业宣传，欺骗、误导消费者；不得通过组织虚假交易等方式，帮助其他生产经营者进行虚假或者引人误解的商业宣传。

食品生产经营者对其商品作虚假或者引人误解的商业宣传，或者通过组织虚假交易等方式帮助其他经营者进行虚假或者引人误解的商业宣传的，由监督检查部门责令停止违法行为，处20万元以上100万元以下的罚款；情节严重的，处100万元以上200万元以下的罚款，可以吊销营业执照。属于发布虚假广告的，依照《广告法》的规定处罚。

（三）关于食品无证无照经营监管

为了强化证照管理，2017年10月1日《无证无照经营查处办法》正式施行。修订的重点问题包括：一是明确了不属于无证无照经营活动的两种情形。在县级以上地方人民政府指定的场所和时间，销售农副产品、日常生活用品，或者个人利用自己的技能从事依法无须取得许可的便民劳务活动；依照法律、行政法规、国务院决定的规定，从事无须取得许可或者办理注册登记的经营活动。二是将无证无照进行分类管理。食品生产经营者无照经营的，由食品安全监督管理部门依照经营主体登记管理相关法律法规进行处罚；无证经营的，由市场监管部门依照食品安全法律法规进行查处；证照皆无的，依照无证经营的规定予以查处。三是强化处罚与教育相结合原则。坚持查处与引导相结合、处罚与教育相结合，对具备办证的法定条件并且经营者有继续经营意愿的，敦促、引导其办理相应证照。四是将无证无照经营纳入信用管理体系。任何单位或者个人从事无证无照经营的，由查处部门记入信用记录，并依法公示相关信息。

（四）关于食品网络交易监管

近年来，我国食品网络交易蓬勃发展，"社交电商""直播带货""跨境电商"等新业态新模式不断涌现，为网络经济发展增添了新活力，同时也为食品安全监管工作带来新挑战。为了规范网络交易活动，维护网络交易秩序，2021年3月15日，市场监管总局发布《网络交易监督管理办法》（国家市场监督管理总局令第37号），对完善网络交易监管制度体系、持续净化网络交易空间、维护公平竞争的网络交易秩序、营造安全放心的网络消费环境具有重要意义。文件要求食品等产品的网络交易平台经营者严格落实主体责任，切实规范经营行为；对虚构交易、误导性展示评价等新型不正当竞争行为进行了明确规定，禁止各类网络消费侵权行为；提出网络交易平台经营者知道或者应当知道平台内经营者销售的商品或者提供的服务不符合保障人身、财产安全的要求，或者有其他侵害消费者合法权益行为，未采取必要措施的，依法与该平台内经营者承担连带责任，特别是对关系消费者生命健康的食品等商品或者服务，网络交易平台经营者对平台内经营者的资质资格未尽到审核义务，或者对消费者未尽到安全保障义务，造成消费者损害的，依法承担相应的责任。

思维导图

```
食品安全监管相关法规
├─《食品安全法实施条例》修订解读
│   ├─ 修订背景
│   └─ 修订的主要内容
├─《食品生产许可管理办法》解读
│   ├─ 制定背景
│   └─ 内容亮点
├─《食品经营许可和备案管理办法》解读
│   ├─《办法》的修订背景
│   ├─《办法》在贯彻"放管服"改革精神、优化营商环境方面的修订内容
│   ├─《办法》在统筹发展和安全、优化食品经营许可事项方面的修订内容
│   └─《办法》对相关法律责任的完善和补充
├─《食品生产经营监督检查管理办法》解读
├─《食用农产品市场销售质量安全监督管理办法》解读
│   ├─《办法》的修订背景
│   ├─《办法》的适用范围
│   ├─《办法》主要修订内容
│   ├─《办法》所称的进货凭证和产品质量合格凭证
│   └─《办法》与承诺达标合格证制度的衔接
├─《食品相关产品质量安全监督管理暂行办法》解读
└─食品安全监管的相关规定
    ├─ 关于食品广告监管
    ├─ 关于食品不正当竞争监管
    ├─ 关于食品无证无照经营监管
    └─ 关于食品网络交易监管
```

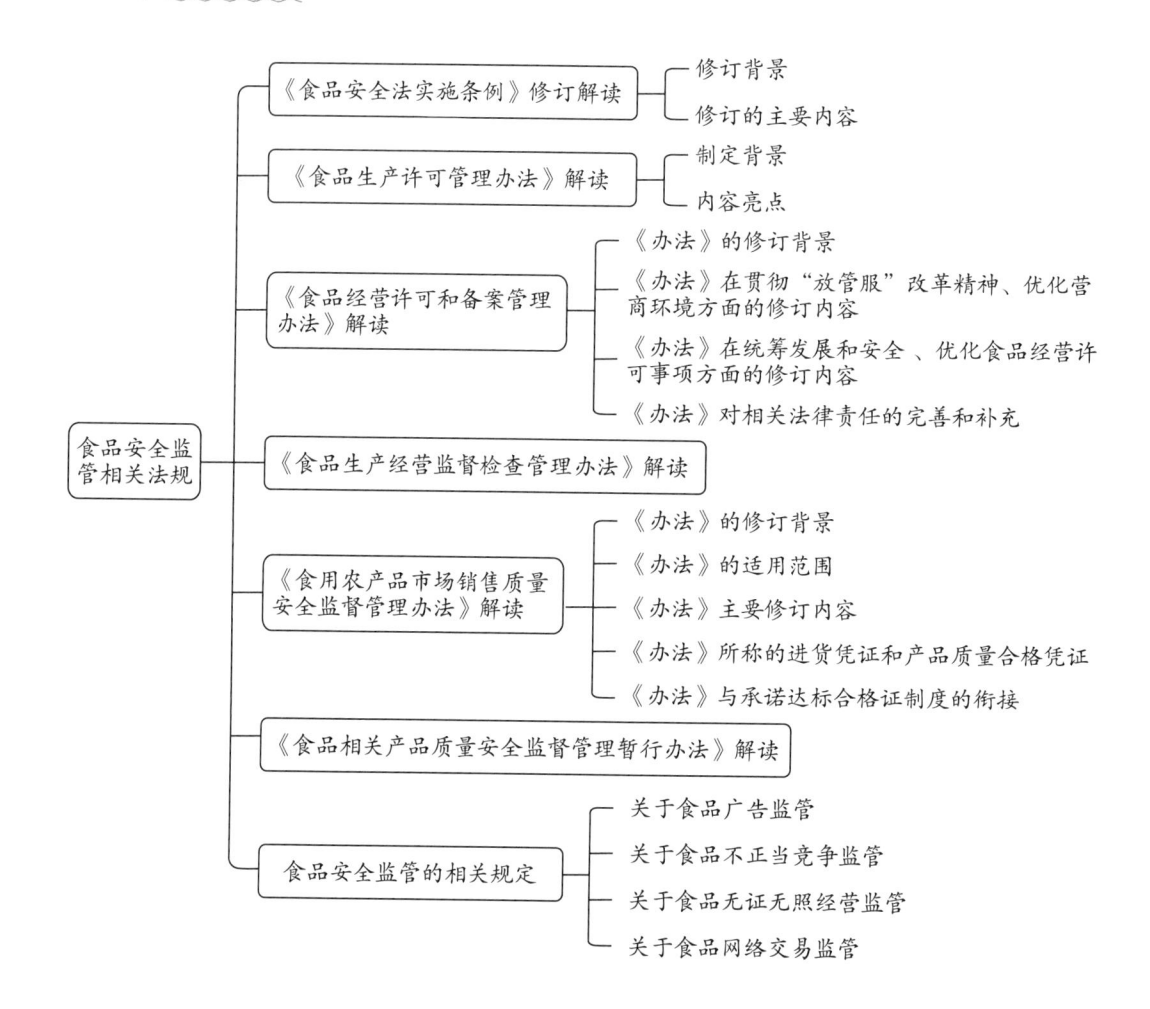

第三节 食品安全监管相关标准

一、食品安全标准概述

2009年颁布的《食品安全法》，首次提出了食品安全标准的概念，修正后的《食品安全法》规定，制定食品安全标准，应当以保障公众身体健康为宗旨，做到科学合理、安全可靠。我国食品安全标准目前已经形成了通用标准、产品标准以及生产经营规范、检验方法等标准体系框架，涉及上万项食品安全指标和参数，基本覆盖了从农田到餐桌的食品生产经营各个主要环节及食品安全控制要求。

根据《标准化法》规定，标准包括国家标准、行业标准、地方标准、团体标准和企业标准。国家标准分为强制性标准、推荐性标准，行业标准、地方标准是推荐性标

准，强制性标准必须执行。国家鼓励采用推荐性标准。法律法规另有规定的从其规定，如根据《食品安全法》的规定，食品安全地方标准为强制性标准。

我国食品标准从无到有、从重要食品到一般食品的覆盖，最终形成以食品安全国家标准为核心，以展现地方特色及风俗的地方标准、统一技术要求的行业标准、体现市场经济行为的团体标准和企业标准为补充的食品标准体系。按照食品安全相关标准主导制定部门的不同，可以分为政府主导制定的食品安全标准和市场自主制定的食品安全标准两大类别；另外，由国务院食品安全监督管理部门制定补充的检验项目和检验方法也是标准的补充形式。

二、政府主导制定的食品安全相关标准

（一）强制性国家标准

食品安全国家标准由国务院卫生行政部门会同国务院食品安全监督管理部门制定、公布，国务院标准化行政部门提供国家标准编号。强制性国家标准一般以GB开头。

食品中农药残留、兽药残留的限量规定及其检验方法与规程由国务院卫生行政部门、国务院农业行政部门会同国务院食品安全监督管理部门制定。屠宰畜、禽的检验规程由国务院农业行政部门会同国务院卫生行政部门制定。

制定食品安全国家标准，应当依据食品安全风险评估结果并充分考虑食用农产品安全风险评估结果，参照相关的国际标准和国际食品安全风险评估结果，并将食品安全国家标准草案向社会公布，广泛听取食品生产经营者、消费者、有关部门等方面的意见。

食品安全国家标准应当经国务院卫生行政部门组织的食品安全国家标准审评委员会审查通过。食品安全国家标准审评委员会由医学、农业、食品、营养、生物、环境等方面的专家以及国务院有关部门、食品行业协会、消费者协会的代表组成，对食品安全国家标准草案的科学性和实用性等进行审查。

食品安全标准的内容包括：食品、食品添加剂、食品相关产品中的致病性微生物，农药残留、兽药残留、生物毒素、重金属等污染物质以及其他危害人体健康物质的限量规定，如《食品安全国家标准 食品中真菌毒素限量》（GB 2761—2017）；食品添加剂的品种、使用范围、用量，如《食品安全国家标准 食品添加剂使用标准》（GB 2760—2014）；专供婴幼儿和其他特定人群的主辅食品的营养成分要求，如《食品安全国家标准 特殊医学用途配方食品通则》（GB 29922—2013）；对与卫生、营养等食品安全要求有关的标签、标志、说明书的要求，如《食品安全国家标准 预包装食品标签通则》（GB 7718—2011）；食品生产经营过程的卫生要求，如《食品安全国家标准 罐头食品生产卫生规范》（GB 8950—2016）；与食品安全有关的质量要求，如《食品安全国家标准 蜂蜜》（GB 14963—2011）；与食品安全有关的食品检验方法与规程，

如《食品安全国家标准 食品中过氧化值的测定》(GB 5009.227—2016);其他需要制定为食品安全标准的内容,如《食品安全国家标准 毒物动力学试验》(GB 15193.16—2014)等。

(二)推荐性国家标准

推荐性国家标准是指生产、交换、使用等方面,通过经济手段或市场调节而自愿采用的国家标准,企业在使用中可以参照执行。企业可以根据企业内部生产情况、技术要求制定高于国家标准的企业标准,也可以指定企业标准,前提是没有国家标准或行业标准、地方标准。推荐性国家标准一经接受并采用,或各方商定同意纳入经济合同中,就成为各方必须共同遵守的技术依据,具有法律上的约束性。推荐性国家标准一般以GB/T开头。

企业不管使用的是推荐性国家标准还是企业标准,一旦在产品上明示就是强制执行。标准后面加T的都是推荐性标准,不管是国标还是行标,有T的是推荐性标准,没有的是强制性标准。

(三)地方标准

《食品安全法》规定,对没有食品安全国家标准的地方特色食品,省(自治区、直辖市)人民政府卫生行政部门可以制定并公布食品安全地方标准,报国务院卫生行政部门备案。食品安全国家标准制定后,该地方标准即行废止。2019年修订的《食品安全法实施条例》规定,保健食品、特殊医学用途配方食品、婴幼儿配方食品等特殊食品不属于地方特色食品,不得对其制定食品安全地方标准。另外,《食品安全法实施条例》还规定,省(自治区、直辖市)人民政府卫生行政部门制定食品安全地方标准时应当公开征求意见,并自食品安全地方标准公布之日起30个工作日内,将地方标准报国务院卫生行政部门备案。国务院卫生行政部门发现备案的食品安全地方标准违反法律、法规或者食品安全国家标准的,应当及时予以纠正。地方标准编号由五部分组成:"DB(地方标准代号)"+"省、自治区、直辖市行政区代码前两位"+"/"+"顺序号"+"年号"。

另外,还规定食品安全地方标准依法废止的,省(自治区、直辖市)人民政府卫生行政部门应当及时在其网站上公布废止情况。省级人民政府卫生行政部门应当在其网站上公布制定的食品安全地方标准,供公众免费查询、下载。目前,各地制定的食品安全地方标准主要集中在地方特色食品、食品生产加工小作坊卫生规范等方面。如陕西省《食品安全地方标准 地理标志产品榆林豆腐》(DB 61/T 1239—2019)、四川省《食品安全地方标准 火锅底料》(DBS 51/001—2016)、重庆市《食品安全地方标准 火锅底料》(DBS 50/022—2021)、云南省《食品安全地方标准 云南小曲清香型白酒》(DBS 53/007—2015)、江苏省《食品安全地方标准 食品小作坊卫生规范》

（DBS 32/013—2017）等。

（四）行业标准

行业标准是在全国某个行业范围内统一的标准。行业标准由国务院有关行政主管部门制定，并报国务院标准化行政主管部门备案。当同一内容的国家标准公布后，则该内容的行业标准即行废止。行业标准由行业标准归口部门统一管理。行业标准的归口部门及其所管理的行业标准范围，由国务院有关行政主管部门提出申请报告，国务院标准化行政主管部门审查确定，并公布该行业的行业标准代号。与食品相关的行业标准有农业农村部颁布的标准（NY）、进出口相关标准（SN）、商务部颁布的行业标准（SB）和原轻工部颁布的行业标准（QB）等。

三、市场自主制定的食品安全标准

（一）团体标准

根据《国务院关于印发深化标准化工作改革方案的通知》（国发〔2015〕13号）的要求，质检总局、国家标准委制定了《关于培育和发展团体标准的指导意见》，明确了团体标准的合法地位：社会团体可在没有国家标准、行业标准和地方标准的情况下，制定团体标准，快速响应创新和市场对标准的需求，填补现有标准空白。团体标准一般以T/C开头。

《关于培育和发展团体标准的指导意见》中第（九）小条指出："建立基本信息公开制度。国务院标准化行政主管部门组织建立全国团体标准信息平台，加强信息公开和社会监督。各省级标准化行政主管部门可根据自身需要组织建立团体标准信息平台，并与全国团体标准信息平台相衔接。社会团体可在平台上公开本团体基本信息及标准制定程序等文件，接受社会公众提出的意见和评议。三十日内没有收到异议或经协商无异议的，社会团体可在平台上公布其标准的名称、编号、范围、专利信息、主要技术内容等信息。经协商未达成一致的，可由争议双方认可的第三方进行评估后，再确定是否可在平台上公开标准相关信息。社会团体应当加强诚信自律建设，对所公开的基本信息真实性负责。"

依据《团体标准化 第1部分：良好行为指南》（GB/T 20004.1—2016）建议的开放、公平、透明、协商一致和促进贸易与交流的一般原则，以及团体标准制修订主要编制流程，团体标准制修订公共服务平台提供了科学规范的线上管理机制，为社会团体提供了从立项申请到报批发布的全流程管理和公共服务。全国团体标准信息平台由国家标准化管理委员会组织中国标准化研究院开发建设，于2016年3月正式发布上线（http://www.ttbz.org.cn/）。

依据《标准化法》，国家标准化管理委员会、民政部制定了《团体标准管理规定》，并经国务院标准化协调推进部际联席会议第五次全体会议审议通过，于2019年1月9日起实施。

国家标准化管理委员会印发的《2021年全国标准化工作要点》指出，加强对团体标准化工作的引导和规范，推动出台促进团体标准规范优质发展的指导意见，深入实施团体标准培优计划，加大重点领域优秀团体标准组建工作力度。2022年2月23日，国家标准化管理委员会等十七部门联合印发《关于促进团体标准规范优质发展的意见》，明确了国家对团体标准的大力支持与引导，并对行业企业参与团体标准工作给予更多政策支持。

（二）企业标准

食品安全企业标准是食品安全标准体系中不可缺少的组成部分，是企业组织生产、经营活动的依据。企业标准一般以Q开头。

《食品安全法》第三十条规定："国家鼓励食品生产企业制定严于食品安全国家标准或者地方标准的企业标准，在本企业适用，并报省、自治区、直辖市人民政府卫生行政部门备案。"严于食品安全国家标准、地方标准是指企业标准中的食品安全指标严于国家标准或者地方标准的相应规定。

企业标准中食品安全指标严于食品安全国家标准或食品安全地方标准的，应当按照各地规定进行备案。对卫生行政部门不予备案的食品安全企业标准，企业可自我声明公开。

实行企业标准自我声明公开制度是贯彻落实《标准化法》和《深化标准化工作改革方案》的重要举措，是简政放权、转变管理方式的重要突破，是加强诚信体系建设、激发市场活力的重要抓手，是企业对其企业标准自我研制、自我声明、自我公开、自我负责的新机制，能够更加有效地确立企业在标准制定和实施中的主体地位，在方便企业办事、提高竞争力等方面具有积极作用。企业标准自我声明公开可以畅通投诉举报渠道，鼓励广大企业、消费者、专业机构监督企业广泛参与，实现食品安全标准的社会共治。

企业是企业标准的主体责任人，应当对企业标准内容的真实性、合法性负责，确保按照企业标准组织生产的食品安全，并对企业标准实施后果承担相应的法律责任。企业标准备案后，并不代表备案机构对其进行了批准或认可。备案企业要对企业标准负责，保证企业标准的内容符合《食品安全法》及相关法律法规的规定。备案和公示以后，标准文本全文公开，接受社会监督，一旦发现企业标准违反食品安全法律、法规及食品安全标准规定的，备案企业应及时纠正，不予纠正的卫生行政部门注销备案。

企业执行的食品安全标准或者备案的企业标准和公开含有技术指标的企业标准，均可作为食品生产者组织生产和申请食品生产许可的依据。

（三）食品补充检验方法

《食品安全法实施条例》第四十一条规定，对可能掺杂掺假的食品，按照现有食品安全标准规定的检验项目和检验方法以及依据《食品安全法》第一百一十一条和本《条例》第六十三条规定制定的检验项目和检验方法无法检验的，国务院食品安全监督管理部门可以制定补充检验项目和检验方法。

《食品安全抽样检验管理办法》（2022年9月29日国家市场监督管理总局令第61号修正）第二十三条规定，食品安全监督抽检应当采用食品安全标准规定的检验项目和检验方法。没有食品安全标准的，应当采用依照法律法规制定的临时限量值、临时检验方法或者补充检验方法。

食品补充检验方法是食品安全标准体系的重要补充。同时，《食品安全法实施条例》中明确了食品补充检验方法可以用于三个方面的工作，即食品抽样检验、食品安全案件调查处置和食品安全事故处置。

2023年2月20日，市场监管总局第2次局务会议通过了《食品补充检验方法管理规定》。明确食品补充检验方法制定工作包括立项、起草、送审和审查、批准和发布、跟踪评价和修订等。市场监管总局组织成立食品补充检验方法审评委员会（以下简称审评委员会），审评委员会设专家组和办公室，专家组由食品检验相关领域的专家组成，负责审查食品补充检验方法。市场监管总局可通过征集、委托等方式，按照区分轻重缓急、科学可行的原则，确定食品补充检验方法立项项目和起草单位。食品安全监管中发现重大问题或应对突发事件，可以紧急增补食品补充检验方法项目。

（四）食品快速检测方法

食品快速检测，是基层食品安全监管部门广泛使用的食品检验技术。食品快速检测方法是为满足食品快速检测需求制定的一种检测方法。

《食品安全法》第八十八条规定，采用国家规定的快速检测方法对食用农产品进行抽查检测，被抽查人对检测结果有异议的，可以自收到检测结果时起4小时内申请复检。复检不得采用快速检测方法。《食品安全法》第一百一十二条规定，县级以上人民政府食品安全监督管理部门在食品安全监督管理工作中可以采用国家规定的快速检测方法对食品进行抽查检测。对抽查检测结果表明可能不符合食品安全标准的食品，应当依照本法第八十七条的规定进行检验。抽查检测结果确定有关食品不符合食品安全标准的，可以作为行政处罚的依据。

食品快速检测（以下简称快检）主要适用于需要短时间内显示结果的禁限用农兽药、在饲料及动物饮用水中的禁用药物、非法添加物质、生物毒素等的检测，检测主要针对食用农产品、散装食品、餐饮食品、现场制售食品，对于预包装食品原则上以常规实验室检验为主。虽然快检是基层食品安全监管部门广泛使用的食品检验技术，但目前在准确性、复现性等方面仍然存在较多问题。为此，市场监管总局发布了《关于规范食品快速检测使用的意见》（国市监食检规〔2023〕1号），对规范食品快检使用作出规定。主要包括以下要求：

1. 食品快检应具备的条件和能力

食品快检可用于对食用农产品、散装食品、餐饮食品、现场制售食品等的食品安全抽查检测，并在较短时间内显示检测结果。

开展食品快检要有相应设施设备和制度。食品快检单位应具备相应设施设备和环境条件，并制定食品快检人员培训、设施设备管理、操作规程等制度。食品快检操作人员应经过食品检验检测专业培训，熟悉相关法律法规、技术标准，掌握食品快检操作规范、质量管理等知识和技能。属地市场监管部门对食品快检操作人员的专业培训情况进行检查。

2. 真实、客观记录和公开食品快检信息

真实、客观记录食品快检过程信息。应记录食品快检食品和被检测单位（或摊位）名称、售货人姓名及联系电话、检测项目、检测日期、检测结果、食品快检产品和试剂、检测人员签名等信息。食品快检操作人员及所在机构应对食品快检过程、数据和结果信息的真实、完整和可追溯负责。

公布食品快检信息应真实、客观、易懂。食品快检结果是否在检测场所公布由组织方确定。如公布，应按照食品快检信息公布要求，公布样品名称、被检测单位（或摊位）、检测日期、检测项目（注明俗称）、检测结果、判定结论等信息。公布的食品快检信息应真实、客观、易懂，不得误导消费者。

3. 依法处置食品快检发现的问题产品

市场监管部门应依法规范使用食品快检。市场监管部门在日常监管、专项整治、活动保障等现场检查工作中，依法使用国家规定的食品快检方法开展抽查检测。对食用农产品快检结果有异议的，可以自收到检测结果时起4小时内申请复检，复检不得采用快检方法。食品快检不能替代食品检验机构的实验室检验，不能用于市场监管部门组织的食品安全抽样检验。

妥善处置食品快检发现的问题产品。食品快检抽查检测结果表明可能不符合食品安全标准的，被抽查食品经营者应暂停销售相关产品；属地市场监管部门应及时跟进监督检查或委托符合法律规定的食品检验机构进行检验，及时防控食品安全风险。抽查检测结果确定有关食品不符合食品安全标准的，可以作为行政处罚的依据。

4. 切实提升食品快检产品质量水平

开展食品快检结果实验室验证。省级市场监管部门组织对食品快检结果进行实验室验证。有关验证工作应做到程序规范、记录完整、数据真实、过程可追溯;验证结果及时上传国家食品安全抽样检验信息系统,并在该信息系统中对食品快检结果的准确率进行动态排名。

稳妥推进食品快检产品符合性评价和认证。完善食品快检用仪器设备、试剂等相关标准,鼓励开展食品快检产品认证,加强食品快检方法研制。市场监管总局对声称采用市场监管总局公布的食品快检方法进行检测的快检产品,组织开展符合性评价。有关评价工作应做到公平、公正、过程可追溯,确保评价结果客观、科学、准确。食品快检产品评价结果在国家食品安全抽样检验信息系统内公布。鼓励市场监管部门采购通过符合性评价或获得认证的食品快检产品。

5. 因地制宜开展"你送我检"便民服务活动

指导食品快检"你送我检"便民服务活动。鼓励食品快检机构现场接收消费者送检的自购食品,并及时告知和解读检测结果;检测人员要科学回答消费者有关的食品安全咨询,宣传食品安全科普知识。县级市场监管部门应加强对本地区"你送我检"便民服务活动指导。

本意见适用于规范市场监管部门、销售食品的市场开办者使用食品快检的行为。销售食品的市场是指销售食品的农产品批发市场、零售市场(包括农贸市场)、商场、超市、便利店和餐饮店等场所。

思维导图

食品安全监管相关标准
- 食品安全标准概述
- 政府主导制定的食品安全相关标准
  - 强制性国家标准
  - 推荐性国家标准
  - 地方标准
  - 行业标准
- 市场自主制定的食品安全标准
  - 团体标准
  - 企业标准
  - 食品补充检验方法
  - 食品快速检测方法
    - 食品快检应具备的条件和能力
    - 真实、客观记录和公开食品快检信息
    - 依法处置食品快检发现的问题产品
    - 切实提升食品快检产品质量水平
    - 因地制宜开展"你送我检"便民服务活动

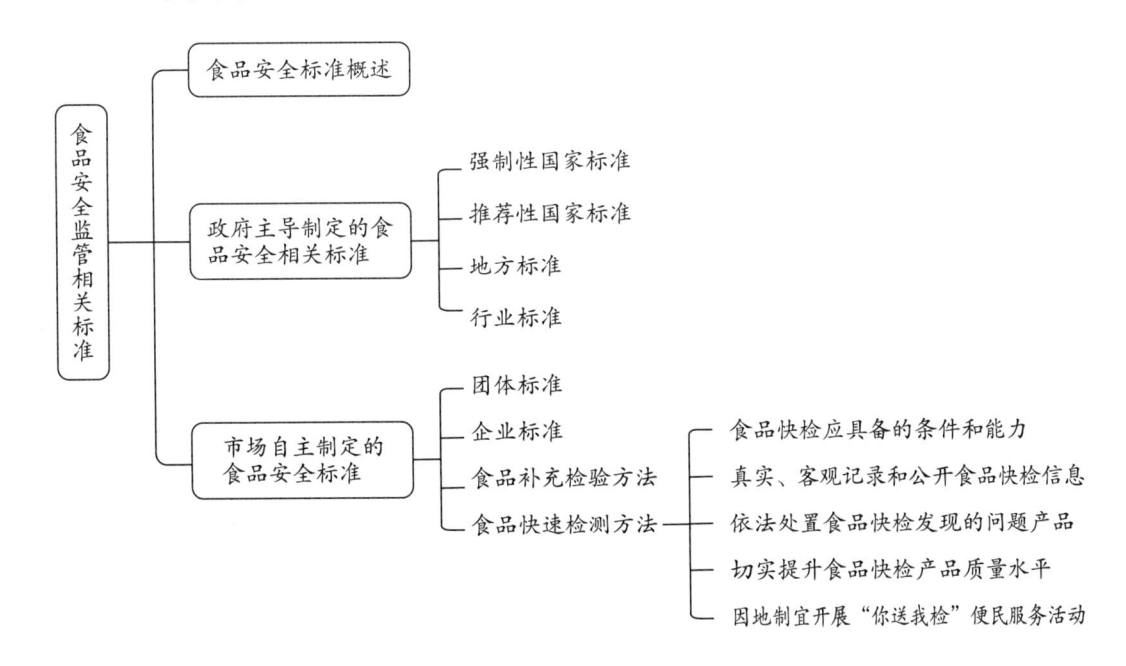

本章小结

本章主要介绍了与食品安全相关的法律、法规和标准体系及部分新修订法律、法规的背景和特点。拟通过本章内容的讲授和学习，主要帮助学生了解《食品安全法》《农产品质量安全法》《食品生产经营监督管理办法》等新修订法律、法规的修订背景及意义，掌握与食品安全监管相关的法律法规及标准体系构成，理解食品安全法律法规及标准对食品安全监管的作用，培养其法律意识和严谨的职业精神。

思考题

1. 简述我国食品安全法律体系的构成。
2. 简述我国食品安全标准体系的构成。
3. 简述团体标准的制定程序。
4. 简述新修订的《食品安全法》的亮点。
5. 简述食品补充检验法的作用。
6. 简述食品快速检测的特点。

素质拓展材料

本拓展材料包括两方面内容，内容1主要包括《盲盒经营行为规范指引（试行）》和内容解读，通过该内容的学习，可以帮助学生了解食品安全法律、法规和规章并不是一成不变的，而是在监管过程中根据实际情况适时出台新的法律、法规、规章或修订调整而成，培养学生树立认识事物的方法，启发学生结合生活实际问题提出解决办法的思路，提升其综合能力和专业素养。

通过内容2的系统学习，可以培养学生树立严谨的科学态度、严密的逻辑思维，增强专业法律意识，提升综合利用法律、法规和规章的专业能力，厚植爱岗敬业情怀。

盲盒经营行为规范指引（试行）

《盲盒经营行为规范指引（试行）》内容解读

干海参中检出含铝，青岛中院驳回索赔诉讼请求

第五章
我国食品生产经营安全监管概述

本章学习目标

1. 了解食品生产经营许可的申请；
2. 掌握我国食品生产风险分级及管理；
3. 掌握我国食品经营重点监督检查；
4. 理解并能应用食品生产经营监督检查管理办法。

在食品生产加工过程中，因加工设备、加工工序与加工技术以及企业未能严格按照工艺要求、食品安全标准操作，不合理或违法使用食品添加剂，加工场地的环境污染等因素都会导致食品的污染；同时无证、无照非法生产经营食品，食品弄虚作假屡禁不止等问题都会给食品安全带来极大风险。

食品生产经营是食品安全很重要的关口，产业链条长、涉及环节多、产品辐射面广、社会影响大。因此，有必要加强食品生产经营环节的安全监督管理，这是防范食品安全风险的重要手段，而生产经营许可及日常监督检查便是监管的重要抓手。本章主要围绕上述几个方面的内容进行讲述。

第一节 食品生产安全监管概述

一、食品生产许可

（一）概述

食品生产经营许可是食品市场主体能否进入食品市场的关键条件之一。食品生产经营许可制度在1983年7月1日实施的《食品卫生法（试行）》中有相关规定，即食品生产经营许可由工商行政管理部门负责，而食品卫生监督由县以上卫生防疫站或者食品卫生监督检验所负责。1995年10月30日实施的《食品卫生法》第二十七条规定："食品生产经营企业和食品摊贩，必须先取得卫生行政部门发放的食品卫生许可证方可向工商行政管理部门申请登记。"20世纪90年代以来，随着我国改革开放的不断深入和食品工业的快速发展，食品安全问题成为人民群众日益关注的焦点问题。为规范市场经济秩序，解决日益凸显的食品安全问题，原质检总局根据国务院相关规定，于2001年着手建立食品质量安全市场准入制度，并于2002年正式实施取代了原来的食品卫生许可制度。食品质量安全市场准入制度包括食品生产许可、强制检验和市场准入标志三项制度，要求食品生产企业必须取得生产许可证；未经检验或经检验不合格的食品不准出厂销售；对检验合格的食品要加印（贴）市场准入QS标志，没有加印（贴）QS标志的食品不准进入市场销售。2006年12月，原质检总局将全部28大类食品纳入食品质量安全市场准入制度，实行生产许可管理。2009年《食品安全法》颁布实施后，进一步明确了对食品生产实施许可制度，2010年至2015年，原质检总局、原食品药品监管总局先后发布了关于食品生产许可管理的部门规章。从2018年10月1日起，食品生产者生产的食品不得再使用原包装、标签和QS标志，取而代之的是有14位SC编号的食品生产许可证。

国家市场监督管理总局（以下简称市场监管总局）成立后，2020年1月2日发布了重新修订的《食品生产许可管理办法》（国家市场监督管理总局令第24号），自2020年3月1日起实施。2020年2月，市场监管总局发布公告对《食品生产许可分类目录》（国家市场监督管理总局公告2020年第8号）进行修订，随后市场监管总局办公厅又下发《关于印发食品生产许可文书和食品生产许可证格式标准的通知》（市监食生〔2020〕18号），用于规范食品生产许可的分类和许可文书的填写。

为做好食盐质量安全监管工作，市场监管总局2020年1月2日发布《食盐质量安全监督管理办法》（国家市场监督管理总局令第23号），对各地市场监管部门开展食盐质量安全监督管理工作进行规范，明确食盐生产者应依法取得食品生产许可，申请企业应具备盐业主管部门颁发的食盐定点生产企业证书，食盐的食品生产许可由省级市场监督管理部门负责。2020年2月，市场监管总局办公厅印发《关于对食盐定点生产企业核发食品生产许可证的通知》（市监食生〔2020〕15号），将食盐产品归入许可分类"调味品"，明确类别编号、品种明细、现场审查依据等，明确对食盐定点生产企业核发食品生产许可的具体要求。

2021年修正版《食品安全法》对食品生产许可证调整为食品生产许可和食品经营许可及备案两种类型，目前实施食品生产许可或者市场准入的食品相关产品有32个类别。

食品生产许可制度实施以来，对进一步严格规范食品生产加工行为，加强食品生产全过程质量安全控制，提升食品生产者的质量安全保障能力和安全总体水平，推动食品行业健康发展发挥了重要作用。

市场监管总局负责监督指导全国食品生产许可管理工作，并负责制定食品生产许可审查通则和细则。县级以上地方市场监管部门负责本行政区域内的食品生产许可监管工作。省（自治区、直辖市）市场监管部门可以根据食品类别和食品安全风险状况，确定市、县级市场监管部门的食品生产许可管理权限。其中，保健食品、特殊医学用途配方食品、婴幼儿配方食品、婴幼儿辅助食品、食盐等食品的生产许可，由省（自治区、直辖市）市场监管部门负责。

（二）食品生产许可工作程序

按照《行政许可法》《食品生产许可管理办法》《食品生产许可审查通则》等的规定，食品生产许可分为申请、受理、审查与决定、整改与检查等环节。

1. 申请

1）申请主体

申请食品生产许可，应当先行取得营业执照等合法主体资格。企业法人、合伙企业、个人独资企业、个体工商户、农民专业合作社等，以营业执照载明的主体作为申请人。食品生产许可申请人应当遵守国家产业政策：属于限制性产业的，应当预先取得相关证明材料；属于淘汰类产业的，不予受理。在产业政策执行方面存在争议的，应当报请省级人民政府协调解决。

2）许可范围及食品类别

在中华人民共和国境内，从事食品生产活动，应当依法取得食品生产许可。综合保税区（含保税区、出口加工区、保税物流园区、跨境工业区、保税港区）等海关特殊监管区域内的食品生产者，以及仅生产出口食品的食品生产者，无须申请办理食品生产许可证。

申请食品生产许可的类别包括：粮食加工品，食用油、油脂及其制品，调味品，肉制品，乳制品，饮料，方便食品，饼干，罐头，冷冻饮品，速冻食品，薯类和膨化食品，糖果制品，茶叶及相关制品，酒类，蔬菜制品，水果制品，炒货食品及坚果制品，蛋制品，可可及焙烤咖啡产品，食糖，水产制品，淀粉及淀粉制品，糕点，豆制品，蜂产品，保健食品，特殊医学用途配方食品，婴幼儿配方食品，特殊膳食食品，其他食品，共31大类食品和食品添加剂，共计32个类别可申请生产许可。

3）申请条件

申请食品（含食品添加剂，下同）生产许可，应当符合下列条件：

（1）场所。具有与生产的食品品种、数量相适应的食品原料处理和食品加工、包装、贮存等场所，保持该场所环境整洁，并与有毒、有害场所以及其他污染源保持规定的距离；

（2）硬件。具有与生产的食品品种、数量相适应的生产设备或者设施，有相应的消毒、更衣、盥洗、采光、照明、通风、防腐、防尘、防蝇、防鼠、防虫、洗涤以及处理废水、存放垃圾和废弃物的设备或者设施；保健食品生产工艺有原料提取、纯化等前处理工序的，需要具备与生产的品种、数量相适应的原料前处理设备或者设施；

（3）人员及制度。具有专职或者兼职的食品安全专业技术人员、食品安全管理人员和保证食品安全的规章制度；

（4）布局。具有合理的设备布局和工艺流程，防止待加工食品与直接入口食品、原料与成品交叉污染，避免食品接触有毒物、不洁物；

（5）其他法律、法规规定的其他条件。

4）申请材料

申请食品生产许可，应当提交下列材料：

（1）食品生产许可申请书；

（2）食品生产设备布局图和食品生产工艺流程图；

（3）食品生产主要设备、设施清单；

（4）专职或者兼职的食品安全专业技术人员、食品安全管理人员信息和食品安全管理制度。申请保健食品、特殊医学用途配方食品、婴幼儿配方食品等特殊食品的生产许可，还应当提交与所生产食品相适应的生产质量管理体系文件以及相关注册和备案文件。

食品生产许可申请书按照《市场监管总局办公厅关于印发食品生产许可文书和食品生产许可证格式标准的通知》的要求以及申请人所在地食品生产许可监管部门的具体要求执行。

2. 受理

1）受理机关

县级以上地方市场监管部门为食品生产许可申请的受理机关。当食品生产者申请生产多个类别食品，不同类别食品的生产许可管理权限又涉及不同层级市场监督管理部门时，由食品生产者自主选择其中一个申请受理部门。如果许可事项是受理部门管理权限内的，由受理部门依照本法规定对申请许可事项开展受理、审查并作出决定；如果许可事项非受理部门审批权限内的，受理部门应当在受理后，及时告知有相应审批权限的市场监管部门，组织联合审查。具体工作实践中，省、市、县级许可受理部门应当允许申请人按照"就高不就低"的原则，向许可管理权限较高的许可受理部门提交申请材料，保证许可工作的流畅性和可操作性。

2）受理处理

受理机关对申请人提出的食品生产许可申请，应当根据下列情况分别作出处理：

（1）申请事项依法不需要取得食品生产许可的，应当即时告知申请人不受理；

（2）申请事项依法不属于市场监督管理部门职权范围的，应当即时作出不予受理

的决定,并告知申请人向有关行政机关申请;

(3)申请材料存在可以当场更正的错误的,应当允许申请人当场更正,由申请人在更正处签名或者盖章,注明更正日期;

(4)申请材料不齐全或者不符合法定形式的,应当当场或者在5个工作日内一次告知申请人需要补正的全部内容。当场告知的,应当将申请材料退回申请人;在5个工作日内告知的,应当收取申请材料并出具收到申请材料的凭据;逾期不告知的,自收到申请材料之日起即为受理;

(5)申请材料齐全、符合法定形式,或者申请人按照要求提交全部补正材料的,应当受理食品生产许可申请。

许可受理机关决定予以受理的,应当出具受理通知书;决定不予受理的,应当出具不予受理通知书,说明不予受理的理由,并告知申请人依法享有申请行政复议或者提起行政诉讼的权利。

3. 审查与决定

县级以上地方市场监管部门(许可机关)应当对申请人提交的申请材料进行审查。需要对申请材料的实质内容进行核实的,应当进行现场核查。

1)材料审查

材料审查是指对申请人提供的材料是否符合食品生产许可相关法律、法规、规章以及《食品生产许可审查通则》和相关细则要求,由许可机关或其委托的技术审查机构进行的审查。

2)现场核查

现场核查是指许可机关或其委托的技术审查机构指派2人及以上的食品安全监管人员(根据需要可以聘请专业技术人员),依据食品生产许可相关法律、法规、规章,对申请人的申请材料是否与生产现场一致,生产条件是否符合法律、法规、规章以及《食品生产许可审查通则》和相关细则要求进行的实地核查。

市场监督管理部门可以委托下级市场监督管理部门,对受理的食品生产许可申请进行现场核查。特殊食品生产许可的现场核查原则上不得委托下级市场监督管理部门实施。

核查人员应当自接受现场核查任务之日起5个工作日内,完成现场核查。核查人员应当出示有效证件,按程序开展现场核查。现场核查人员的资格、使用由许可机关按照所在地的相关规定执行。

3)许可决定

许可决定除可以当场作出行政许可决定外,许可机关应当自受理申请之日起10个工作日内作出是否准予行政许可的决定;因特殊原因需要延长期限的,经本行政机关负责人批准,可以延长5个工作日,并应当将延长期限的理由告知申请人。

许可机关应当根据申请材料审查和现场核查等情况，对符合条件的，作出准予生产许可的决定，并自作出决定之日起5个工作日内向申请人颁发食品生产许可证；对不符合条件的，应当及时作出不予许可的书面决定并说明理由，同时告知申请人依法享有申请行政复议或者提起行政诉讼的权利。

4.整改与检查

对于判定结果为通过现场核查的，申请人应当在1个月内对现场核查中发现的问题进行整改，并将整改结果向负责对申请人实施食品安全日常监督管理的市场监管部门书面报告。负责对申请人实施食品安全日常监督管理的市场监管部门或其派出机构应当在许可后3个月内对获证申请人开展一次监督检查，重点检查现场核查中发现的问题是否已进行整改。

（三）许可证书

食品生产许可证分为正本、副本。食品生产许可证应当载明生产者名称、社会信用代码、法定代表人（负责人）、住所、生产地址、食品类别、许可证编号、有效期、发证机关、发证日期和二维码；副本还应当载明食品明细。

生产保健食品、特殊医学用途配方食品、婴幼儿配方食品的，还应当载明产品或者产品配方的注册号或者备案登记号；接受委托生产保健食品的，还应当载明委托企业名称及住所等相关信息。

食品生产许可证发证日期为许可决定作出的日期，有效期为5年。食品生产许可证编号由SC（"生产"的汉语拼音字母缩写）和14位阿拉伯数字组成。数字从左至右依次为：3位食品类别编码、2位省（自治区、直辖市）代码、2位市（地）代码、2位县（区）代码、4位顺序码、1位校验码。

国家市场监管总局负责制定食品生产许可证式样。省（自治区、直辖市）市场监管部门负责本行政区域食品生产许可证的印制、发放等管理工作。市场监督管理部门制作的食品生产许可电子证书与印制的食品生产许可证书（包括正本、副本）具有同等法律效力。

食品生产者应当妥善保管食品生产许可证，并在生产场所的显著位置悬挂或者摆放食品生产许可证正本。食品生产许可证不得伪造、涂改、倒卖、出租、出借、转让。

（四）许可变更与延续

1.许可变更

1）许可变更申请

食品生产许可证有效期内，需要变更食品生产许可证载明的许可事项（如食品生产者名称、法定代表人或负责人、食品类别等事项）的，以及现有设备布局和工艺流程、主要生产设备设施等事项发生变化的，食品生产者应当在变化后10个工作日内向原发证的市场监督管理部门提出变更申请，由原发证的市场监督管理部门对变更申请材料进行审查，并对申请材料需要核实的实质内容进行现场核查。

食品生产者的生产条件发生变化，不再符合食品生产要求的，以及生产场所迁址的，应当重新申请食品生产许可。

2）许可变更报告

食品生产许可证副本载明的同一食品类别内的事项发生变化的，食品生产者应当在变化后10个工作日内向原发证的市场监督管理部门报告。食品生产许可证副本载明的同一食品类别内的事项变更，主要包括食品生产者需要生产与获证食品类别相同、工艺流程一致但具体产品品种不同的食品，导致食品生产许可证副本载明的食品生产许可品种明细发生变化。

3）许可变更的审查与决定

县级以上地方市场监管部门应当对变更食品生产许可的申请材料进行审查，并按照本章前述的生产许可工作程序实施审查与决定。申请人声明生产条件未发生变化的，可以不再进行现场核查。申请人的生产条件及周边环境发生变化，可能影响食品安全的，应当就变化情况进行现场核查。保健食品、特殊医学用途配方食品、婴幼儿配方食品注册或者备案的生产工艺发生变化的，应当先办理注册或者备案变更手续。

2. 许可延续

1）许可延续申请

食品生产者需要延续依法取得的食品生产许可的有效期的，应当在该食品生产许可有效期届满30个工作日前，向原发证的市场监管部门提出申请。延续食品生产许可有效期届满前不足30日提出申请，导致有效期届满前无法作出许可决定的，申请人应当在许可有效期届满后停止生产，待许可机关作出准予许可决定后方可恢复生产。食品生产许可有效期届满后再提出延续申请，食品生产者应当重新申请食品生产许可。

2）许可延续的审查与决定

县级以上地方市场监管部门应当根据被许可人的延续申请，在该食品生产许可有效期届满前作出是否准予延续的决定。县级以上地方市场监管部门应当对延续食品生产许可的申请材料进行审查，并按照本章前述的生产许可工作程序实施审查与决定。申请人声明生产条件未发生变化的，可以不再进行现场核查。

3. 变更与延续证书的发证日期和有效期

食品生产者申请变更许可，市场监管部门决定准予变更的，应当向申请人颁发新的食品生产许可证。食品生产许可证编号不变，发证日期为作出变更许可决定的日期，有效期与原证书一致。因迁址等原因而进行全面现场核查的，换发的食品生产许可证有效期自发证之日起计算。因食品安全国家标准发生重大变化，国家和省级市场监管部门决定重新核查而换发食品生产许可证的，发证日期以重新批准日期为准，有效期自重新发证之日起计算。

食品生产者申请延续许可,市场监管部门决定准予延续的,应当向申请人颁发新的食品生产许可证,许可证编号不变,有效期自作出延续许可决定之日起计算。

(五)许可的注销、撤销与吊销

1. 注销

注销行政许可,是指基于特定事实的出现,由行政机关依据法定程序收回行政许可证件或者公告行政许可失去效力的行为。食品生产者终止食品生产,食品生产许可被撤回、撤销,应当在20个工作日内向原发证的市场监管部门申请办理注销手续。食品生产许可有效期届满未申请延续,食品生产者主体资格依法终止;食品生产许可依法被撤回、撤销或者食品生产许可证依法被吊销;因不可抗力导致食品生产许可事项无法实施,以及存在法律法规规定的应当注销食品生产许可的其他情形的,由原发证的市场监管部门依法办理食品生产许可注销手续,并在网站进行公示。

食品生产许可被注销的,许可证编号不得再次使用。

2. 撤销

行政许可的撤销,是指作出行政许可决定的行政机关或者其上级行政机关,依法撤销其法律效力的行为。作出行政许可决定的行政机关或者其上级行政机关,根据利害关系人的请求或者依据职权,可以对下列情形撤销行政许可:

(1)行政机关工作人员滥用职权、玩忽职守作出准予行政许可决定的;

(2)超越法定职权作出准予行政许可决定的;

(3)违反法定程序作出准予行政许可决定的;

(4)对不具备申请资格或者不符合法定条件的申请人准予行政许可的;

(5)被许可人以欺骗、贿赂等不正当手段取得行政许可的;

(6)依法可以撤销行政许可的其他情形。

撤销行政许可可能对公共利益造成重大损害的,不予撤销。

3. 吊销

吊销行政许可,是指行政机关采取强制手段剥夺被许可人的经营权或资质、资格。吊销是行政机关对被许可人实施的最严厉的行政处罚。根据《食品安全法》及其实施条例第九章的规定,对于食品生产过程中涉及的非法添加、使用超过保质期的食品原料、虚假标注生产日期、未按照注册要求生产特殊食品、生产添加药品的食品等违法行为,情节严重的,吊销食品生产许可。

二、食品生产风险分级管理

《食品安全法》明确食品安全工作实行风险管理的原则,并提出了实施风险分级管理的要求。食品生产风险分级管理是指市场监管部门以风险分析为基础，结合食品生产者的食品类别、生产规模、食品安全管理能力和监督管理记录情况，按照风险评价指标，划分食品生产者风险等级，并结合当地监管资源和监管能力，对食品生产者实施的不同程度的监督管理。

（一）食品生产风险分级管理的背景及意义

食品生产风险分级管理是一种基于风险管理的有效监管模式，是有效提升监管资源利用率、强化监管效能、促进食品生产企业落实食品安全主体责任的重要手段，也是国际通行做法。我国食品、食品添加剂生产者众多，监管人员相对不足，产品种类多、监管主体多、风险隐患多与监管资源有限的矛盾仍很突出，且监管工作中还存在平均用力、不分主次等现象，监管工作缺少靶向性和精准度，监管的科学性不高、效能低下等问题还较普遍。基于这些问题，原食品药品监管总局发布了《食品生产经营风险分级管理办法（试行）》，推行基于风险管理的分级分类监管模式。2022年2月17日，市场监管总局起草了《食品生产企业风险分级管理办法（征求意见稿）》，提出通过市场监督管理部门综合食品生产企业食品安全风险与通用信用风险，建立食品安全信用档案，动态确定食品生产企业风险等级。

食品生产风险分级管理制度的制定，对于监管部门合理配置监管资源、提升监管效能有着重要意义。建立和实施风险分级管理制度，能够帮助监管部门通过量化细化各项指标，深入分析、排查可能存在的食品安全风险隐患，在适当减少风险程度较低的食品生产者的监管资源的基础上，将监管视角和工作重心向存在较大风险的食品生产者倾斜，增加监管频次和监管力度，督促食品生产者采取更加严格的措施，改善内部管理和过程控制，及早化解可能存在的食品安全隐患，从而最终达到合理分配资源、提高监管资源利用效率的目的，取得事半功倍的效果。对于食品生产者，则通过风险分级评价，使其更加全面地掌握食品行业中存在的风险点，进一步强化风险意识、安全意识和责任意识，有针对性地加强管理和控制，提升自身的风险防控和安全保障能力。

《食品安全法》确立了风险管理的原则，第一百零九条明确规定："县级以上人民政府食品安全监督管理部门根据食品安全风险监测、风险评估结果和食品安全状况等，确定监督管理的重点、方式和频次，实施风险分级管理。"这是研究制定食品生产风险分级管理制度的重要法律依据。市场监管总局负责制定食品生产经营风险分级管理制度，指导和检查全国食品生产经营风险分级管理工作。省级市场监管部门负责制定本省食品生产经营风险分级管理工作规范，结合本行政区域内实际情况，组织实施本省食品生产经营风险分级管理工作，对本省食品生产经营风险分级管理工作进行指导和检查。各市、县级市场监管部门负责开展本地区食品生产经营风险分级管理的具体工作。

（二）食品生产者风险等级评定的基本程序

食品生产者风险等级评定的基本程序包括六个方面的内容：一是调取食品生产者

的许可档案，根据静态风险因素量化分值表所列的项目逐项计分，累加确定食品生产者静态风险因素量化分值；二是结合对食品生产者日常监督检查结果或者组织人员进入生产现场按照动态风险评价表进行打分评价，确定动态风险因素量化分值；三是根据量化评价结果，填写食品生产者风险等级确定表，确定食品生产者风险等级；四是将食品生产者风险等级评定结果记入食品安全监管档案；五是应用食品生产者风险等级结果开展有关工作；六是根据当年食品生产者日常监督检查、监督抽检、违法行为查处、食品安全事故处置、不安全食品召回等食品安全监督管理记录情况，对食品生产者下一年度风险等级进行动态调整。

（三）食品生产者风险等级的确定

1. 风险等级分类

市场监督管理部门应结合食品生产企业食品安全静态风险因素、动态风险因素与通用信用风险因素，确定食品生产企业风险等级，并动态调整。食品生产者风险等级从低到高分为A、B、C、D四个风险等级。风险等级的确定采用评分方法进行，即静态风险因素、动态风险因素、通用信用风险因素量化风险分值之和，以百分制计算，三者的量化风险分值分别为40分、40分和20分。分值越高，风险等级越高。风险分值之和为0—30（含）分的为A级，30—45（含）分的为B级，45—60（含）分的为C级，60分以上的为D级。被列入严重违法失信名单的食品生产企业，直接定为D级。

2. 静态风险因素评价量化分值

按照市场监管总局制定的食品、食品添加剂生产者静态风险因素量化分值表，根据食品生产企业生产食品的类别、企业规模、食用人群等情况，将静态风险因素量化分值分为低（Ⅰ档）、较低（Ⅱ档）、中等（Ⅲ档）、高（Ⅳ档）四个风险等级。生产多类别食品的，应当选择风险较高的食品类别确定该食品生产者的静态风险等级。如"特殊医学用途配方食品、婴幼儿配方食品等特殊食品、婴幼儿辅助食品等专供特定人群的主辅食品"即为Ⅳ档。省级市场监管部门可根据本辖区实际情况对量化分值表进行调整，并在本辖区内组织实施。

3. 动态风险因素评价量化分值

食品安全动态风险因素量化由市场监管部门通过监督检查、监督抽检、责任约谈等对食品生产企业生产条件保持、生产过程控制、管理制度运行等情况进行打分。省级市场监管部门参照食品生产经营日常监督检查要点表制定量化分值表，并组织实施。

4. 通用信用风险因素评价量化分值

通用信用风险因素包括食品生产企业基础属性信息、企业动态信息、监管信息、关联关系信息、社会评价信息等。食品生产企业通用信用风险因素的量化打分可直接使用通用型企业信用风险分类结果，具体分值通过企业通用信用风险分值（总分1000

分）按照 50∶1 折算。

对新获证食品生产企业的风险等级评定，可以按照食品生产企业食品安全静态风险与通用信用风险，初步确定风险等级。在企业获得食品生产许可证之日起 3 个月内，由县级以上地方市场监管部门开展一次监督检查，根据监督检查结果进行食品安全动态风险因素量化打分，并确定新获证食品生产企业首次风险等级。

（四）食品生产者风险等级在监管中的应用

市场监管部门根据食品生产者风险等级，结合当地监管资源和监管水平，合理确定食品生产企业的监督检查频次、监督检查内容、监督检查方式以及其他管理措施，作为制定年度监督检查计划的依据。另外，风险分级的结果也可用于通过统计分析确定监管重点区域、重点行业、重点企业，排查食品安全风险隐患；建立食品生产者的分类系统及数据平台，记录、汇总、分析食品生产风险分级信息，实行信息化管理；确定基层检查力量及设施配备等，合理调整检查力量分配等方面。

思维导图

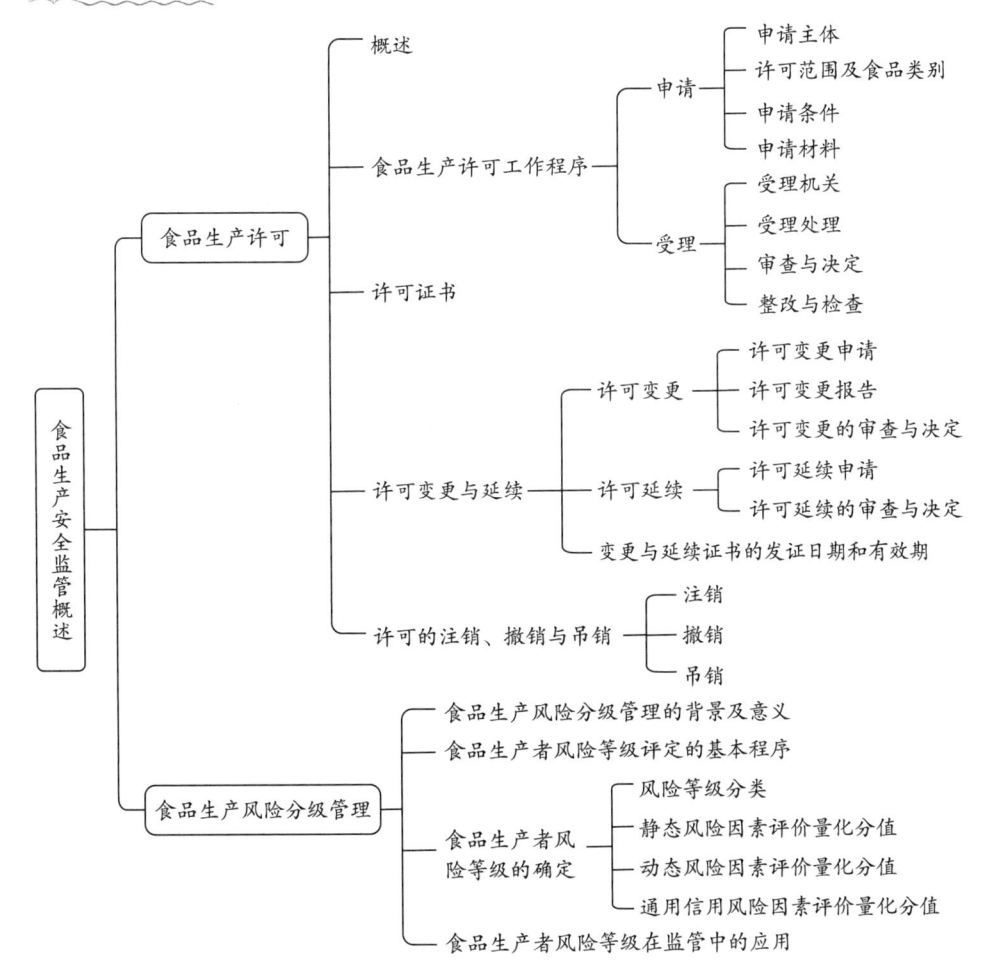

食品生产安全监管概述
- 食品生产许可
  - 概述
  - 食品生产许可工作程序
    - 申请
      - 申请主体
      - 许可范围及食品类别
      - 申请条件
      - 申请材料
    - 受理
      - 受理机关
      - 受理处理
      - 审查与决定
      - 整改与检查
  - 许可证书
  - 许可变更与延续
    - 许可变更
      - 许可变更申请
      - 许可变更报告
      - 许可变更的审查与决定
    - 许可延续
      - 许可延续申请
      - 许可延续的审查与决定
    - 变更与延续证书的发证日期和有效期
  - 许可的注销、撤销与吊销
    - 注销
    - 撤销
    - 吊销
- 食品生产风险分级管理
  - 食品生产风险分级管理的背景及意义
  - 食品生产者风险等级评定的基本程序
  - 食品生产者风险等级的确定
    - 风险等级分类
    - 静态风险因素评价量化分值
    - 动态风险因素评价量化分值
    - 通用信用风险因素评价量化分值
  - 食品生产者风险等级在监管中的应用

第二节　食品经营安全监管概述

一、食品经营许可和备案监管

（一）监管依据及分工

2023年7月12日，市场监管总局发布《食品经营许可和备案管理办法》（国家市场监督管理总局令第78号），自2023年12月1日起实施。地方人大、地方人民政府及其工作部门颁布的法规、规章和规范性文件中适用于本地区食品经营许可的有关规定，也是属地开展食品经营许可的依据。

国家市场监督管理总局负责指导全国食品经营许可和备案管理工作。县级以上地方市场监督管理部门负责本行政区域内的食品经营许可和备案管理工作。省、自治区、直辖市市场监督管理部门可以根据食品经营主体业态、经营项目和食品安全风险状况等，结合食品安全风险管理实际，确定本行政区域内市场监督管理部门的食品经营许可和备案管理权限。

（二）申请工作程序

1. 申请

1）申请主体

申请食品经营许可，应当先行取得营业执照等合法主体资格。企业法人、合伙企业、个人独资企业、个体工商户等，以营业执照载明的主体作为申请人。机关、事业单位、社会团体、民办非企业单位、企业等申办食堂，以机关或者事业单位法人登记证、社会团体登记证或者营业执照等载明的主体作为申请人。

2）许可范围

在中华人民共和国境内从事食品销售和餐饮服务活动，应当依法取得食品经营许可。除不需要取得食品经营许可的情形外，还开展其他食品经营项目的，应当依法取得食品经营许可。仅销售预包装食品的，应当报所在地县级以上地方市场监督管理部门备案。

食品展销会的举办者应当在展销会举办前15个工作日内，向所在地县级市场监督管理部门报告食品经营区域布局、经营项目、经营期限、食品安全管理制度以及入场食品经营者主体信息核验情况等。法律、法规、规章或者县级以上地方人民政府有规定的，依照其规定。

申请食品经营许可，应当按照食品经营主体业态和经营项目分类提出。

食品经营主体业态分为食品销售经营者、餐饮服务经营者、集中用餐单位食堂。食品经营者从事食品批发销售、中央厨房、集体用餐配送的，利用自动设备从事食品经营的，或者学校、托幼机构食堂，应当在主体业态后以括号标注。主体业态以主要经营项目确定，不可以复选。

食品经营项目分为食品销售、餐饮服务、食品经营管理三类。食品经营项目可以复选。

食品销售，包括散装食品销售、散装食品和预包装食品销售。

餐饮服务，包括热食类食品制售、冷食类食品制售、生食类食品制售、半成品制售、自制饮品制售等，其中半成品制售仅限中央厨房申请。

食品经营管理，包括食品销售连锁管理、餐饮服务连锁管理、餐饮服务管理等。

食品经营者从事散装食品销售中的散装熟食销售、冷食类食品制售中的冷加工糕点制售和冷荤类食品制售应当在经营项目后以括号标注。

具有热、冷、生、固态、液态等多种情形，难以明确归类的食品，可以按照食品安全风险等级最高的情形进行归类。

国家市场监督管理总局可以根据监督管理工作需要对食品经营项目进行调整。

3）申请条件

申请食品经营许可，应当符合与其主体业态、经营项目相适应的食品安全要求，具备下列条件：

（1）具有与经营的食品品种、数量相适应的食品原料处理和食品加工、销售、贮存等场所，保持该场所环境整洁，并与有毒、有害场所以及其他污染源保持规定的距离；

（2）具有与经营的食品品种、数量相适应的经营设备或者设施，有相应的消毒、更衣、盥洗、采光、照明、通风、防腐、防尘、防蝇、防鼠、防虫、洗涤以及处理废水、存放垃圾和废弃物的设备或者设施；

（3）有专职或者兼职的食品安全总监、食品安全员等食品安全管理人员和保证食品安全的规章制度；

（4）具有合理的设备布局和工艺流程，防止待加工食品与直接入口食品、原料与成品交叉污染，避免食品接触有毒物、不洁物；

（5）食品安全相关法律、法规规定的其他条件。

从事食品经营管理的，应当具备与其经营规模相适应的食品安全管理能力，建立健全食品安全管理制度，并按照规定配备食品安全管理人员，对其经营管理的食品安全负责。

4）申请材料

申请食品经营许可，应当提交下列材料：

（1）食品经营许可申请书；

（2）营业执照或者其他主体资格证明文件复印件；

（3）与食品经营相适应的主要设备设施、经营布局、操作流程等文件；

（4）食品安全自查、从业人员健康管理、进货查验记录、食品安全事故处置等保证食品安全的规章制度目录清单。

利用自动设备从事食品经营的，申请人应当提交每台设备的具体放置地点、食品经营许可证的展示方法、食品安全风险管控方案等材料。

营业执照或者其他主体资格证明文件能够实现网上核验的，申请人不需要提供本条第一款第二项规定的材料。从事食品经营管理的食品经营者，可以不提供主要设备设施、经营布局材料。仅从事食品销售类经营项目的不需要提供操作流程。

申请人委托代理人办理食品经营许可申请的，代理人应当提交授权委托书以及代理人的身份证明文件。

2. 受理

1）受理机关

县级以上地方市场监管部门为食品经营许可申请的受理机关。目前，一些地方政府根据行政审批制度改革的要求，成立了专门的行政许可审批部门，负责各类行政许可审批（包括食品经营许可）工作，相关市场监管部门应当与行政许可审批部门做好食品经营许可工作的协调与衔接。

2）材料受理

申请事项依法不需要取得食品经营许可的，应当即时告知申请人不受理；申请事项依法不属于市场监督管理部门职权范围的，应当即时作出不予受理的决定，并告知申请人向有关行政机关申请。申请材料存在可以当场更正的错误的，应当允许申请人当场更正，由申请人在更正处签名或者盖章，注明更正日期。申请材料齐全、符合法定形式，或者申请人按照要求提交全部补正材料的，应当受理食品经营许可申请。

申请材料不齐全或者不符合法定形式的，应当当场或者自收到申请材料之日起5个工作日内一次告知申请人需要补正的全部内容和合理的补正期限。申请人无正当理由逾期不予补正的，视为放弃行政许可申请，市场监督管理部门不需要作出不予受理的决定。市场监督管理部门逾期未告知申请人补正的，自收到申请材料之日起即为受理。

3. 审查与决定

1）材料审查

县级以上地方市场监督管理部门应当对申请人提交的许可申请材料进行审查。需要对申请材料的实质内容进行核实的，应当进行现场核查。上级地方市场监督管理部门可以委托下级地方市场监督管理部门，对受理的食品经营许可申请进行现场核查。

2）现场核查

现场核查应当由符合要求的核查人员进行。核查人员不得少于2人。核查人员应当出示有效证件，填写食品经营许可现场核查表，制作现场核查记录，经申请人核对无误后，由核查人员和申请人在核查表上签名或者盖章。申请人拒绝签名或者盖章的，核查人员应当注明情况。

核查人员应当自接受现场核查任务之日起5个工作日内，完成对经营场所的现场核查。经核查，通过现场整改能够符合条件的，应当允许现场整改；需要通过一定时限整改的，应当明确整改要求和整改时限，并经市场监督管理部门负责人同意。上级地方市场监督管理部门可以委托下级地方市场监督管理部门，对受理的食品经营许可申请进行现场核查。

现场核查基本要求包括食品经营和贮存场所的选址、食品安全管理人员和管理制度、经营设备或设施。业态审查要求分为食品销售经营者、餐饮服务经营者、集中用餐单位食堂。

食品销售审查要求包括：食品销售场所和食品贮存场所环境要求；销售场所布局要求；食品贮存区域要求；销售有温度控制要求的食品的温控设备要求；散装食品隔离要求；直接入口散装食品防护、人员和工具容器等要求。

餐饮服务审查要求包括：排水条件、加工操作条件以及食品库房、更衣室、清洁工具存放场所要求；食品处理区及加工工序布局要求；清洗、消毒、洗手、干手设施和用品以及废弃物或垃圾存放容器要求；食品处理区地面、墙壁、天花板、门窗的材料和结构要求；粗加工操作场所的清洗设施要求；烹调场所的排风、调温、用水要求；清洗、消毒、保洁设备设施要求；原料、半成品、成品的容器和工具、用具要求；食品和非食品的库房、控温要求；更衣设施和照明要求；卫生间（厕所）要求；各类专间要求；专用操作场所要求；中央厨房和集体用餐配送单位场所布局、设置、分隔和面积要求；运输设备要求；食品检验和留样设施设备及人员要求。

集中用餐单位食堂审查要求包括：餐饮服务审查要求；备餐场所要求；留样容器、设备和人员要求。普通中等学校等食堂原则上不得申请生食类制售项目。

3）许可决定

县级以上地方市场监督管理部门应当自受理申请之日起10个工作日内作出是否准予行政许可的决定。因特殊原因需要延长期限的，经市场监督管理部门负责人批准，可以延长5个工作日，并应当将延长期限的理由告知申请人。鼓励有条件的地方市场监督管理部门优化许可工作流程，压减现场核查、许可决定等工作时限。

县级以上地方市场监督管理部门应当根据申请材料审查和现场核查等情况，对符合条件的，作出准予行政许可的决定，并自作出决定之日起5个工作日内向申请人颁发食品经营许可证；对不符合条件的，应当作出不予许可的决定，说明理由，并告知申请人依法享有申请行政复议或者提起行政诉讼的权利。

（三）许可证书

食品经营许可证分为正本、副本，正本、副本具有同等法律效力。

食品经营许可证应当载明：经营者名称、统一社会信用代码、法定代表人（负责人）、住所、经营场所、主体业态、经营项目、许可证编号、有效期、投诉举报电话、发证机关、发证日期，并赋有二维码。其中，经营场所、主体业态、经营项目属于许可事项，其他事项不属于许可事项。

食品经营者取得餐饮服务、食品经营管理经营项目的，销售预包装食品不需要在许可证上标注食品销售类经营项目。

食品经营许可证编号由JY（"经营"的汉语拼音字母缩写）和14位阿拉伯数字组成。数字从左至右依次为：1位主体业态代码、2位省（自治区、直辖市）代码、2位市（地）代码、2位县（区）代码、6位顺序码、1位校验码。食品经营许可证发证日期为许可决定作出的日期，有效期为5年。

食品经营者应当妥善保管食品经营许可证，不得伪造、涂改、倒卖、出租、出借、转让。食品经营者应当在经营场所的显著位置悬挂、摆放纸质食品经营许可证正本或者展示其电子证书。利用自动设备从事食品经营的，应当在自动设备的显著位置展示食品经营者的联系方式、食品经营许可证复印件或者电子证书、备案编号。

国家市场监督管理总局负责制定食品经营许可证正本、副本式样。省、自治区、直辖市市场监督管理部门负责本行政区域内食品经营许可证的印制和发放等管理工作。

（四）仅销售预包装食品备案

（1）备案人应当取得营业执照等合法主体资格，并具备与销售的食品品种、数量等相适应的经营条件。

拟从事仅销售预包装食品活动的，在办理市场主体登记注册时，可以一并进行仅销售预包装食品备案，并提交仅销售预包装食品备案信息采集表。已经取得合法主体资格的备案人从事仅销售预包装食品活动的，应当在开展销售活动之日起5个工作日内向县级以上地方市场监督管理部门提交备案信息材料。材料齐全的，获得备案编号。备案人对所提供的备案信息的真实性、完整性负责。

利用自动设备仅销售预包装食品的，备案人应当提交每台设备的具体放置地点、备案编号的展示方法、食品安全风险管控方案等材料。

（2）县级以上地方市场监督管理部门应当在备案后5个工作日内将经营者名称、经营场所、经营种类、备案编号等相关备案信息向社会公开。

（3）备案实施唯一编号管理。备案编号由YB（"预备"的汉语拼音字母缩写）和14位阿拉伯数字组成。数字从左至右依次为：1位业态类型代码（1为批发、2为零售）、2位省（自治区、直辖市）代码、2位市（地）代码、2位县（区）代码、6位顺序码、1位校验码。食品经营者主体资格依法终止的，备案编号自行失效。

二、食品经营日常监督检查

实施食品经营日常监督检查，主要依据《食品安全法》及其实施条例、《国务院关于加强和规范事中事后监管的指导意见》、《食用农产品市场销售质量安全监督管理办法》、《食品生产经营监督检查管理办法》、《学校食品安全与营养健康管理规定》、《网络餐饮服务食品安全监督管理办法》、《食品生产经营风险分级管理办法（试行）》、《市场监管总局办公厅关于开展食品经营风险分级管理工作的指导意见》、《餐饮服务食品安全操作规范》、《餐饮服务食品安全监督检查操作指南》、《食品销售者食品安全主体责任指南（试行）》等法律、法规、规章和规范性文件。此外，地方人大、地方人民政府及其工作部门颁布的适用于本地区食品经营日常监管的有关规定，也是属地市场监管部门开展食品经营日常监督检查的依据。

（一）食品销售监管

1. 日常监督检查

对食品销售者的日常监督检查应当重点对食品经营许可条件持续、监督检查结果公示、食品安全管理制度建立及落实、人员管理、食品安全自查、进货查验、销售过程控制、贮存过程控制、运输与装卸过程控制、现场制售过程控制、召回销毁过程控制等情况进行检查；对食品集中交易市场、食品展销会、柜台出租者等开办方应当重点对报告、审查及检查等管理要求落实情况进行检查；对网络食品交易第三方平台提供者应当重点对备案、食品安全管理制度建立及落实、入网食品销售者管理、食品交易信息记录及保存、配合监管部门等情况进行检查；对自动售货设备食品销售者应当重点对信息公示、放置位置、食品安全相关制度建立及落实、卫生情况、过程控制要求、禁止销售的食品等情况进行检查。具体检查要求和内容可参考《食品销售安全监督检查指南（试行）》。

在日常监督检查中，应当首先检查食品销售者及开办方的食品安全自查（检查）情况，主要检查内容包括食品安全自查（检查）制度的建立情况以及自查（检查）开展情况，重点检查是否按照制度定期开展食品安全自查（检查），对自查（检查）发现的问题是否逐项分析原因并进行整改，是否记录自查（检查）的相关情况、发现的问题及整改情况等。此外，还应当注重对食品销售者对过程控制合规性、人员管理等情况进行检查，要对企业食品安全管理人员随机进行监督抽查考核；注重及时向社会公布监督检查结果、违法行为查处、食品安全管理人员考核等情况；注重信息通报，对发现涉及其他部门、地区问题线索的，要及时向相关部门、相关地区进行信息通报，对涉嫌违法犯罪的，要及时移交公安机关。

2. 风险分级动态管理

市场监管总局出台了《关于开展食品经营风险分级管理工作的指导意见》，明确食品经营领域要全面实现风险分级动态管理。

结合食品经营风险特点，将风险因素分为静态风险因素和动态风险因素。其中，静态风险因素强调经营规模、经营项目、经营类别等情况；动态风险因素强调自查情况、经营条件保持、经营过程控制、管理制度建立及运行、日常监督检查等情况，同时综合考虑区域位置等情况，合理确定食品经营风险等级。

食品经营者风险等级从低到高划分为A、B、C、D四个风险等级。采用评分方式确定风险等级。风险等级得分为静态风险因素量化分值与动态风险因素量化分值之和。风险等级得分分值越高，风险等级越高。对学校及校园周边食品经营者，不再根据评定分级，一律列为D级风险。

静态风险因素量化分值，可以结合食品经营许可档案，根据静态风险量化分值表所列的项目，逐项计分进行评定确定。动态风险因素量化分值，可以结合以往对食品经营者日常监督检查结果确定，或者组织监管人员进入现场按照动态风险评价表进行打分评定确定。新开办食品经营者的风险等级评定，应当在作出许可决定之日起30个工作日内组织监管人员进入现场打分评定动态风险因素分值，根据实际确定风险等级。

应当注重将食品销售风险等级评定与日常监督检查相结合、与"双随机、一公开"检查相结合、与推进"互联网+监管"相结合，强化风险动态管理。一是要根据不同风险等级合理确定监督检查频次，风险等级越高，检查频次越高，特别是对D级风险的食品销售者，应当实现全年多次全覆盖检查；二是要根据日常监督检查情况及时调整食品销售者风险等级，特别是对存在七种需调高风险等级情形之一的，应当及时上调风险等级，并相应加大监督检查频次和检查力度；三是要加快推进智慧化、信息化分级，根据风险分级情况，合理分配监管资源，科学指导食品经营者合规经营。

3. 强化食品安全主体责任落实

为贯彻落实《中共中央 国务院关于深化改革加强食品安全工作的意见》，督促食品销售者严格落实食品安全主体责任，市场监管总局制定了《食品销售者食品安全主体责任指南（试行）》（以下简称《指南》），共梳理出47大项食品安全主体责任，涉及105个要求、195项内容。监管部门要利用各种宣传媒介，推动《指南》的宣传普及工作。同时，为进一步提升食品销售者履行主体责任的积极性和主动性，广泛发动有条件的食品超市向社会公开放心食品自我承诺，并在经营场所醒目位置张贴承诺内容。

（二）餐饮服务日常监督检查

1. 食品经营许可及信息公示

许可事项及其有效性，主要包括食品经营许可证是否合法有效、与经营场所（实体门店）地址是否一致；是否有超范围经营现象；是否公示食品经营许可证。

信息公示包括曾开展过日常监督检查的餐饮服务提供者的公示栏，是否公示上一次检查结果记录表；学校食堂是否在显著位置公示从事接触直接入口食品工作从业人员的健康证明。

2. 原料控制（含食品添加剂）

（1）进货查验。包括随机抽查食品原料，检查有无进货查验记录和随货证明文件。

（2）原料贮存。包括食品贮存区是否存在食品与非食品混放情形，是否存放有毒、有害物质，食品贮存是否符合分类、分架、离墙、离地、有标识等要求，食品添加剂存放是否符合要求；冷冻（藏）设施中的食品是否存在生熟混放，原料、半成品、成品混放等情形，冷冻（藏）温度是否符合要求；是否存放禁用物质、无明确标识和无法说明来源的物质。发现存放无明确标识和无法说明来源的物质，详细追问其名称、来源和用途，怀疑可能涉嫌非法添加或属于有毒、有害物质的，采取临时控制措施，查清物质名称及使用情况。

（3）供货者评价检查。包括是否建立供货者评价和退出机制。

（4）原料检查。包括随机抽查贮存设施或加工间的食品原料，查看其感官性状有无异常，食品的包装和标签、标识是否符合要求；对变质、超过保质期、回收食品采取的措施是否符合要求。

（5）食品加工用水检查。包括食品加工用水的水质是否符合相关要求；加工制作现榨果蔬汁和食用冰等直接入口食品用水是否通过净水设施处理，或使用煮沸冷却后的生活饮用水。

3. 加工制作

（1）加工制作基本要求。包括是否具有与其加工制作的食品品种、数量相适应的加工场所及设施设备等；不同类型的食品原料、不同存在形式的食品及其盛放容器和加工制作工具分开存放措施是否有效，防止食品交叉污染措施是否有效；是否存在《食品安全法》禁止的加工食品行为。

（2）粗加工与切配。包括食品原料是否洗净后使用；盛放或加工制作动物性、植物性、水产品等食品原料的工用具和容器是否分开使用并有明显标识。

（3）烹饪加工。包括盛放调味料的容器是否保持清洁，使用后是否加盖存放；煎炸油的色泽、气味、状态有无异常，询问煎炸油更换周期，必要时对煎炸油进行检测；

油炸类食品、烧烤类食品、火锅类食品、糕点类食品、自制饮品等加工过程是否符合要求。

（4）专间及专用操作区（简称专区）内加工。包括专间的标识、设施及人员操作是否符合要求；专区的标识、设施及人员操作是否符合要求。

（5）食品留样。包括查看食品留样是否符合要求。

（6）食品添加剂管理。包括食品添加剂存放、使用是否符合要求；是否采购、贮存、使用亚硝酸盐；加工制作面制品的餐饮服务提供者，含铝添加剂使用是否符合要求。

4.备餐、供餐与配送

（1）备餐。包括备餐场所是否符合要求；盛装食品成品的容器和分派菜肴、整理造型的工具是否符合要求；放置于餐具内的菜肴围边、盘花等是否符合要求；食品存放温度、时间是否符合要求；备餐人员个人卫生是否符合要求。

（2）供餐。包括是否采取有效措施，防止供餐过程中食品受到污染；供餐人员个人卫生是否符合要求；就餐区或者附近是否设置清洗设施。

（3）食品配送一般要求（含餐饮服务提供者原料运输要求）。包括是否具备符合贮存、运输要求的设施设备；配送车辆及存放食品的车厢或配送箱（包）是否符合要求；与食品直接接触的配送容器是否符合要求；食品配送过程是否符合要求。

（4）中央厨房食品配送特殊要求。包括配送过程食品包装或盛放是否符合要求；配送食品的包装或容器标注信息是否符合要求。

（5）集体用餐配送单位食品配送特殊要求。包括配送过程中，食品的盛放容器是否密闭，食品容器上标注的信息是否符合要求。

（6）餐饮外卖配送特殊要求。包括送餐人员是否符合要求；需冷藏保存的外卖食品是否低温保存。

5.餐用具清洗消毒

（1）清洗。包括餐用具采用何种清洗方式，清洗水池是否专用，是否标有明显标识，是否满足清洗需要；使用的洗涤剂包装标识是否齐全；餐用具采用何种消毒方式。

（2）物理消毒。包括消毒设施是否正常运转并能满足消毒需要。

（3）化学消毒。包括查看使用的消毒剂包装标识及配比说明，询问从业人员配制等具体操作方法，必要时进行消毒液浓度检测。

（4）特定区域消毒。包括在包间、吧台等区域进行餐饮具清洗消毒的，是否按要求进行清洗消毒。

（5）保洁。包括保洁设施是否符合相关要求；餐饮具是否清洁。

（6）集中清洗消毒。包括餐饮具索证（营业执照）索票是否齐全；餐饮具包装是否破损、是否符合标识要求、是否在使用期限内。

（7）一次性餐饮具。包括是否存在重复使用一次性餐饮具的现象。

6.场所和设施清洁维护

（1）场所设置。包括经营场所是否远离污染源、场所内是否有活禽，粗加工、切配、烹饪和餐具清洗等需经常冲洗场所的地面、墙面、门窗、天花板等建筑结构是否坚固耐用，易于清洁；场所及设施或设备布局是否合理。

（2）设施设备。包括洗手或消毒等设施是否能正常使用；加工经营场所虫害防控设施是否完整、有效，是否存在有害生物活动迹象；特定餐饮服务提供者是否有杀虫剂和杀鼠剂的使用记录；食品相关产品是否符合相关要求。

（3）场所和设施清洁维护。包括冷冻（藏）、保温、陈列、采光、通风等设施设备是否能正常使用；特定餐饮服务提供者的设施设备维护记录是否符合要求。

（4）场所卫生。包括墙壁、天花板、门窗、地面、排水沟、操作台、食品加工用具等是否有破损、霉斑、积油、积水、污垢等；卫生间设置位置及卫生情况是否符合要求。

（5）餐厨废弃物管理。包括餐厨废弃物的存放及清理是否符合要求。

7.食品安全管理

（1）设立食品安全管理机构、配备人员。包括是否建立食品安全管理机构；是否留存食品安全管理人员任职文件等有关证明资料；食品安全管理人员是否掌握食品安全知识；有无食品安全事故处置预案。

（2）食品安全自查。包括是否建立食品安全自查制度，按计划自查；有无食品安全自查记录，自查频次和内容是否符合相关规定，自查内容是否真实反映管理现状，发现的问题是否有效整改。

（3）检验检测相关要求。包括是否自行或委托具有资质的第三方机构对大宗食品原料、加工环境进行检测，是否制定检验检测计划；有无检验检测人员培训和考核记录。

（4）食品安全追溯。包括是否建立食品安全追溯体系。

8.人员管理

主要包括人员管理制度要求、人员健康管理、培训考核、人员卫生、工作衣帽和佩戴口罩等。

9.网络餐饮服务

（1）网络餐饮服务第三方平台提供者（以下简称平台）、自建网站餐饮服务提供者备案。包括平台是否按照要求进行备案；自建网站餐饮服务提供者是否按照要求进行备案。

（2）平台管理制度、机构和人员。包括平台上公开的信息和平台食品安全管理文件、培训记录是否符合要求。

（3）平台对入网餐饮服务提供者的审查。包括平台数据库记录的入网审查、入网协议等信息是否符合要求；平台上的入网餐饮服务提供者是否取得食品经营许可证。

（4）平台信息公示。包括平台上公示的信息是否符合要求。

（5）平台对入网餐饮服务提供者违法行为自查和处置。包括平台数据库记录的抽查、监测、报告、停止平台服务等相关信息是否符合要求。

（6）数据保存和交易信息记录。包括平台数据库记录的订单信息是否符合要求。

（7）入网餐饮服务提供者要求。包括平台配送订单的餐饮服务提供者地址与线下实体店是否一致。

（8）送餐人员培训和管理。包括送餐人员培训记录是否符合要求。

（9）餐饮外卖配送。包括餐饮外卖配送人员、箱（包）、过程等是否符合要求。

（三）食用农产品市场销售日常监督

1. 食用农产品集中交易市场日常监督

日常监督检查主要内容包括：

（1）是否建立并执行食品安全管理制度、人员管理及培训制度、食用农产品检查制度等，制定的食品安全事故处置方案的内容是否符合法律法规相关要求。

（2）销售和贮存食用农产品的环境、设备设施等是否符合食用农产品质量安全要求，是否按照食用农产品类别实行分区销售。

（3）是否查验并留存入场销售者的统一社会信用代码或者居民身份证复印件、食用农产品可溯源凭证、产品质量合格凭证等。

（4）是否按要求建立、保存并及时更新入场销售者档案，保存期限是否符合要求。

（5）是否在醒目位置及时公布食品安全管理制度、食品安全管理人员、食用农产品抽样检验结果及不合格食用农产品处理结果、投诉举报电话等信息。

2. 食用农产品批发市场日常监督

除了与上述食用农产品集中交易市场日常监督检查主要内容相同，还增加了是否与入场销售者签订食用农产品质量安全协议，提供统一格式的销售凭证或电子凭证，并督促入场销售者规范使用；是否开展食用农产品抽样检验或者快速检测等内容。

3. 食用农产品销售者日常监督

日常监督检查的主要内容包括：

（1）是否具有与其销售的食用农产品品种、数量相适应的销售和贮存场所，保持场所环境整洁，并与有毒、有害场所以及其他污染源保持适当的距离。

（2）是否具有与其销售的食用农产品品种、数量相适应的销售设备或者设施。

（3）是否销售腐败变质、油脂酸败、霉变生虫、污秽不洁、混有异物、掺杂掺假或者感官性状异常等《食用农产品市场销售质量安全监督管理办法》第十五条规定的禁止销售的食用农产品。

（4）采购食用农产品的，是否建立食用农产品进货查验记录制度，按照规定查验相关证明材料；是否如实记录食用农产品相关信息，并保存相关凭证，保存期限不少于6个月。

（5）从事食用农产品批发业务的销售企业，是否建立食用农产品销售记录制度，如实记录批发食用农产品相关信息，并保存相关凭证，记录和凭证保存期限不少于6个月。

（6）贮存食用农产品的，是否定期检查库存，及时清理腐败变质、油脂酸败、霉变生虫、污秽不洁或者感官性状异常的食用农产品；是否如实记录食用农产品相关信息，并在贮存场所保存记录，记录和凭证保存期限不少于6个月。

（7）租赁仓库的，是否选择能够保障食用农产品质量安全的食用农产品贮存服务提供者；贮存服务提供者是否按照食用农产品质量安全的要求贮存食用农产品，履行《食用农产品市场销售质量安全监督管理办法》第十七条规定的相关义务。

（8）自行运输或者委托承运人运输食用农产品的，运输容器、工具和设备是否安全无害，保持清洁，防止污染，并符合保证食用农产品质量安全所需的温度、湿度和环境等特殊要求，不将食用农产品与有毒、有害物品一同运输。

（9）销售企业是否建立健全食用农产品质量安全管理制度，配备必要的食品安全管理人员，对职工进行食品安全知识培训，制定食品安全事故处置方案，依法从事食用农产品销售活动。

（10）是否建立食用农产品质量安全自查制度，定期对食用农产品质量安全情况进行检查。发现不符合食用农产品质量安全要求的，是否立即停止销售并采取整改措施；有发生食品安全事故潜在风险的，是否立即停止销售并向所在地县级市场监管部门报告。

（11）销售按照规定应当包装或者附加标签的食用农产品，是否在包装或者附加标签后销售；包装或者标签上是否按照规定标注食用农产品相关信息。销售未包装的食用农产品，是否在摊位（柜台）明显位置如实公布食用农产品相关信息。

（12）发现其销售的食用农产品不符合食品安全标准或者有证据证明可能危害人体健康的，是否立即停止销售，通知相关生产经营者、消费者，并记录停止销售和通知情况。对于停止销售的食用农产品，是否按照要求采取无害化处理、销毁等措施，防止其再次流入市场。

三、食品经营重点监督检查

市场监管部门要坚持以问题导向、风险管理为核心,在做好食品经营日常监督检查的同时,着眼于食品经营重点区域、重点单位、重点时段、重点产品,持续加大监督检查力度,适时开展突出问题专项检查和治理,及时发现、纠正和查处食品经营违法违规行为,积极防范食品经营安全风险。

(一)重点区域和重点单位监督检查

学校及其周边、旅游景区、交通枢纽、繁华商业街区、农村地区、城乡接合部等重点区域,学校食堂、集体用餐配送单位、中央厨房、大型宾馆饭店、连锁餐饮服务企业、大型商场超市、食品批发市场、食品集贸市场、食用农产品批发市场、农贸市场等重点单位,具有人员数量多、密度高、食品销售或餐饮消费量大等特点,食品安全风险高,是食品经营安全监督检查的重点场所。

学校和幼儿园的供餐群体特殊、供餐人员集中,学校和幼儿园食品安全社会关注度高、舆论燃点低。市场监管部门要将学校和幼儿园食品安全作为食品安全监督管理的重中之重,持续强化监督检查。一是推动学校和幼儿园按照《学校食品安全与营养健康管理规定》要求,严格落实食品安全校长(园长)负责制,加强食堂管理,健全完善并严格执行食品安全管理制度,强化从业人员健康体检和培训,严格管控原料进货查验、原料贮存、食品加工制作、餐用具清洗消毒和设施设备维护、用水卫生等关键环节,定期开展食品安全自查,及时整改自查中发现的食品安全问题和隐患。二是对学校和幼儿园食堂、向学校供餐的集体用餐配送单位、校园周边餐饮门店及食品销售单位等食品经营者实行全年全覆盖监督检查,重点加强对食品安全自查情况、食品安全制度落实、从业人员健康体检、食品进货查验、食品贮存、食品加工制作、餐用具清洗消毒和食品留样等内容的监督检查力度。三是严厉查处学校、幼儿园及校园周边食品经营者无证经营、超范围经营,采购、销售或加工制作腐败变质、霉变生虫等感官性状异常和超过保质期等食品和食品添加剂,超范围、超限量使用食品添加剂,餐具、饮具和盛放直接入口食品的容器使用前未经洗净、消毒或者清洗消毒不合格,未按规定制定和实施经营过程控制要求等违法违规行为。

此外,根据日常监管、监督抽检、投诉举报、重大舆情等反映的线索,市场监管部门对可能存在重大风险隐患的食品经营者开展重点监督检查。一是对一段时期内,特别是一个监督检查周期内,相关监督检查、监督抽检、投诉举报、重大舆情等处置情况进行汇总分析,排查出需要开展重点监督检查的食品经营者。二是对存在属于《食品安全法》第一百三十四条规定情况的食品经营者,一律责令停产停业,直至吊销许可证。三是对相关经营者存在食品安全主体责任落实不到位的,一律加大惩处力度,并对其法定代表人或主要责任人开展责任约谈,相关查处情况和责任约谈情况记入食品经营者食品安全信用档案。四是对相关经营者存在应调高风险等级情形的，要及时调高风险等级，增加监督检查频次，加大监督检查力度。

（二）重点时段监督检查

春秋季开学、中高考、传统节假日、重大活动期间等特殊时段，是食品经营安全监管的重点时段。

春秋季开学期间，食物中毒等食源性疾病发生概率较高。市场监管部门要联合教育部门，按照《学校食品安全与营养健康管理规定》要求，在春秋季开学期间，统筹人力、集中精力，全面开展校园及周边食品安全风险隐患排查，督促学校和校园周边食品经营者、向学校供餐的集体用餐配送单位落实食品安全主体责任，规范加工制作行为，及时发现和消除食品安全问题、隐患，严惩重处食品安全违法违规行为。

中高考期间，就餐人员众多、群体特殊、社会关注度高，食品安全问题容易成为舆论关注焦点。市场监管部门要结合属地实际，组织开展考点及其周边食品安全风险隐患排查，督促考点及其周边食品经营者落实食品安全主体责任，规范加工制作行为，保证考生饮食安全。

重大活动具有规模大、人员集中、用餐量大、食品安全风险高等特点。市场监管部门要明确承办单位、食品生产经营企业和食用农产品供应企业等的食品安全责任。要根据重大活动的规模、性质、特点，确定重大活动食品安全监督管理的方式和方法。重大活动举办前，加强食品供应商的事前现场监督检查；重大活动期间，针对性采取驻点监督、重点巡查等方式，做好重大活动食品安全监督管理工作，同时加强重大活动周边地区食品安全日常监督管理工作。对重大体育赛事，要在严防严管严控常规食品安全风险的同时，联合体育、农业等部门做好食源性兴奋剂管控工作。

（三）重点产品监督检查

乳制品、肉及肉制品、食用油、水产品、米面及制品、调味料等大宗食品，是百姓的生活必需品。元宵、粽子、月饼等节令性食品，是传统节日期间百姓餐桌上的重要食品和中华饮食文化的重要内容。婴幼儿配方乳粉和婴幼儿辅助食品的食品安全，直接关系婴幼儿身体健康和生命安全。上述食品一直是食品经营环节监督检查的重点产品。

市场监管部门要加强重点产品的监督检查，重点检查经营者采购食品是否查验供货者的许可证和食品出厂检验合格证或者其他合格证明，采购食用农产品是否建立食用农产品进货查验记录制度，是否按照保证食品安全的要求仓储运输食品，是否按照保证食品安全的要求贮存食品，是否定期检查库存食品，是否存在腐败变质、油脂酸败、霉变生虫、污秽不洁、混有异物、掺杂掺假、感官性状异常等《食品安全法》第三十四条规定的情形。

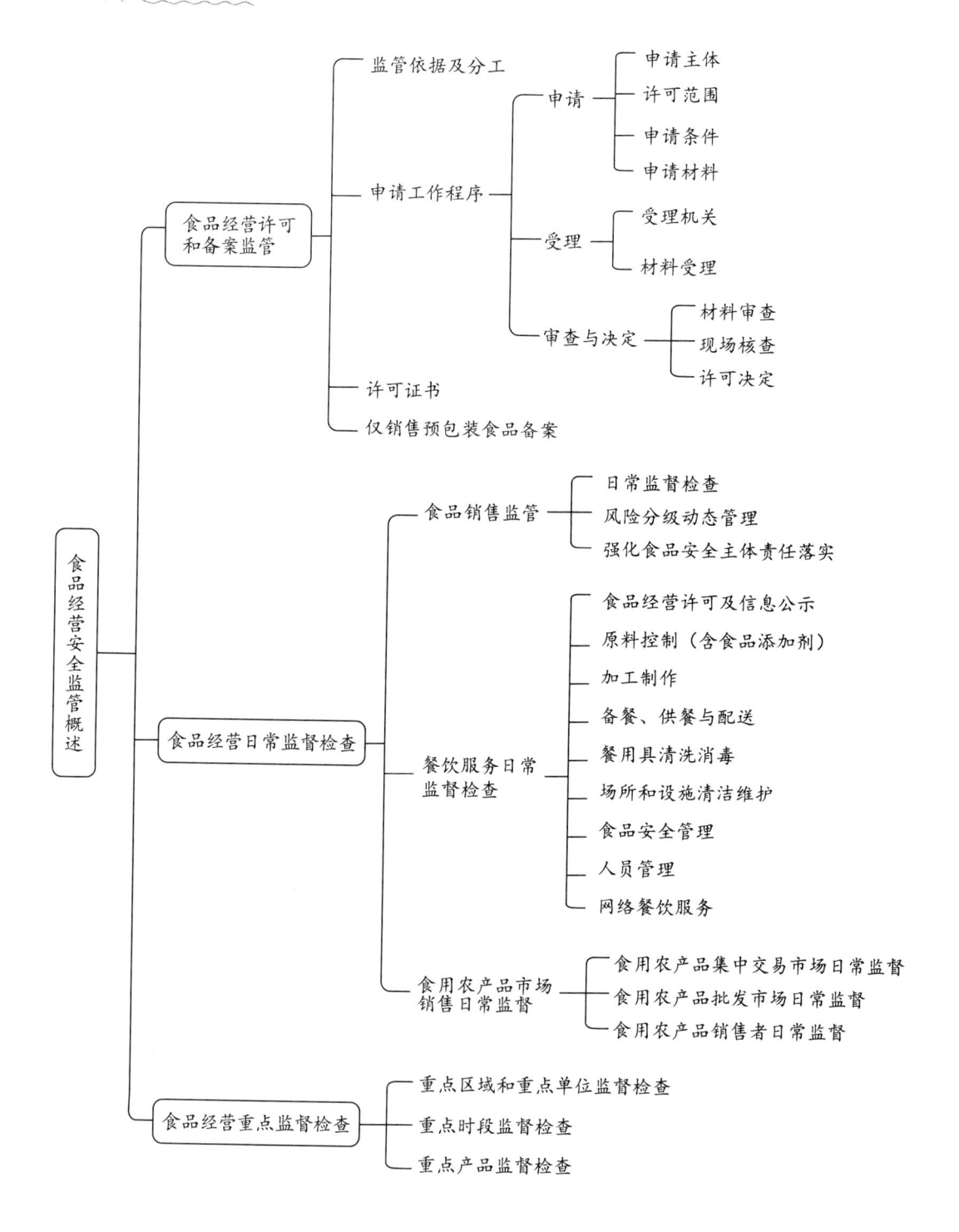

思维导图

食品经营安全监管概述
- 食品经营许可和备案监管
  - 监管依据及分工
  - 申请工作程序
    - 申请
      - 申请主体
      - 许可范围
      - 申请条件
      - 申请材料
    - 受理
      - 受理机关
      - 材料受理
    - 审查与决定
      - 材料审查
      - 现场核查
      - 许可决定
  - 许可证书
  - 仅销售预包装食品备案
- 食品经营日常监督检查
  - 食品销售监管
    - 日常监督检查
    - 风险分级动态管理
    - 强化食品安全主体责任落实
  - 餐饮服务日常监督检查
    - 食品经营许可及信息公示
    - 原料控制（含食品添加剂）
    - 加工制作
    - 备餐、供餐与配送
    - 餐用具清洗消毒
    - 场所和设施清洁维护
    - 食品安全管理
    - 人员管理
    - 网络餐饮服务
  - 食用农产品市场销售日常监督
    - 食用农产品集中交易市场日常监督
    - 食用农产品批发市场日常监督
    - 食用农产品销售者日常监督
- 食品经营重点监督检查
  - 重点区域和重点单位监督检查
  - 重点时段监督检查
  - 重点产品监督检查

第三节 食品生产经营监督检查

食品生产经营监督检查是市场监督管理部门对食品（含食品添加剂）生产经营者执行食品安全法律、法规、规章和食品安全标准等情况实施的监督检查，也是对食品生产经营者实施监督管理的重要手段和加强食品安全事中事后监管工作的具体要求。食品生产经营监督检查主要包含以下几方面的内容：

一、食品生产经营监督检查的依据

原食品药品监管总局成立之前，食品生产监督检查主要根据原国家质检总局制定的《食品生产加工企业质量安全监督管理实施细则（试行）》（2005年质检总局令第79号）、《关于食品生产加工企业落实质量安全主体责任监督检查规定的公告》（2009年质检总局公告第119号）实施。2013年食品安全监管机构改革后，由原质检、工商、卫生部门制定的有关食品生产、经营、餐饮服务的相关监管制度不再适应改革后的职能调整需要。根据2015年修订的《食品安全法》的要求，为进一步强化食品生产经营过程控制，加强监督检查，原食品药品监管总局整合了食品生产、食品销售、餐饮服务的监督检查要求，于2016年3月制定发布了《食品生产经营日常监督检查管理办法》（食品药品监管总局令第23号）。为加强和规范对食品生产经营活动的监督检查，督促食品生产经营者落实主体责任，保障食品安全，2021年12月国家市场监督管理总局令第49号公布了修订版的《食品生产经营监督检查管理办法》（自2022年3月15日起施行），该办法是市场监督管理部门对食品（含食品添加剂）生产经营者执行食品安全法律、法规、规章和食品安全标准等情况实施监督检查的依据。

二、监督检查要点

（1）国家市场监督管理总局根据法律、法规、规章和食品安全标准等有关规定，制定国家食品生产经营监督检查要点表，明确监督检查的主要内容。按照风险管理的原则，检查要点表分为一般项目和重点项目。

（2）省级市场监督管理部门可以按照国家食品生产经营监督检查要点表，结合实际细化，制定本行政区域食品生产经营监督检查要点表。省级市场监督管理部门针对食品生产经营新业态、新技术、新模式，补充制定相应的食品生产经营监督检查要点，并在出台后30日内向国家市场监督管理总局报告。

（3）食品生产环节监督检查要点应当包括食品生产者资质、生产环境条件、进货查验、生产过程控制、产品检验、贮存及交付控制、不合格食品管理和食品召回、标签和说明书、食品安全自查、从业人员管理、信息记录和追溯、食品安全事故处置等情况。

（4）委托生产食品、食品添加剂的，委托方、受托方应当遵守法律、法规、食品安全标准以及合同的约定，并将委托生产的食品品种、委托期限、委托方对受托方生产行为的监督等情况予以单独记录，留档备查。市场监督管理部门应当将上述委托生产情况作为监督检查的重点。

（5）食品销售环节监督检查要点应当包括食品销售者资质、一般规定执行、禁止性规定执行、经营场所环境卫生、经营过程控制、进货查验、食品贮存、食品召回、温度控制及记录、过期及其他不符合食品安全标准食品处置、标签和说明书、食品安全自查、从业人员管理、食品安全事故处置、进口食品销售、食用农产品销售、网络食品销售等情况。

（6）特殊食品生产环节监督检查要点，除应当包括上述（3）中规定的内容，还应当包括注册备案要求执行、生产质量管理体系运行、原辅料管理等情况。保健食品生产环节的监督检查要点还应当包括原料前处理等情况。

特殊食品销售环节监督检查要点，除应当包括上述（5）中规定的内容，还应当包括禁止混放要求落实、标签和说明书核对等情况。

（7）集中交易市场开办者、展销会举办者监督检查要点应当包括举办前报告、入场食品经营者的资质审查、食品安全管理责任明确、经营环境和条件检查等情况。

对温度、湿度有特殊要求的食品贮存业务的非食品生产经营者的监督检查要点应当包括备案、信息记录和追溯、食品安全要求落实等情况。

（8）餐饮服务环节监督检查要点应当包括餐饮服务提供者资质、从业人员健康管理、原料控制、加工制作过程、食品添加剂使用管理、场所和设备设施清洁维护、餐饮具清洗消毒、食品安全事故处置等情况。

餐饮服务环节的监督检查应当强化学校等集中用餐单位供餐的食品安全要求。

三、监督检查主要程序及要求

（一）编制年度监督检查计划

县级以上地方市场监督管理部门应当按照本级人民政府食品安全年度监督管理计划，综合考虑食品类别、企业规模、管理水平、食品安全状况、风险等级、信用档案记录等因素，编制年度监督检查计划。

县级以上地方市场监督管理部门按照国家市场监督管理总局的规定，根据风险管理的原则，结合食品生产经营者的食品类别、业态规模、风险控制能力、信用状况、监督检查等情况,将食品生产经营者的风险等级从低到高分为A级风险、B级风险、C级风险、D级风险四个等级。

(二)要求每两年进行一次覆盖全部检查要点的监督检查并避免重复检查

市场监督管理部门应当每两年对本行政区域内所有食品生产经营者至少进行一次覆盖全部检查要点的监督检查。对特殊食品生产者,风险等级为C级、D级的食品生产者,风险等级为D级的食品经营者以及中央厨房、集体用餐配送单位等高风险食品生产经营者实施重点监督检查,并可以根据实际情况增加日常监督检查频次。

市场监督管理部门可以根据工作需要,对通过食品安全抽样检验等发现问题线索的食品生产经营者实施飞行检查,对特殊食品、高风险大宗消费食品生产企业和大型食品经营企业等的质量管理体系运行情况实施体系检查。

(三)明确监督检查人员要求

市场监督管理部门组织实施监督检查应当由2名以上(含2名)监督检查人员参加。检查人员较多的,可以组成检查组。市场监督管理部门根据需要可以聘请相关领域专业技术人员参加监督检查。检查人员与检查对象之间存在直接利害关系或者其他可能影响检查公正情形的,应当回避。检查人员应当当场出示有效执法证件或者市场监督管理部门出具的检查任务书。

(四)细化明确监督检查措施

市场监督管理部门实施的合法、合规监督检查,被检查单位不得拒绝、阻挠、干涉。

食品生产经营者应当配合监督检查工作,按照市场监督管理部门的要求,开放食品生产经营场所,回答相关询问,提供相关合同、票据、账簿以及前次监督检查结果和整改情况等其他有关资料,协助生产经营现场检查和抽样检验,并为检查人员提供必要的工作条件。

(五)建立检查记录制度

检查人员应当按照本办法规定和检查要点要求开展监督检查,并对监督检查情况如实记录。除飞行检查外,实施监督检查应当覆盖检查要点所有检查项目。

市场监督管理部门实施监督检查,可以根据需要,依照食品安全抽样检验管理有关规定,对被检查单位生产经营的原料、半成品、成品等进行抽样检验。

市场监督管理部门实施监督检查时,可以依法对企业食品安全管理人员随机进行监督抽查考核并公布考核情况。抽查考核不合格的,应当督促企业限期整改,并及时安排补考。

（六）重视证据材料及合规性

检查人员在监督检查中应当对发现的问题进行记录，必要时可以拍摄现场情况，收集或者复印相关合同、票据、账簿以及其他有关资料；认为食品生产经营者涉嫌违法违规的相关证据可能灭失或者以后难以取得的，可以依法采取证据保全或者行政强制措施，并执行市场监管行政处罚程序相关规定。检查记录以及相关证据，可以作为行政处罚的依据。

食品生产经营者应当按照检查人员要求，在现场检查、询问、抽样检验等文书以及收集、复印的有关资料上签字或者盖章；拒绝在相关文书、资料上签字或者盖章的，检查人员应当注明原因，并可以邀请有关人员作为见证人签字、盖章，或者采取录音、录像等方式进行记录，作为监督执法的依据。

（七）明确监督检查结果判定及通报要求

检查人员应当综合监督检查情况进行判定，确定检查结果。

有发生食品安全事故潜在风险的，食品生产经营者应当立即停止生产经营活动。发现食品生产经营者不符合监督检查要点表重点项目，影响食品安全的，市场监督管理部门应当依法进行调查处理。发现食品生产经营者不符合监督检查要点表一般项目，但情节显著轻微不影响食品安全的，市场监督管理部门应当当场责令其整改。

检查人员应当将监督检查结果现场书面告知食品生产经营者。需要进行检验检测的，市场监督管理部门应当及时告知检验结论。上级市场监督管理部门组织的监督检查，还应当将监督检查结果抄送食品生产经营者所在地市场监督管理部门。

四、监督管理

（1）市场监督管理部门在监督检查中发现食品不符合食品安全法律、法规、规章和食品安全标准的，在依法调查处理的同时，应当及时督促食品生产经营者追查相关食品的来源和流向，查明原因、控制风险，并根据需要通报相关市场监督管理部门。

（2）监督检查中发现生产经营的食品、食品添加剂的标签、说明书存在《食品安全法》第一百二十五条第二款规定的瑕疵的，市场监督管理部门应当责令当事人改正。经食品生产者采取补救措施且能保证食品安全的食品、食品添加剂可以继续销售；销售时应当向消费者明示补救措施。

（3）市场监督管理部门在监督检查中发现违法案件线索，对不属于本部门职责或者超出管辖范围的，应当及时移送有权处理的部门；涉嫌犯罪的，应当依法移送公安机关。

（4）市场监督管理部门应当于检查结果信息形成后20个工作日内向社会公开。检查结果对消费者有重要影响的，食品生产经营者应当按照规定在食品生产经营场所醒目位置张贴或者公开展示监督检查结果记录表，并保持至下次监督检查。有条件的可以通过电子屏幕等信息化方式向消费者展示监督检查结果记录表。

（5）检查中发现存在食品安全隐患，食品生产经营者未及时采取有效措施的，市场监督管理部门可以对食品生产经营者的法定代表人或者主要责任人进行责任约谈。

（6）监督检查结果以及市场监督管理部门约谈食品生产经营者情况和食品生产经营者整改情况应当记入食品生产经营者食品安全信用档案。对存在严重违法失信行为的，按照规定实施联合惩戒。

（7）对同一食品生产经营者，上级市场监督管理部门已经开展监督检查的，下级市场监督管理部门原则上3个月内不再重复检查已检查的项目，但食品生产经营者涉嫌违法或者存在明显食品安全隐患等情形的除外。

上级市场监督管理部门发现下级市场监督管理部门的监督检查工作不符合法律法规和本办法规定要求的，应当根据需要督促其再次组织监督检查或者自行组织监督检查。

（8）县级以上市场监督管理部门应当加强专业化职业化检查员队伍建设，按照规定安排充足的经费，配备满足监督检查工作需要的采样、检验检测、拍摄等工具设备。

（9）检查人员（含聘用制检查人员和相关领域专业技术人员）在实施监督检查过程中，应当严格遵守有关法律法规、廉政纪律和工作要求，不得违反规定泄露监督检查相关情况（如飞行检查所涉及的信息）以及被检查单位的商业秘密、未披露信息或者保密商务信息。

（10）鼓励食品生产经营者选择有相关资质的食品安全第三方专业机构及其专业化、职业化的专业技术人员对自身的食品安全状况进行评价，评价结果可以作为市场监督管理部门监督检查的参考。

五、法律责任

（1）食品生产经营者未按照规定在显著位置张贴或者公开展示相关监督检查结果记录表，撕毁、涂改监督检查结果记录表，或者未保持日常监督检查结果记录表至下次日常监督检查的，由县级以上地方市场监督管理部门责令改正；拒不改正的，给予警告，可以并处5000元以上5万元以下罚款。

（2）食品生产经营者有拒绝、阻挠、干涉市场监督管理部门进行监督检查等明确不符合要求情形的，由县级以上市场监督管理部门依照《食品安全法》第一百三十三条第一款的规定进行处理。

（3）食品生产经营者拒绝、阻挠、干涉监督检查，违反治安管理处罚相关规定的，或以暴力、威胁等方法阻碍检查人员依法履行职责，涉嫌犯罪的，均由市场监督管理部门依法移交公安机关处理。

（4）发现食品生产经营者有《食品安全法实施条例》第六十七条第一款规定的情

形，属于情节严重的，市场监督管理部门应当依法从严处理。对情节严重的违法行为处以罚款时，应当依法从重从严。

食品生产经营者违反食品安全法律、法规、规章和食品安全标准的规定，属于初次违法且危害后果轻微并及时改正的，可以不予行政处罚。当事人有证据足以证明没有主观过错的，不予行政处罚。法律、行政法规另有规定的，从其规定。

（5）市场监督管理部门及其工作人员有违反法律、法规以及《食品生产经营监督检查管理办法》规定和有关纪律要求的，应当依据《食品安全法》和相关规定，对直接负责的主管人员和其他直接责任人员，给予相应的处分；涉嫌犯罪的，依法移交司法机关处理。

思维导图

食品生产经营监督检查
- 食品生产经营监督检查的依据
- 监督检查要点
- 监督检查主要程序及要求
  - 编制年度监督检查计划
  - 要求每两年进行一次覆盖全部检查要点的监督检查并避免重复检查
  - 明确监督检查人员要求
  - 细化明确监督检查措施
  - 建立检查记录制度
  - 重视证据材料及合规性
  - 明确监督检查结果判定及通报要求
- 监督管理
- 法律责任

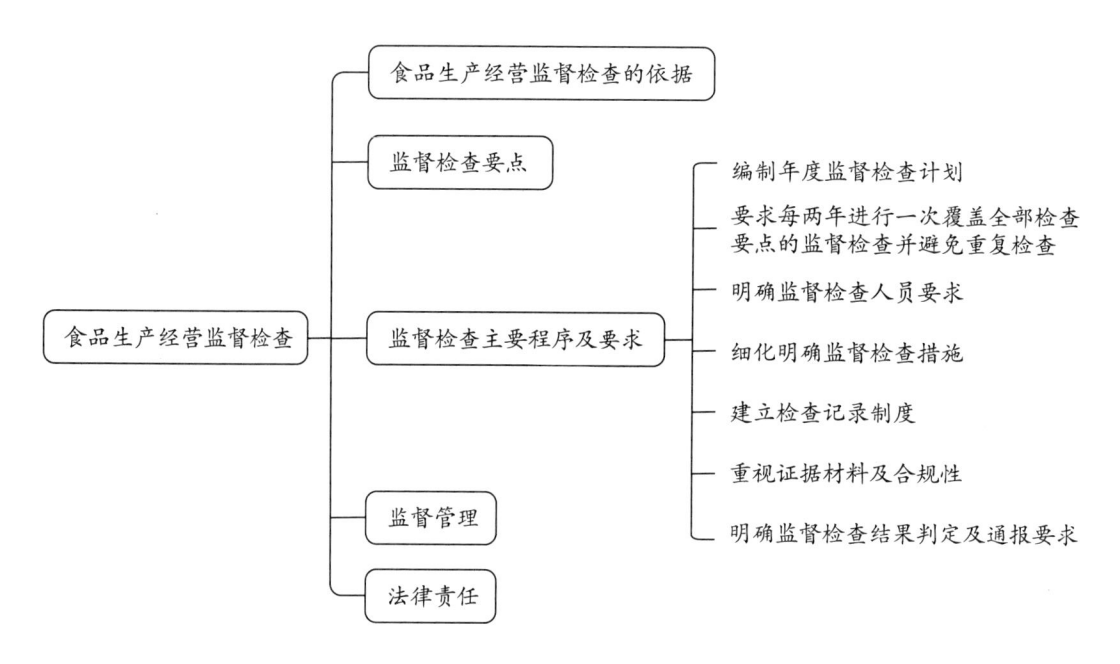

本章小结

本章首先介绍了与食品生产安全监管相关的生产许可和食品生产风险分级及管理，然后介绍了食品经营许可和备案以及日常监管，最后介绍了《食品生产经营监督检查管理办法》相关内容。拟通过本章内容的讲授和学习，主要帮助学生了解食品生产经营许可程序及主要内容，掌握食品生产经营许可风险分级及管理，理解《食品生产经营监督检查管理办法》的相关内容并能在实践中应用，为今后从事市场监管工作奠定基础。

思考题

1. 简述我国食品生产许可的基本体系。
2. 简述我国食品生产风险的分级及管理。
3. 简述我国食品经营许可的基本体系。
4. 简述我国食品经营重点监督检查内容。
5. 简述食品生产经营监督的主要程序。

素质拓展材料

通过案例材料"阿大"和"阿大葱油饼"问题的妥善解决，使学生明白该问题的解决，首先得益于互联网时代的广为关注，使其有了一个良好的解决氛围；其次得益于政府部门的温情，政府相关部门没有简单地说"不"；最后得益于饿了么的介入，使"阿大葱油饼"的经营窘境得以解除，使案情由情法碰撞、执法两难到情法相容、共谋出路，实现了共赢的局面。通过案例的学习，让学生体会到对小食店业态类型的监管，怎样更好地把握分寸，既依法办事，又善待从业者，这个问题需要我们认真思考。政府执法与民意表达良性互动，充分听取双方当事人以及利益相关人的意见，求取最大公约数；现代治理首先是要提供服务，在管与不管之间，选择一个监管部门适合的位置，提供服务，让求生存的违法者找到出路，进而树立"监管也不一定是冷漠的，要多带一点对老百姓的感情"的专业情怀。

"阿大葱油饼"的死与生：政府监管中法与情的博弈（节选）

第六章
不同类型食品及相关产品市场监管概述

> **本章学习目标**
>
> 1. 了解不同类型食品及相关产品监管的一般要求；
> 2. 掌握每类食品及相关产品的现状及特殊监管举措；
> 3. 理解不同食品及相关产品监管举措的依据；
> 4. 根据不同食品及相关产品的市场情况能提出有针对性的监管措施。

前面几章较为系统地介绍了食品安全、监管基本理论、监管体制和法律法规等，同时，还对食品在生产经营过程中的安全监管内容及方法进行了细述，具有一定的普遍指导意义。鉴于食品及相关产品类别较多，而且都有其各自的特点，除了应按照市场规律和食品共性进行市场监管，还应按照各自产品的特点探索出更加科学合理、有针对性的监管思路和措施。本章主要简要介绍几类不同食品及相关产品在实践中的有效监管方法举措。

第一节 食用农产品及餐饮服务市场安全监管

一、食用农产品市场安全监管

（一）食用农产品监管概述

食用农产品是食品或食品生产的起始端，其质量安全对食品安全至关重要，是食品安全的基础和保障。因此，加强食用农产品质量安全监管，是提高整个食品安全的关键措施之一，也是促进农业可持续发展及社会和谐稳定的重要措施。其监管的法律依据是《食品安全法》《农产品质量安全法》《食品生产经营监督管理办法》等。新修订的《农产品质量安全法》坚持全面体现最严谨的标准、最严格的监管、最严厉的处罚和最严肃的问责"四个最严"要求,从农产品产地、生产过程、销售流通过程、监管部门职责、协作机制等方面和《食品安全法》作密切衔接,进一步加强农产品全过程监管。

影响农产品质量安全的危害因素,主要包括农业种植业和养殖业过程中可能产生的危害、农产品保鲜包装储运过程中可能产生的危害、农产品自身的生长发育过程中产生的危害、农业生产中新技术应用带来的潜在危害等四个方面,对其实施有针对性的安全性控制与监管是关键。

(二)食用农产品安全监管历程

关于食用农产品监管,我国政府和农业行政主管部门及相关机构对此进行了大量探索和实践。20世纪90年代开始,先后开展了绿色食品认证、有机食品认证和农产品地理标志产品等农产品质量安全认证,并开始建立国家、省、市及县四级农产品检测检验技术机构。2001年4月,农业部在全国启动实施了"无公害食品行动计划",对提高食用农产品的安全性发挥了重要作用。2006年颁布实施了《农产品质量安全法》,使农产品生产及质量安全有法可依,在推动全国农业标准化示范区和农产品质量安全追溯体系建设等方面卓有成效。2022年9月2日,经第十三届全国人民代表大会常务委员会第三十六次会议修订后的《农产品质量安全法》发布,并于2023年1月1日起正式实施。新法中增加了生产经营的农产品达到农产品质量安全标准的内容和"储存、运输"农产品过程中的质量安全管理要求,严格实施"国家建立健全农产品质量安全标准体系",食品生产者采购农产品等食品原料要查验许可证和合格证明;建立健全农产品质量安全全程监督管理协作机制。

与此同时,也逐步建立了农业生产质量标准体系、农业标准化生产示范体系、农产品质量认证体系、执法监管体系和农产品质量安全监测体系等五大体系,在全面提升农产品质量安全水平方面发挥重要作用。

对于食用农产品的监管,除《农产品质量安全法》《食品安全法》《食用农产品市场销售质量安全监督管理办法》中相关内容外,农产品质量安全涉及的范围广,源头危害来源复杂多变,生产规模化程度和标准化生产普及度低,市场准入缺乏严格规范遵循,农产品质量安全标准体系难以满足执法监管的需要。因此,在实际监管中应依据不同食用农产品的生产特点,针对各个环节的危害来源提出相应的控制监管手段和措施。

(三)食用农产品安全监管举措

1. 全面推进食用农产品合格证制度

我国农产品生产经营主体数量庞大,主体责任意识淡薄,基层监管力量薄弱,食用农产品生产经营不规范等问题尚未得到根本解决。全面推进食用农产品合格证制度,实现与食用农产品市场准入制度相衔接,推动生产经营者采取一系列质量控制措施,确保其生产经营的农产品质量安全,并以食用农产品合格证的形式作出明确保证,落实生产经营主体责任。做到全面推行食用农产品合格证制度，杜绝无食用农产品合格证的食用农产品进入流通环节，这是确保食用农产品安全的基本要求。

2019年12月，农业农村部发布在全国试行食用农产品合格证制度，食用农产品生产企业、农民专业合作社、家庭农场列入试行范围，其农产品上市时要出具合格证，鼓励小农户参与试行。试行品类包括蔬菜、水果、畜禽、禽蛋、养殖水产品。

食用农产品合格证制度是农产品种植养殖生产者在自我管理、自控自检的基础上，自我承诺农产品安全合格上市的一种新型农产品质量安全治理制度。农产品种植养殖生产者在交易时主动出具合格证，实现农产品合格上市、带证销售。通过合格证制度，可以把生产主体管理、种养过程管控、农药兽药残留自检、产品带证上市、问题产品溯源等措施集合起来，强化生产者主体责任，提升农产品质量安全治理能力，更加有效地保障质量安全。

2.建立农业投入品标准体系及其生产者与使用者数据库

建立农业投入品标准体系是确保农业投入品质量安全的关键任务。在对种子种苗、肥料、农药、兽药、饲料及饲料添加剂、保鲜剂、植物生长添加剂、农膜、兽医器械、植保机械等农业投入品实行风险分析和原有标准完善修订的基础上，重新构建种子种苗标准体系、产地安全标准体系、饲料和饲料添加剂相关标准体系、肥料标准体系、农用药物标准体系、农用器械机械标准体系等六大标准体系，并对农业投入品生产企业实行生产许可证管理，建立农业投入品生产者与使用者数据库，使农业投入品的生产者和使用者实现网络查询，以保证农业投入品使用有据可查，遏制农业投入品滥用问题，确保食用农产品的安全性。

二、餐饮服务业食品安全市场监管

（一）餐饮服务业概况

中国的饮食以独特的工艺、精良的制作、诱人的美味、繁多的品种吸引着天下众多食客。餐饮业是食物链的最末端，是保证消费者健康的最后一道"关卡"。保证餐饮业食品安全对提升我国食品安全整体水平具有重要作用，因此餐饮业一直都被食品监管部门列为监督管理的重点内容。

餐饮业作为服务消费的典型代表，对推动消费稳定增长、拉动经济增长作出了积极贡献。从餐饮业现状和发展趋势来看，市场需求巨大，地区差异明显，餐饮业食品安全问题并不乐观，主要表现在以下几个方面：

（1）餐饮业与食品加工业、食品销售业相比，在加工制作方法、消费方式等方面有其自身特点。膳食种类较多，制作工艺复杂；原料多种多样，来源不易控制；餐饮单位规模千差万别，多数缺乏有效的自身管理，从业人员自身素质低、流动性大，难以管理，给餐饮服务业监管增加了难度。

（2）抽检合格率不是很高。高风险食品、餐饮具、生活饮用水样品、饮料、糕点、餐饮食品、肉制品等问题产品时有发生。

（3）餐饮行业发展速度很快，新业态层出不穷。随着市场竞争的加剧，消费升级和新型消费引领着餐饮产业不断升级，新业态的餐饮模式不断涌现，并且消费口味喜好不断改变也促使餐饮观念推陈出新。同时，中产消费、乡村振兴、"互联网+"带来行业发展新机遇，实现商业资产新布局，中端酒店、体验式酒店、品质餐饮、快餐连锁将是今后餐饮服务业的新增长点，如网络餐饮全面开花，大量颠覆传统餐饮服务销售模式的出现，也给餐饮市场监管提出了挑战，迫使餐饮市场监管与时俱进。

总之，餐饮消费人群广泛，消费市场巨大，且小餐饮数量更多，面对数量巨大的餐饮业市场，如何确保餐饮服务业食品安全成了监管部门面临的现实问题，对现有的餐饮食品安全监管体制机制也提出了挑战。

（二）餐饮服务业食品安全监管举措

1. 严格执行餐饮服务业监管相关法律法规

严格执行《餐饮服务食品安全操作规范》《餐饮服务食品安全监督检查操作指南》《食品经营许可和备案管理办法》《食品生产经营监督检查管理办法》等食品安全法律、法规、规章和规范性文件要求，规范餐饮服务提供者经营行为，履行食品安全主体责任，提升食品安全管理能力，保证餐饮食品安全。

2. 推行餐饮标准体系管理

在餐饮服务业大力推行标准体系管理，企业标准化管理手册要按照技术标准、管理标准和工作标准的要求，明确餐饮服务全过程质量安全责任，并作为企业产品加工及运营的行动指南。不同类型的餐饮服务企业可以建立适合本企业的标准化管理手册，这是提高企业食品安全自律管理的重要保障。

3. 推行强制快速检测，守好餐饮服务原辅料入口关

守好餐饮服务原辅料入口关是确保餐饮服务业安全的关键，应逐步实施强制性原辅料快速检测要求，对餐饮服务企业提出增加建立快速检测实验室的具体要求，并作为取得食品经营许可（餐饮服务）的条件之一。实施强制性快速检测的餐饮服务企业可以自行检测，也可以委托第三方进行快速检测，并保留检测结果的原始记录，杜绝不合格原辅料进入餐饮加工环节。

4. 大力推广餐饮服务典型先进经验

有关餐饮服务业监管已经有许多先进经验和做法值得进一步推广，如明厨亮灶、阳光餐饮、快餐连锁等。通过树立餐饮服务典型，可以带动餐饮服务业食品安全高水平发展，满足让人民群众吃得放心的目标要求。

2018年4月26日,国家市场监督管理总局印发的《餐饮服务明厨亮灶工作指导意见的通知》(国市监食监二〔2018〕32号)指出,"明厨亮灶"是指餐饮服务提供者采用透明、视频等方式,向社会公众展示餐饮服务相关过程的一种形式。鼓励餐饮服务提供者实施明厨亮灶。明厨亮灶是对餐饮服务企业安全管理和员工操作规程的一种实时在线监督管理方式,餐饮消费者可以直观地看到后厨员工的各种操作是否规范,环境及食品安全卫生是否合格,是否有一些不应该出现的物品。

阳光餐饮是指通过公开食品安全信息、展示食品生产加工过程、社会公众参与评价等方式,促进餐饮服务单位落实食品安全主体责任,各级政府落实属地责任,监管部门落实监管责任,持续提升餐饮服务业质量安全水平的一种监管方式。阳光餐饮监管覆盖范围主要包括餐饮服务经营者、中央厨房、集体用餐配送单位、单位食堂和网络订餐平台。阳光餐饮工程具体内容涵盖信息阳光、过程阳光、阳光评价、阳光管理和阳光监管等五个方面。

虽然肯德基、麦当劳等国际快餐连锁品牌企业相继进入中国,并有良好的发展;但由于中国消费者的饮食习惯和中餐不可抗拒的美味,未来中式快餐连锁必将在餐饮服务业中占主导地位。而国际快餐连锁品牌企业对我国餐饮服务业良好声誉和品牌效应的形成也起到了促进作用,成为我国餐饮服务快餐连锁的典型。

思维导图

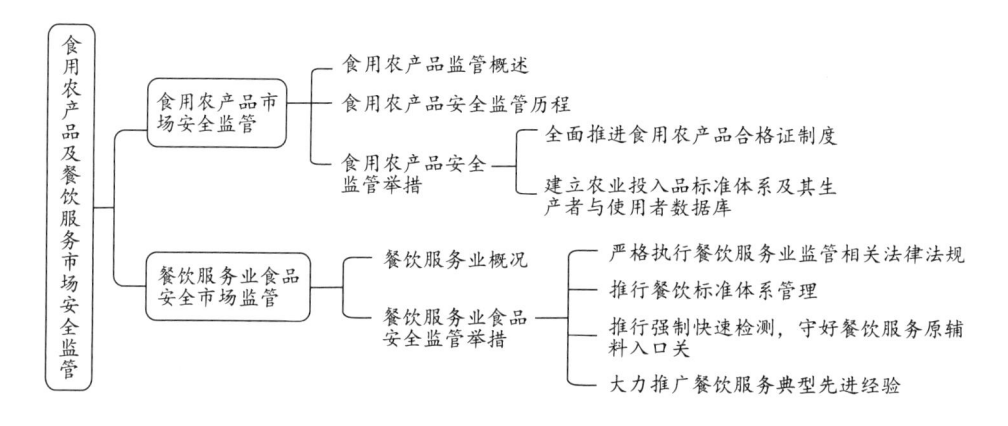

第二节 食品标签、包装及广告监管

一、食品标签监管

(一)食品标签概述

食品标签是指食品在包装上的图形、文字及其他一切说明物,主要由食品名称、配料表、净含量和规格、配料的含量、经销者和生产者的名称、日期标示和贮存条件等组成。其主要功能是向消费者传递该产品的基本信息，充分保障消费者的知情权；如果标签信息不完整、不准确、不真实，可能触犯消费者的权益。食品标签的所有内容，不得以错误的、引起误解的或欺骗性的方式描述或介绍食品，也不得以直接或间接暗示性的语言、图形、符号导致消费者将食品或食品的某一性质与另一产品混淆。

此外，根据规定，食品标签不得与包装容器分开；食品标签的一切内容，不得在流通环节中变得模糊甚至脱落；食品标签的所有内容，必须通俗易懂、准确、科学。所以通过制定合理的食品标签法律法规，采取严格的法制监管，从而严格规范食品标签的标识，帮助消费者购买食品时作出正确选择。

根据标签的用途可分为纸类标签、合成纸与塑胶标签和特种标签；根据材质的不同可分为铜版纸标签、PET 高级标签纸、PVC 高级标签纸和热敏纸；根据可食性标签的用材来源可分为淀粉类、蛋白类、多糖类、脂肪类和复合类，以及食用色素、大豆油墨。

（二）存在的主要问题

（1）食品标签定义模糊，企业标示内容不规范，随意增加不需要的标注内容，如《食品安全国家标准 预包装食品标签通则》（GB 7718—2011）和《食品安全国家标准 预包装食品营养标签通则》（GB 28050—2011）都是强制性食品安全国家标准，但存在食品生产经营主体责任没有完全落实和对食品标签定义不够严谨等问题。如食品标签定义允许有"文字、图形、符号"，如果这些文字、图形等具有推销商品作用的话，就属于传播媒介，甚至正好符合"广告"的内涵，那么食品标签上的"文字、图形、符号"既可能是标签，也可能是广告。这些问题在预包装食品中普遍存在，已经超出了上述两个通则必须强制标示要求的范围。

（2）食品标签标识虚假标注、夸大标注或夸大宣传，如含有药食同源中药材的食品不许宣称该食品有疾病预防及治疗功能；保健食品的标签、说明书主要内容也不得涉及疾病预防及治疗功能，并声明"本品不能代替药物"。但是部分食品企业为了增加食品销量，诱骗消费者，在食品标签标识中虚假标注、夸大标注或夸大宣传；有的食品企业恶意混同他人标签标识生产"山寨"食品或保健食品。

（3）食品标签标识强制性要求常见问题包括：名称不能反映产品真实属性、食品配量表成分填写顺序不符合规范、食品添加剂标注不规范、没有按照标准执行保质期规定标注、营养成分表相关数据标注不规范等。

食品标签除了上述主要问题，还有净含量（法定计量单位、净含量字体高度）规格不规范、在标签中单一标示使用繁体字（繁体字不属于规范汉字）、在标签中使用拼音、外文字体大于相应的中文字体、品质等级标识不符合标准要求等问题。如何有效解决食品标签存在的问题，遏制误导消费者问题的发生，是食品标签监管的重要任务。

(三)食品标签监管措施

1. 严格按照相关法律法规要求进行监管

严格按照《食品安全法》《食品安全国家标准 预包装食品标签通则》《食品安全国家标准 预包装食品营养标签通则》《进出口食品安全管理办法》(海关总署令第249号)等的相关要求进行监管。

2. 针对重点监管领域编制年度监管计划

食品标签监管是一项日常监管的重点工作。要针对消费者投诉或者社会反映强烈的领域开展食品标签的监管工作。重点监管婴幼儿配方乳粉、婴幼儿辅助食品、乳制品、酒类产品、肉制品等食品标签标准的执行情况,特别是针对食品标签中虚假宣传、夸大宣传和欺骗欺诈消费者问题,制定年度工作计划。按照不同类型预包装食品,实施分类摸底排查,实现全覆盖、不留死角。同时做好食品标签的科普宣传引导,提高消费者对食品标签虚假宣传、欺骗欺诈的辨识能力,树立正确健康科学的消费意识。

3. 结合食品企业实际采用电子监管码监管

结合食品企业实际,对预包装食品采用电子监管码监管,按照全面规划、分步实施、逐步推进的原则,分类分批对预包装食品实施电子监管码监管。首先在集团公司和大型食品企业实施,在取得经验后再进一步推广扩大实施范围,最终实现所有预包装食品电子监管码的全覆盖。通过预包装食品电子监管工作的推行,实现对预包装食品的质量安全追溯,对存在安全隐患的食品及时召回,切实保障公众的食品安全。

二、食品包装监管

(一)食品包装概述

食品包装与食品加工、储存、流通和消费等环节密切相连,是食品商品的组成部分,也是食品工业过程中的重要工程之一。食品包装的主要目的是保护食品,使食品在市场流通过程中,防止生物性、化学性、物理性等外来因素的损害,以保持食品质量与安全稳定,延长食品的货架期,满足食品消费者的需要。食品包装不仅代表着食品企业品牌形象,而且具有食品商品美学价值,同时还具有食品本身价值以外的价值。

食品包装随着食品工业的发展而发展,随着社会经济和人们追求的变化而变化,具有明显的时代特征和特色。食品包装材料、包装技术和方法的创新与发展,不断丰富了食品包装的形式和内涵,已经形成了相对独立的体系,食品包装材料及包装制品、食品包装技术与方法、食品包装机械与设备、食品包装设计、食品包装印刷工艺和食品包装安全与测试满足了食品工业发展和消费者的需要。

食品包装材料是指用于包装食品的一切材料,包括纸、塑料、金属、玻璃、陶瓷、木材、橡胶、涂料、各种复合材料以及由它们所制成的各种包装容器及辅助品。由于有些材料可能含有某些有害化学物质，会缓慢迁移到食品中去，对食品安全性造成一定的潜在影响。

食品包装净含量也是消费者十分关注的食品市场监管的范围之一。定量包装商品是指以销售为目的，在一定量限范围内具有统一的质量、体积、长度、面积、计数标注等标识内容的预包装商品。

随着我国人民经济收入的不断增加，生活水平不断提高，食品消费结构也不断升级，但部分食品生产企业环保意识淡漠，对过度包装的危害认识不足，导致食品过度包装不断加剧，甚至助长商业欺诈之风，诱发社会奢侈风气。

从生态环境保护来看，食品过度包装所引起的环境问题值得关注，如近几年食品网络外卖市场产品为城市居民生活提供了巨大的便利，但其所带来的资源浪费和环境污染问题不容小觑。现代食品包装材料繁多，包装类型花样百出，有的食品包装远远超越了保护食品延长货架寿命的需要，特别是月饼、茶叶、保健食品等的过度包装尤为严重。

为了减少食品包装对环境的影响，我国在商品包装特别是食品包装等方面先后出台了相关的法规和标准。《食品安全法》第二条规定，把用于食品的包装材料、容器、洗涤剂、消毒剂和用于食品生产经营的工具、设备的生产经营和安全管理纳入食品安全的监管之下，并对食品包装材料作为食品相关产品实行生产许可证管理制度；2022年10月8日，国家市场监督管理总局令第62号公布《食品相关产品质量安全监督管理暂行办法》，自2023年3月1日起施行，这些对推进食品绿色包装方面都发挥了重要作用。

（二）食品包装监管举措

就食品包装市场监管而言，主要包括食品包装材料的安全性监管、食品包装标示净含量的计量监管和过度包装三个方面。对食品包装市场监管，必须贯彻绿色发展理念，坚持"适度包装、节约资源、确保安全"的总原则，而建立企业、消费者和政府"三方"监管机制是根治过度包装最有效的途径。在食品包装市场监管上，要继续加大对食品包装材料和容器的安全性、定量包装产品的净含量计量管理监管。

针对目前月饼、茶叶、保健食品、酒、节日性食品等存在的严重过度包装，一是加强包装企业源头监管，要把源头监管纳入监管范围之中，要求食品生产企业和食品包装设计者及生产者都要增强自身的社会责任意识，对食品生产企业发现的过度包装不符合国家相关规定和标准的应给予相应的处罚，同时也要对为该食品生产企业提供设计包装和生产包装的企业，一并作出相应的处罚；二是加大终端消费宣传，加大对消费者关于过度包装的危害和国家法律法规以及相关标准的宣传，用违法违规的案例提高消费者对国家实施限制过度包装重大意义的认识，要教育食品包装终端消费者树立绿色包装消费观念，抵制购买过度包装的食品；三是加快修订相关法律及标准；四是加大科技投入力度，开发绿色安全食品包装材料。

三、食品广告监管

（一）广告概述

广告有广义和狭义之分，广义广告是指不以营利为目的的广告，通常指的是公益广告，如政府公告，政党、宗教、教育、文化、市政、社会团体等方面的启事、声明等。狭义广告是指以营利为目的的广告，通常指的是商业广告，或称经济广告，它是工商企业为推销商品或提供服务，以付费方式，通过广告媒体向消费者或用户传播商品或服务信息的手段。

《广告法》第二条规定，在中华人民共和国境内，商品经营者或者服务提供者通过一定媒介和形式直接或者间接地介绍自己所推销的商品或者服务的商业广告活动，适用本法。实质上该条就是对"广告"的定义，而且强调的是"商业广告活动"，也就是说我国《广告法》主要针对的是商业广告活动，而非商业活动的广告，即公益广告不受该法约束。

目前，我国网络广告已经成为继报纸杂志、广播电视之后的第三大广告媒体。网络广告既满足了不同消费者的心理特点，又可以达到最佳的宣传效果，取得了显著效益。网络自身的开放性与自由性、市场准入门槛较低、广告受众多、法律法规制定相对滞后、监督手段和技术与市场变化适应性待提高等，导致网络广告在发展过程中出现了诸多问题，不良广告、违法违规广告乘虚而入，对网络广告的有效监管难度增大。

（二）食品广告监管现状

对于食品广告而言，主要存在以下几个方面的问题：

（1）食品广告内容虚假，并声称具有预防疾病及治疗功能的某些保健食品广告宣传超出了相关主管部门批准的内容，含有利用患者名义和形象作证明，不科学地表示功效的断言和保证，严重欺骗和误导消费者。

（2）网络食品广告虚假，与实际标签和说明书内容不符。有的利用自媒体形式作违法食品广告；有的在互联网平台开设网页宣传销售产品。

（3）利用宣传册、音频视频和专家讲座，甚至假借新闻单位的名义等方式，作欺诈销售广告。制作的食品和保健食品宣传册、音频视频、专家讲座推销的广告内容与标签、说明书标示的内容不符，夸大食品和保健食品具有疾病预防、治疗功能。有的食品生产经营者擅自修改广告内容，与批准的广告内容不一致；有的假借新闻单位的名义，作欺诈宣传等。

（三）食品广告监管措施

1. 遏制虚假宣传广告，创建食品安全频道

要遏制虚假宣传广告，强化对食品广告的备案审查，严格约束与广告有关的传媒，是一个很重要的措施，但这些都是从市场主体监管的需要出发的，建议国家有关部门

在政府权威媒体平台设立食品安全宣传专题版块,占领宣传舆论阵地,与非法宣传广告作斗争。如宣传食品生产经营标准化管理、食品安全法律法规和政策解读、开展假冒伪劣食品鉴别大讲堂以及违法广告查处通报等。

2. 启动多方联动机制,打击广告违法事件

建议加强对《食品安全法》《广告法》等中广告相关法律法规的执行力度;构建国家食品安全委员会、市场监督管理总局、农业农村部、商务部、工业和信息化部、卫生健康委、国家广播电视总局、中央宣传部、国家新闻出版署、中央网信办、国家林业和草原局、地方政府、公安部等多方联动机制,从严从快,打击广告违法事件;建议增加对食品广告违法网络和电话举报渠道,发挥社会共治的作用。

思维导图

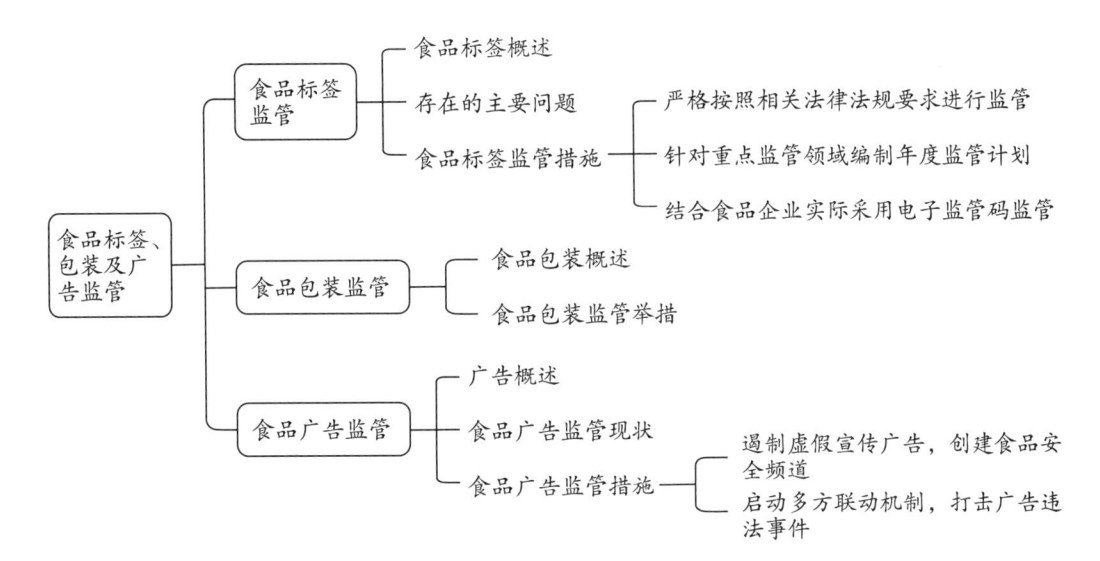

```
                    ┌─ 食品标签概述
         ┌─食品标签─┼─ 存在的主要问题
         │  监管    │                   ┌─ 严格按照相关法律法规要求进行监管
         │         └─ 食品标签监管措施 ─┼─ 针对重点监管领域编制年度监管计划
食品标签、│                              └─ 结合食品企业实际采用电子监管码监管
包装及广 ─┤
告监管    │         ┌─ 食品包装概述
         ├─食品包装─┤
         │  监管    └─ 食品包装监管举措
         │
         │         ┌─ 广告概述
         └─食品广告─┼─ 食品广告监管现状
            监管    │                    ┌─ 遏制虚假宣传广告,创建食品安全频道
                   └─ 食品广告监管措施 ─┤
                                        └─ 启动多方联动机制,打击广告违法事件
```

第三节 特殊食品市场安全监管

一、特殊食品安全监管

(一)特殊食品概述

《食品安全法》规定国家对保健食品、特殊医学用途配方食品和婴幼儿配方食品等特殊食品实行严格监督管理,并在其第四章食品生产经营第四节对特殊食品作了特别规定。特殊食品本质上属于食品范畴,因此特殊食品生产经营不仅要符合《食品安全法》对食品的一般规定,还要严格遵守对特殊食品的特别规定。

特殊食品的范围包括保健食品、特殊医学用途配方食品、婴幼儿配方食品和其他

专供特定人群的主辅食品。

1. 保健食品

保健食品是指声称并具有特定保健功能或者以补充维生素、矿物质为目的的食品。即适用于特定人群食用，具有调节机体功能，不以治疗疾病为目的，并且对人体不产生任何急性、亚急性或慢性危害的食品。首次进口的保健食品，是指非同一国家、同一企业、同一配方申请中国境内上市销售的保健食品。

2. 特殊医学用途配方食品

特殊医学用途配方食品是指为满足进食受限、消化吸收障碍、代谢紊乱或者特定疾病状态人群对营养素或者膳食的特殊需要，专门加工配制而成的配方食品，包括适用于0月龄至12月龄的特殊医学用途婴儿配方食品和适用于1岁以上人群的特殊医学用途配方食品。

3. 婴幼儿配方食品

婴幼儿配方食品包括乳基婴儿配方食品和豆基婴儿配方食品；0—12月龄为婴儿，6—12月龄为较大婴儿，12—36月龄为幼儿。

乳基婴儿配方食品是指以乳类及乳蛋白制品为主要原料，加入适量的维生素、矿物质和/或其他成分，仅用物理方法生产加工制成的液态或粉状产品。适用于正常婴儿食用，其能量和营养成分能够满足0—6月龄婴儿的正常营养需要。豆基婴儿配方食品是指以大豆及大豆蛋白制品为主要原料，加入适量的维生素、矿物质和/或其他成分，仅用物理方法生产加工制成的液态或粉状产品。适用于正常婴儿食用，其能量和营养成分能够满足0—6月龄婴儿的正常营养需要。

较大婴儿和幼儿配方食品是指以乳类及乳蛋白制品和/或大豆及大豆蛋白制品为主要原料，加入适量的维生素、矿物质和/或其他辅料，仅用物理方法生产加工制成的液态或粉状产品，适用于较大婴儿和幼儿食用，其营养成分能满足正常较大婴儿和幼儿的部分营养需要。

4. 婴幼儿配方乳粉产品配方

婴幼儿配方乳粉是指符合相关法律法规和食品安全国家标准要求，以乳类及乳蛋白制品为主要原料，加入适量的维生素、矿物质和/或其他成分，仅用物理方法生产加工制成的粉状产品，适用于正常婴幼儿食用。

婴幼儿配方乳粉产品配方是指生产婴幼儿配方乳粉使用的食品原料、食品添加剂及其使用量，以及产品中营养成分的含量。

（二）特殊食品管理依据

关于特殊食品的管理，《食品安全法》第七十四条作了规定，国家对保健食品、特殊医学用途配方食品和婴幼儿配方食品等特殊食品实行严格监管。第七十五条至第七十九条对保健食品的安全性、注册管理、标签和说明书标识、广告等方面作了规定。第八十条和第八十一条分别对特殊医学用途配方食品和婴幼儿配方食品的监管作了明确的规定。第八十三条从建立质量管理体系和自查制度的角度，要求对特殊食品实行严格管理，即生产保健食品、特殊医学用途配方食品、婴幼儿配方食品和其他专供特定人群的主辅食品的企业，应当按照良好生产规范的要求建立与所生产食品相适应的生产质量管理体系，定期对该体系的运行情况进行自查，保证其有效运行，并向所在地县级人民政府食品安全监管部门提交自查报告。

（三）特殊食品市场安全监管举措

特殊食品市场安全监管是食品安全监管领域的重点，已经引起政府和社会各界的高度关注，随着社会经济的发展，部分高收入或特定人群对特殊食品具有的特定需要不断增加，但特殊食品（尤其保健食品）的功能由于在不同个体之间的差异较大，不像药品主要针对某个病菌，且有临床验证结果作为证据，所以在功能表现上比药品要差一些。为了经济利益，虚假宣传和虚假广告，甚至造假、吹嘘成"神药"和欺诈行为发生的可能性就会增加，这就必然给市场监管带来隐患和风险。特殊食品具有不同于普通食品的风险特点和食用人群，因此，国家对相关产品或者配方都有不同于普通食品的管理要求，对特殊食品实施严格监督管理。

1. 许可制度

《食品安全法》除了对保健食品、特殊医学用途配方食品和婴幼儿配方食品等特殊食品设定许可制度、严格说明书和广告管理，还要求企业构建严格的生产质量管理体系。

2. 强制建立生产质量管理体系，定期自查并报告

《食品安全法》专门规定特殊食品的监管，并从建立质量管理体系和自查制度的角度，要求对特殊食品实行严格管理："生产保健食品、特殊医学用途配方食品、婴幼儿配方食品和其他专供特定人群的主辅食品的企业，应当按照良好生产规范的要求建立与所生产食品相适应的生产质量管理体系，定期对该体系的运行情况进行自查，保证其有效运行，并向所在地县级人民政府食品安全监督管理部门提交自查报告"，而对普通食品采取鼓励态度。特殊食品生产企业应当定期对其生产质量管理体系的运行情况进行自查，保证其有效运行，并向所在地县级人民政府市场监管部门提交自查报告。

3. 公布注册或者备案的特殊食品的目录，严格执行特殊食品注册等管理制度

《食品安全法》第八十二条第二款规定："省级以上人民政府食品安全监督管理部门应当及时公布注册或者备案的保健食品、特殊医学用途配方食品、婴幼儿配方乳粉目录，并对注册或者备案中获知的企业商业秘密予以保密。"

《食品安全法》第八十二条第三款规定："保健食品、特殊医学用途配方食品、婴幼儿配方乳粉生产企业应当按照注册或者备案的产品配方、生产工艺等技术要求组织生产。"监管部门应紧密跟踪正在修订的相关规范、办法，如市场监管总局正对《保健食品良好生产规范》《特殊医学用途配方食品注册管理办法》等开展修订工作；严格按照特殊食品管理法规、办法及配套规章执行，如《食品安全国家标准 特殊医学用途婴儿配方食品通则》（GB 25596—2010）、《食品安全国家标准 特殊医学用途配方食品通则》（GB 29922—2013）、《食品安全国家标准 特殊医学用途配方食品良好生产规范》（GB 29923—2013）等食品安全国家标准，《保健食品注册与备案管理办法》《特殊医学用途配方食品注册申请材料项目与要求（试行）》《特殊医学用途配方食品标签、说明书样稿要求（试行）》《特殊医学用途配方食品稳定性研究要求（试行）》和《特殊医学用途配方食品注册生产企业现场核查要点及判断原则（试行）》等。

4. 规定严格的法律责任

《食品安全法》第一百二十四条规定，生产经营未按规定注册的保健食品、特殊医学用途配方食品、婴幼儿配方乳粉，或者未按注册的产品配方、生产工艺等技术要求组织生产，尚不构成犯罪的，由县级人民政府食品安全监督管理部门没收违法所得和违法生产经营的食品、食品添加剂，并可以没收用于违法生产经营的工具、设备、原料等物品；违法生产经营的食品、食品添加剂货值金额不足1万元的，并处5万元以上10万元以下罚款；货值金额1万元以上的，并处货值金额10倍以上20倍以下罚款；情节严重的，吊销许可证。

《食品安全法》第一百二十六条规定，保健食品生产企业未按规定向食品安全监督管理部门备案，或者未按备案的产品配方、生产工艺等技术要求组织生产，婴幼儿配方食品生产企业未将食品原料、食品添加剂、产品配方、标签等向食品安全监督管理部门备案，由县级以上人民政府食品安全监督管理部门责令改正，给予警告；拒不改正的，处5000元以上5万元以下罚款；情节严重的，责令停产停业，直至吊销许可证。

5. 启用特殊食品注册专用章

2018年，国家市场监督管理总局发布《国家市场监督管理总局关于启用特殊食品注册专用章的通知》，自2019年3月1日起，启用"国家市场监督管理总局特殊食品注册专用章（1）"用于特殊食品行政许可受理相关工作，"国家市场监督管理总局特殊食品注册专用章（2）"用于特殊食品行政许可审批结果发放相关工作，"国家市场监督管理总局特殊食品注册检验抽样专用章"用于特殊食品检验抽样工作。

6. 实施产品宣传备案，推广合法宣传

按照《广告法》《商标法》和《反不正当竞争法》等法律法规的要求规定，由国家相关部门实施产品广告宣传审核制度，通过产品广告宣传审核的特殊食品，要在国家市场监督管理部门的监管下进行产品宣传的备案手续。特殊食品生产企业在相关新闻媒体和网络包括自身网络进行广告宣传时，要出具产品宣传的备案手续，并按照备案的要求开展相关产品广告宣传工作，对无备案手续的产品，新闻媒体和网络包括自身网络，不得随意进行产品广告宣传及相关的推广工作。

二、传统食品安全监管

（一）传统食品及市场监管问题概述

提起中国传统食品，自然会想到"中华老字号"。中华老字号（China Time-honored Brand）是指历史悠久，拥有世代传承的产品、技艺或服务，具有鲜明的中华民族传统文化背景和深厚的文化底蕴，取得社会广泛认同，形成良好信誉的品牌。在中华老字号中，有许多都是传统食品，如中国全聚德（集团）股份有限公司、天津狗不理集团有限公司、山西老陈醋集团有限公司等都是中国传统食品的代表和典范。

从中华老字号来看，中国传统食品有四个特色：一是传统食品具有独特原料和加工工艺；二是传统食品具有深厚文化底蕴；三是传统食品具有独特营养、风味和最佳的配方；四是传统食品具有民族特色和地方特色。但关于传统食品的概念及含义，目前还没有一个权威性的定义。相对于现代食品而言，传统食品一般可有两种界定形式：一是将手工食品即由餐饮业或者家庭烹饪手工操作的食品定义为传统食品，称为狭义的传统食品；二是将手工过渡到工厂生产，但把机械化水平相当低的工业食品也包括进去，称为广义的传统食品。有人把传统食品描述为"起源于当地的，本土传统农产品等为主要原料加工而成的，符合当地人饮食习惯，长期被当地人们日常食用或因庆祝节日等特殊目的而食用，具有丰富的加工经验、独特的地域特色和传统文化特质的食品"。目前关于传统食品的含义统一解释为：传统食品包括餐饮业和家庭烹饪手工制作的食品两个部分。

（二）传统食品发展存在的主要问题

（1）传统食品手工技艺要求高，缺乏参数化标准。传统食品工艺复杂，许多环节需要手工操作，但大多数还缺乏参数化标准。只有建立了传统食品原辅料、工艺、配方、分割、包装、销售等环节的生产安全卫生标准、质量标准、产品标准，才能确保传统食品优质、独特的风味和品质，才能使传统食品占领国内与国际两个市场，创造更高的经济效益。

（2）传统食品从业人员年龄大，设备机械化配套低。我国从事传统食品行业的技术人员年龄相对偏大，加之传统食品工业难以实现加工设备机械化，青年人投入传统食品行业的积极性不高，传统食品产业发展人力资源匮乏，严重影响产业的后继发展。

（3）传统食品连锁经营发展快，标准化管理水平低。近年来，我国传统食品餐饮业学习吸收借鉴"洋快餐"的经验，使中式传统食品快餐在逆境中也有了长足的发展，一大批中式传统食品快餐发展很快，满足了国人对中式快餐的需要。但有的餐饮连锁企业盲目扩张，强调规模和市场品牌效应，连锁店品质和安全难以保证，管理水平下滑等。从标准化管理来看，标准体系不完整，水平相对较低，特别是标准化加工设备和标准化管理等不能满足连锁经营行业发展需要，食品质量与安全水平有待进一步提升。

因此，这些问题都对传统食品监管提出了更高的要求，传统食品市场监管主要涉及餐饮业和传统手工食品加工生产两个方面，要确保传统食品的安全，市场监管任务依然严峻。

（三）传统食品市场安全监管举措

制定传统食品生产加工工艺和技术规程以及传统食品产品标准，为传统食品监管提供技术依据。首先要从传统食品产品质量标准的制定做起，其次建立相关技术标准，至少应该包括以下几项：制定传统食品原辅料控制标准，如生物污染（寄生虫、致病菌、霉菌、毒素等）、物理污染（各类杂质或者异物）、化学污染（农药残留、兽药残留、重金属等）等；对原料储存控制设定标准，如储存条件控制、生物污染、化学污染等；制定加工过程控制标准，如生产工艺标准、员工卫生、加工温度与加工时间、设备设施标准、检验检测控制标准等。

三、转基因食品安全监管

（一）转基因食品相关概念及分类

转基因技术（genetically modified technique，GMT）是指使用基因工程或分子生物学技术有针对性地将遗传物质导入活细胞或生物体中，使生物体表现出人们预期的生物学性状，以满足生产及生活的需要的相关技术。

转基因生物（genetically modified organisms，GMOs）是指通过转基因技术改变遗传物质而不是以自然增殖或自然重组的方式产生的生物，包括转基因植物、转基因动物和转基因微生物三大类。

转基因食品（genetically modified food，GMF）又称基因改性食品、基因改良食品、基因食品、基因修饰食品。转基因食品是指通过转基因技术将有利的基因转移到另外一种特定生物上去而得到转基因生物，目的主要是使其获得有利特性，如增强动植物的抗病虫害能力、提高营养成分等，由此可增加食品的种类、提高产量、改变营养成分的构成、延长货架期等。由此类生物制成的食品或食品添加剂就是转基因食品。

目前对转基因食品尚无明确分类，依据的标准不同分类也不同。根据转基因食品来源不同可分为：

（1）植物性转基因食品。即以含有转基因的植物为原料的转基因食品，这类食品比较多。例如，为了培育抗虫玉米，向玉米中转入一种来自苏云金杆菌（Bt）的基因，它仅能导致鳞翅目昆虫死亡，因为只有鳞翅目昆虫有这种基因编码的蛋白质的受体，而人类及其他动物、昆虫均没有这样的受体，所以培育出的玉米对人无毒害作用，但能抗虫。另外，Bt产生的蛋白即Bt蛋白，Bt蛋白在鳞翅目昆虫的幼虫的中肠强碱性环境下被水解为有毒多肽，有毒多肽与中肠上皮细胞上的蛋白受体结合，进而使中肠上皮细胞损伤破裂。而人和高等动物的胃液是强酸性的，Bt蛋白在胃液中被水解为氨基酸，而且人和高等动物的消化道上皮细胞中不含有毒多肽的受体。所以，培育出的Bt转基因玉米能杀死鳞翅目昆虫的幼虫，对人和高等动物是安全的。

（2）动物性转基因食品。即以含有转基因的动物为原料的转基因食品。例如，在牛体内转入某些具有特定功能的人的基因，就可以利用牛乳生产基因工程药物，用于人疾病的治疗。

（3）微生物转基因食品。即以含有转基因的微生物为原料的转基因食品。例如，生产奶酪的凝乳酶，以往只能从杀死的小牛的胃中才能取出，现在利用转基因微生物已能够使凝乳酶在体外大量产生，避免了小牛的无辜死亡，也降低了生产成本。

（4）转基因特殊食品。例如科学家利用生物遗传工程，将普通的蔬菜、水果、粮食等农作物，变成能预防疾病的神奇的"疫苗食品"，使人们在品尝鲜果美味的同时达到防病的目的。

根据食品中转基因的不同功能可分为：①增产型转基因食品；②控熟型转基因食品；③高营养型转基因食品；④保健型转基因食品；⑤新品种型转基因食品。

已批量化生产的转基因食品中，转基因植物及其衍生品占到90%以上，因此现阶段所提及的转基因食品实际上主要指转基因植物性食品。

（二）转基因食品的安全性问题

1983年首例转基因烟草诞生，1986年转基因植物进入田间试验，1993年延熟保鲜转基因番茄作为第一个转基因食品在美国上市。1996年首次商业化种植以来，全球种植面积由最初的2550万亩增加到28.6亿亩，全球累计种植转基因作物超过400亿亩，作物种类已由玉米、大豆、棉花、油菜等4种扩展到马铃薯、苜蓿、茄子、甘蔗、苹果等32种。全球已商业化应用转基因作物的国家和地区达71个。国际上已培育出以抗虫、抗病、抗除草剂的转基因棉花、大豆、玉米、油菜、马铃薯为重点的至少120种转基因植物，按照种植面积多少排序依次为大豆、玉米、棉花、油菜、马铃薯。2019年和2020年，我国农业农村部相继批准了7个转基因耐除草剂大豆和转基因抗虫耐除草剂玉米的安全证书。

转基因技术是一个新技术，人们对新技术有担忧有疑虑是正常的。为了充分保障转基因技术在发展应用中的安全性，也为了消除社会公众的担忧，国际组织和世界各国普遍要求对转基因产品进行安全评价。国际食品法典委员会、联合国粮农组织与世界卫生组织等制定了科学严谨的评价标准，是全球公认的评价规则。各国遵照这些评价标准，建立了全面系统的评价方法、程序和法规制度。

从科学角度看，转基因产品的安全性主要体现在吃了对人有没有不良影响以及大面积种植对生态环境有没有不良影响两方面。转基因产品上市前需要经过毒性、致敏性等食品安全评价，以及基因漂移、生存竞争能力、生物多样性等环境生态影响的安全性评价，确保通过安全评价、获得政府批准的转基因生物，除了增加人们希望得到的性状，例如抗虫、抗旱等，并不会增加过敏原和毒素等额外风险。

我国对转基因农产品的安全评价按五个阶段进行，在任何一个阶段发现任何一个对健康和环境不安全的问题，都将立即中止。以我国批准生产应用安全证书的转基因大豆"中黄6106"为例，其食用安全和环境安全进行了系统全面的评价，评价过程长达11年之久。

美国国家科学院、欧盟委员会、英国皇家学会等众多国际权威机构进行了长期跟踪评估，结果表明，上市流通的转基因产品与非转基因产品同等安全。

（三）转基因食品市场安全监管举措

转基因食品的安全性问题成为全世界聚焦的热点，各国政府都制定了各自对转基因生物的管理法规，负责对其安全性进行评价和监控。尽管他们在转基因食品监管上都本着保证人类健康、农业生产和环境安全的同时促进其发展的出发点，然而由于各国文化和对转基因食品理解的差异，管理模式不尽相同，主要分为两大集团：美国、加拿大、阿根廷及中国香港特区的宽松管理模式；其他国家和地区主要采取强制标识的管理办法。下面就我国大陆及港澳台等地区对转基因食品的监管、标签标识要求两方面内容进行简介。

中国大陆和台湾地区都强制要求标识转基因。中国香港执行自愿标识原则，中国澳门没有明确规定。

1. 中国大陆转基因食品监管

农业农村部负责转基因相关的监管，对转基因生物实行安全评价管理，批准后方可进行生产活动。从事转基因生物生产加工的，需要取得农业转基因生物加工许可证。销售、经营转基因食品，部分省份要求进行专区销售。

中国大陆批准了两类安全证书。一是批准了自主研发的抗虫棉、抗病毒番木瓜、抗虫水稻、高植酸酶玉米、改变花色矮牵牛、抗病甜椒、延熟抗病番茄等7种生产应用安全证书。目前商业化种植的只有转基因棉花和番木瓜；转基因水稻、玉米尚未通过品种审定，没有批准种植；转基因番茄、甜椒和矮牵牛安全证书已过有效期，实际也没有种植。二是批准了国外公司研发的大豆、玉米、油菜、棉花、甜菜等5种作物的进口安全证书。进口的农业转基因生物仅批准用作加工原料，不允许在国内种植。

中国大陆对转基因食品实行强制标识制度。只要食品含有或使用了转基因成分就按转基因食品监管，没有具体的含量界定要求。

实施标识管理的农业转基因生物目录，凡是列入标识管理目录并用于销售的农业转基因生物都必须进行标识。目前，仅发布第一批实施标识管理的农业转基因生物目录：第一类为大豆种子、大豆、大豆粉、大豆油、豆粕；第二类为玉米种子、玉米、玉米油、玉米粉（含税号为11022000、11031300、11042300的玉米粉）；第三类为油菜种子、油菜籽、油菜籽油、油菜籽粕；第四类为棉花种子；第五类为番茄种子、鲜番茄、番茄酱。尽管番茄在目录中，但我国现在没有转基因番茄产品。

根据《农业转基因生物标识管理办法》，转基因食品标识方法有以下三种：

（1）转基因动植物（含种子、种畜禽、水产苗种）和微生物，转基因动植物、微生物产品，含有转基因动植物、微生物或者其产品成分的种子、种畜禽、水产苗种、农药、兽药、肥料和添加剂等产品，直接标注"转基因××"。

（2）转基因农产品的直接加工品，标注为"转基因××加工品（制成品）"或者"加工原料为转基因××"。

（3）用农业转基因生物或用含有农业转基因生物成分的产品加工制成的产品，但最终销售的产品中已不再含有或检测不出转基因成分的产品，标注为"本产品为转基因××加工制成，但本产品中已不再含有转基因成分"或者标注为"本产品加工原料中有转基因××，但本产品中已不再含有转基因成分"。

凡是列入标识管理目录并用于销售的农业转基因生物，应当进行标识。不在农业转基因生物目录中的，不得进行"非转基因"宣传、标识。

对我国未批准进口用作加工原料、未批准在国内进行商业化种植、市场上并不存在该转基因作物及其加工品的，禁止使用非转基因标识及广告词。

2. 中国香港转基因食品监管

中国香港基于强制性标识会对业界产生成本压力、国际间对转基因标识问题未达成共识等原因，对预包装转基因食品执行自愿标识原则，标识阈限值为5%。

中国香港转基因食品标签标识的要求，依据《基因改造食物自愿标签指引》，食物中含有大于5%的基因改造配料时，须在配料表中相应配料后以「基因改造」形式标识；也可以注脚形式标注，并置于显眼位置，相应配料名称旁加「*」号。注脚的字体大小至少须与配料表的字体大小相同。

若基因改造食物与原品种存在显著差异，则建议在该种食物或食物配料的名称旁，提供附加资料以向消费者说明与原品种的分别。例如某产品含有高油酸的基因改造大豆，该成分标签应为"大豆（基因改造以含高油酸）"。

任何源自植物但含有动物基因的基因改造食物及其制品，建议在食物配料名称后，加上资料说明该种动物基因的来源。例如某基因改造食物××含有来自动物A的基因，标签标识为"配料表：××（基因改造，含有来自A的基因）"。

为避免误导消费者，若食物没有对应的基因改造品种存在（可在"基因改造食物资料库"中查询主要国家获批品种），则不建议使用"反面标签"，如不含基因改造生物、无基因改造成分等。若企业想要用"反面标签"表述食品中的所有配料都是非基因改造来源的（含有少于小于 5% 的基因改造成分），则需要提供相关证明材料。

3. 中国澳门转基因食品监管

中国澳门绝大部分食品以进口为主。在食品安全上，无论是本地食品还是进口食品，无论是预包装食品还是非预包装食品，都同样受到《食品安全法》《供应予消费者之熟食产品标签所应该遵守之条件》及食品安全标准等的制约。

中国澳门对食品标签的规定很少，没有专门针对转基因食品标签标识的监管要求。

4. 中国台湾地区转基因食品监管

中国台湾地区卫生福利部门负责转基因食品监管，据中国台湾地区《食品安全卫生管理法》，食品所含之基因改造食品原料未经主管机关健康风险评估审查，并查验登记发给许可文件，不得供作食品原料。目前中国台湾地区获得登记许可允许使用的基因改造食品原料有黄豆、玉米、棉花和甜菜 4 种。

在台湾地区销售的含基因改造食品原料的食品要进行转基因强制性标识，标识阈值为 3%（不适用于故意而为加入食品的情况）。凡使用转基因食品原料的食品，应在产品名称、原料名称或包装明显位置以字体颜色加深等醒目形式明确标示"基因改造"或"含基因改造"字样；若加工中使用转基因成分但终产品已经不含的，可标识为"本产品为基因改造××加工制成，但已不含基因改造成分""本产品加工原料中有基因改造××，但已不含有基因改造成分"或"本产品不含基因改造成分，但为基因改造××加工制成"等。标识汉字长度及宽度不得小于 2 毫米；散装食品以标签形式标识的，汉字长度及宽度不得小于 2 毫米，以"标识牌""卡片"等形式标注的不得小于 2 厘米。

中国台湾地区没有明确禁止或允许规定在"非基因改造"食品上使用"非基因改造"的标识、声称。

四、新食品原料安全监管

随着食品工业的发展，人们充分利用和开发自然资源，新食品原料的开发成为食品原料的发展趋势。新食品原料必须在保障食品安全的基础上才可以投入生产。新食品原料的开发和管理非常复杂，目前有中药材热衷申请开发为新食品原料的现象，对此我们既不能一概拒绝，也不能放任不管，在确保新食品原料安全的基础上，保障消费者食品安全，同时兼顾资源的可持续利用。

（一）新食品原料概念演进

随着 2013 年 10 月 1 日我国《新食品原料安全性审查管理办法》的生效（2017 年修改），在我国实行了近 30 年的新资源食品制度发展为新食品原料制度，新资源食品概念被新食品原料代替。新食品原料在范围上涵盖了过去新资源食品的内容。《新食品原料安全性审查管理办法》指出新食品原料是指在我国无传统食用习惯的以下物品：

①动物、植物和微生物；②从动物、植物和微生物中分离的成分；③原有结构发生改变的食品成分；④其他新研制的食品原料，但不包括转基因食品、保健食品、食品添加剂新品种。新食品原料应当具有食品原料的特性，符合应当有的营养要求，且无毒、无害，对人体健康不造成任何急性、亚急性、慢性或者其他潜在性危害。《新食品原料安全性审查管理办法》明确指出，其内容所称的新食品原料不包括转基因食品。该定义删除了2007年《新资源食品管理办法》中"加工过程中使用的微生物新品种"，因无此类产品申报，也因存在合成等新科技产品，因此新办法增加了"其他新研制的食品原料"。

（二）我国新食品原料管理制度

我国的新食品原料管理制度大致经历了《食品卫生法（试行）》时期的《新资源食品卫生管理办法》、《食品卫生法》时期的《新资源食品卫生管理办法》和《新资源食品管理办法》以及《食品安全法》时期的新食品原料相关规定等三个主要阶段。

1983年，我国颁布了《食品卫生法（试行）》，其中第二十二条规定，利用新资源生产的食品必须经卫生部门审批，由此初步确定了新资源食品的基本管理制度。1987年，为配合《食品卫生法（试行）》的实施，原卫生部发布了《新资源食品卫生管理办法》，对新资源食品审批工作程序作出了具体要求。1990年，原卫生部修订了《新资源食品卫生管理办法》，同时制定了《新资源食品审批工作程序》。1995年，《食品卫生法》正式实施，其中第二十条规定，利用新资源生产食品在生产前须按规定的程序报请审批。2007年，原卫生部发布实施的《新资源食品管理办法》对新资源食品的定义、安全性评价、申请与审批等进行了规定，同时制定了配套的《新资源食品安全性评价规程》和《新资源食品卫生行政许可申报与受理规定》，将《行政许可法》有关要求融入其中。2009年，我国颁布实施了《食品安全法》，其中第四十四条提出利用新的食品原料生产食品应向原卫生部提出申请，经安全性评估符合食品安全要求的方可予以批准。2013年，原国家卫生和计划生育委员会发布实施了《新食品原料申报与受理规定》和《新食品原料安全性审查规程》，重新定义了新食品原料，并修改了审查程序、安全性评价要求。修订版《食品安全法》在第三十七条保留了新食品原料管理的相关规定。

随着新食品原料种类和数量的增加，相关管理部门也需要不断协调新食品原料与其他管理方式之间的关系，以避免出现管理上的交叉和矛盾。自新的《食品安全法》和《新食品原料安全性审查管理办法》发布实施以来，我国在管理上逐步明确了普通食品、新食品原料、保健食品、既是食品又是中药材的物品、进口尚无食品安全国家标准的食品的管理方式，对于食品添加剂、酶制剂、香料、提取溶剂等也有相应的管理方式。

（三）我国新食品原料监管对策

随着我国食品工业的发展，新的生产工艺、加工方式的不断出现，具有区域性食用习惯的动植物资源也逐渐成为开发和研究的热点,因而新食品原料的类型和种类也变得愈发复杂。面对新食品原料管理中的新问题,首先应当建立完善、具体的新食品原料定义,明确其范围和类别。我国应根据已有的新食品原料申请情况,结合食品工业、食品资源开发现状,以及食品生产、加工的新技术和新趋势,进一步修改完善新食品原料的定义、范围和分类。同时参考国际先进经验,细化新食品原料界定的各项指标和要求,建立可操作的判定标准。

在新食品原料监管方面,应按照中央"放管服"改革精神,积极推进新食品原料管理改革,逐步推进标准化管理工作。对于不同种类的新食品原料,应根据其来源、食用量、食用方式、食用人群等信息,在公告中明确该新食品原料应当执行的污染物、真菌毒素、致病菌等安全指标限量的具体要求,以及相应食品安全通用标准中所属的具体食品类别,为市场监督执法提供明确和具体的依据。此外,还应完善整个食品及食品原料管理体系的完整性和清晰性,理清各个管理模式之间的关系,及时调整现行法律、法规和标准的相关规定以适应新形势的要求,最大限度保障食品安全,推动食品工业的创新和发展。

思维导图

```
特殊食品市场安全监管
├── 特殊食品安全监管
│   ├── 特殊食品概述
│   │   ├── 保健食品
│   │   ├── 特殊医学用途配方食品
│   │   ├── 婴幼儿配方食品
│   │   └── 婴幼儿配方乳粉产品配方
│   ├── 特殊食品管理依据
│   └── 特殊食品市场安全监管举措
│       ├── 许可制度
│       ├── 强制建立生产质量管理体系,定期自查并报告
│       ├── 公布注册或者备案的特殊食品的目录,严格执行特殊食品注册等管理制度
│       ├── 规定严格的法律责任
│       ├── 启用特殊食品注册专用章
│       └── 实施产品宣传备案,推广合法宣传
├── 传统食品安全监管
│   ├── 传统食品及市场监管问题概述
│   ├── 传统食品发展存在的主要问题
│   └── 传统食品市场安全监管举措
├── 转基因食品安全监管
│   ├── 转基因食品相关概念及分类
│   ├── 转基因食品的安全性问题
│   └── 转基因食品市场安全监管举措
│       ├── 中国大陆转基因食品监管
│       ├── 中国香港转基因食品监管
│       ├── 中国澳门转基因食品监管
│       └── 中国台湾地区转基因食品监管
└── 新食品原料安全监管
    ├── 新食品原料概念演进
    ├── 我国新食品原料管理制度
    └── 我国新食品原料监管对策
```

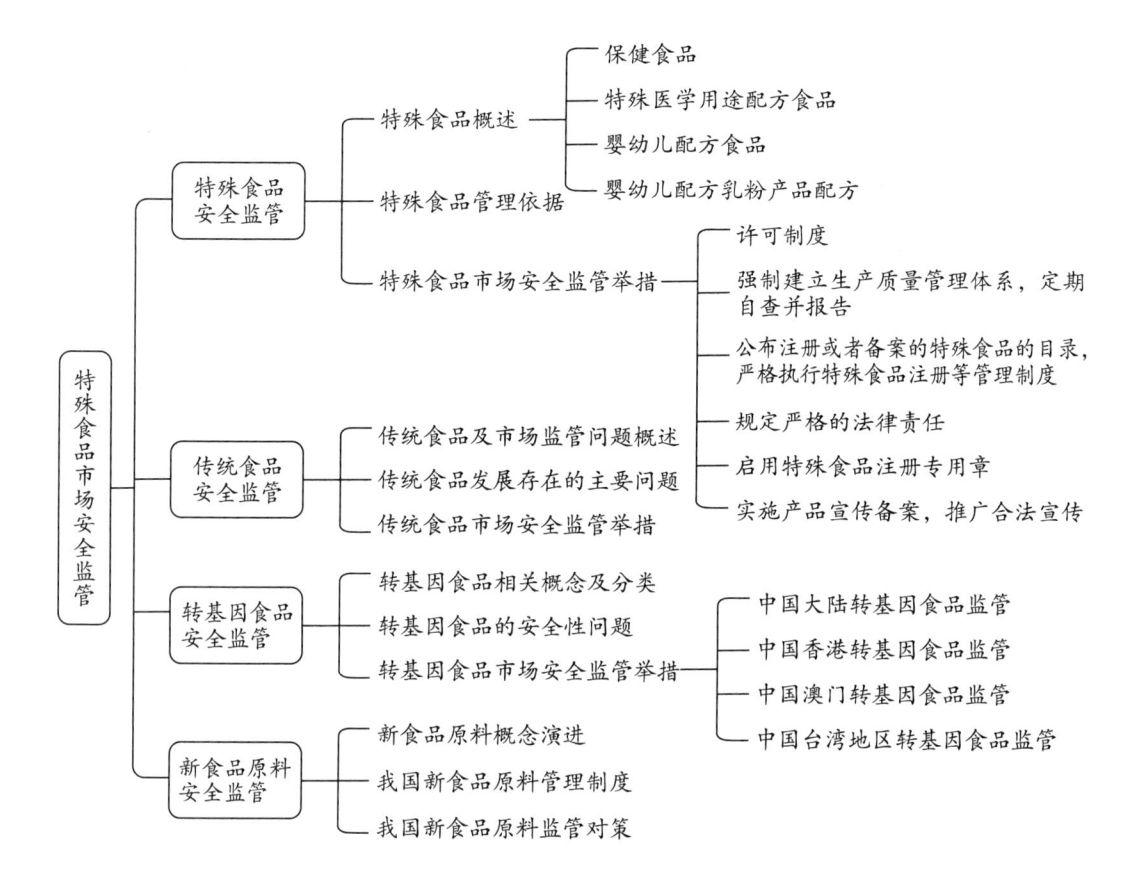

本章小结

本章主要介绍了食用农产品、餐饮服务业,食品标签、广告及包装,特殊食品、传统食品、新食品原料等市场现状和监管相关法规、规章、文件等,并针对各类食品市场的特定情况提出了有针对性的监管举措。拟通过本章内容的讲授和学习,主要帮助学生了解不同类型食品及相关产品监管的一般要求,掌握不同类型食品及相关产品的市场存在现状及特殊监管举措,理解不同类型食品及相关产品特殊监管举措的依据,并能根据不同类型食品及相关产品的市场情况提出有针对性的监管措施,培养其具体问题具体分析的综合能力。

思考题

1. 简述我国食用农产品监管的特点。
2. 简述我国餐饮服务业的特点。
3. 简述一般食品标签的内容。
4. 简述食品包装材料的定义。
5. 简述食品广告监管的特点。
6. 简述中国转基因食品安全市场监管的主要内容。

素质拓展材料

通过该材料内容的学习,可以帮助学生了解食品安全监管的复杂多变性,培养学生走上工作岗位后要尊重事实、善于学习的态度,增强解决复杂多变问题的能力,加深对食品安全市场监管的理解和领悟。

几个常见的事关食品生产安全监管方面的典型问题及答复

第七章
我国食品安全监管的抽检监测

> **本章学习目标**
>
> 1. 了解食品安全抽样检验管理办法；
> 2. 掌握我国食品安全抽检监测工作流程；
> 3. 掌握我国食品安全抽检不合格产品的核查处置方法；
> 4. 理解食品安全抽检监测在实践中的意义。

第一节 食品安全抽检监测概述

食品安全抽检监测是《食品安全法》确定的一项基本制度，包括食品安全监督抽检、风险监测和评价性抽检。食品安全抽样检验是对食品是否符合规定要求的一种技术性查验，也是市场监督管理部门发现食品安全风险、排查食品安全隐患的重要措施，是科学、客观评估食品安全总体状况的重要手段；对企业来说，也是硬约束，能够有效遏制企业的违法违规行为，促使企业自觉加强质量安全管理、落实主体责任，夯实食品安全基础。

抽检制度可长期用于政府的常规性检查，如在生产、流通、餐饮的现场，就环境因素和终产品进行抽检；也可用于非常规监管，如案件稽查、专项整治、事故调查和应急处置等。同时鉴于风险管理中"预防胜于治疗"的前瞻性理念，风险监测制度的引入也借助抽检来开展工作。

抽检的意义在于：一是确认食品生产经营者自我控制和官方检查的实效，即终产品确实在公私合作规制下符合食品安全标准的要求。否则，应当对违法行为进行处罚，包括行刑衔接的配合。二是通过抽检也可以发现风险隐患和安全问题，进而及时告知相关的部门，通过核查，以防止危害扩大，并终止及惩戒违规行为。三是将抽检的结果告知消费者，也可以保障消费者的知情选择，并通过他们"用脚投票"的力量倒逼企业的合规行为。

一、食品安全抽检监测的基本类型

从时间的确定与否，可以将市场监管部门对食品进行抽样检验的方式分为定期和不定期两种。定期抽样检验主要是指市场监管部门根据监管工作的需要，作出明确规定和安排，在确定的时间对食品进行抽样检验，比如按每年度、季度、月度开展一次抽样检验。不定期抽样检验主要是针对特定时期的食品安全形势，消费者和有关部门、行业协会等反映的情况，或者因其他原因需要在定期抽样检验的基础上，不定期地对某一类食品、某一生产经营者的食品，或者某一区域的食品进行抽样检验。不定期抽样检验具有一定的灵活性，有利于迅速检查发现问题，及时排除食品安全隐患。各级市场监管部门可以根据工作需要不定期开展食品安全抽样检验工作，作为年度计划的补充，提升食品安全抽样检验的针对性和有效性。

从抽检目的上划分，食品安全抽检监测包括监督抽检、风险监测和评价性抽检三种类型：

一是监督抽检，指市场监管部门按照法定程序和食品安全标准等规定，以排查风险为目的，对食品组织的抽样、检验、复检、处理等活动。市场监管总局统一规划、管理全国食品安全监督抽检工作，汇总分析全国监督抽检情况。

二是风险监测，指市场监管部门对没有食品安全标准的风险因素开展监测、分析、处理的活动。风险监测区别于监督抽检，主要体现在：一是抽样程序方面，监督抽检必须按照法定程序进行，而风险监测可以不受抽样数量、抽样地点、被抽样单位是否具备合法资质等的限制；二是检验判定标准方面，监督抽检必须依据食品安全标准等规定开展，而风险监测则是对没有食品安全标准的风险因素开展监测、分析、处理的活动；三是结果应用方面，监督抽检结果判定为不合格的，可作为执法机关对相对人作出行政强制、行政处罚的直接依据，而风险监测检验结果需要进行风险研判，不得直接作为执法机关对行政相对人作出行政强制、行政处罚的依据。

三是评价性抽检，指依据法定程序和食品安全标准等规定开展抽样检验，对市场上食品安全总体状况进行评估的活动。

二、食品安全抽检监测的工作分工

市场监管总局负责组织开展全国性食品安全抽样检验工作，主要包括：制定食品安全抽检监测的规章制度和技术规范；拟定全国食品安全监督抽检计划并组织实施；主动公布总局本级监督抽检（总局本级抽检监测是指总局组织承检机构开展的食品抽检监测工作）结果信息；组织开展食品安全评价性抽检、风险预警和风险交流；督促指导不合格食品核查、处置、召回；参与制定食品安全标准、食品安全风险监测计划；

监督指导地方市场监管部门组织实施食品安全抽样检验工作等。

省、市、县级市场监管部门负责组织开展本级食品安全抽样检验工作，主要包括：拟定本级食品安全抽检监测计划；组织本级食品安全抽样检验、核查处置、抽检结果信息公布；按照规定实施上级市场监管部门组织的食品安全抽样检验工作，如中央转移支付的食品安全抽检监测任务，由省级市场监管部门负责组织实施。

三、食品安全抽检监测的工作流程

（一）承检机构的确定

组织抽检监测工作的市场监管部门，按照政府采购的相关规定，采取公开招标、单一来源采购等方式，确定承担食品安全抽样检验任务的检验机构。承检机构确定后，市场监管部门与已确定的承检机构签订委托协议，明确双方的权利义务。

（二）抽检监测工作流程

各级市场监管部门根据工作需要或者结合上一级市场监管部门要求，研究制定本级食品安全抽检监测计划。承检机构及相关抽样部门依据计划开展抽检监测工作。国家、省、市、县四级抽检监测全过程相关数据均在国家食品安全抽样检验信息系统中进行填报、流转，基本实现智慧抽检、智能分析。抽检监测工作流程包括制定计划、抽样、检验、数据填报、复检异议、核查处置、相关信息公布、统计分析等内容。

1. 制定计划

食品安全抽样检验工作计划是执行食品安全抽样检验任务的行动指南。市场监管总局负责统一制定食品安全抽样检验工作计划，指导各级市场监管部门细化工作方案并有序组织实施。市场监管总局确立了"统一制定计划、统一组织实施、统一数据报送、统一结果利用"的总体思路，制定了科学、统一的全国性食品安全抽样检验年度计划，国家、省、市、县四级合理分工，避免重复抽样检验。

食品安全抽样检验工作计划主要包括：抽样检验的食品品种；抽样环节、抽样方法、抽样数量等抽样工作要求；检验项目、检验方法、判定依据等检验工作要求；检验结果的汇总分析及报送方式和时限；法律、法规、规章规定的其他要求。

2. 抽样

抽样主要分为自行抽样和委托抽样两种方式。抽样工作是食品安全抽样检验工作的基础，也是食品安全抽样检验的开端，其规范性、代表性和公正性关系着后续检验工作的开展以及信息公布、核查处置的顺利进行，直接影响抽检监测工作质量。各级市场监管部门根据工作量、人员配置等因素，按照"随机选取抽样对象、随机确定抽样人员"的要求，组织开展抽样工作，保证抽样的公正公开和所抽样的代表性。

随机选取抽样对象,是指抽样人员应当从食品经营者的经营场所、仓库以及食品生产者的成品库待销产品中随机抽取有代表性的样品。随机确定抽样人员,是指应在抽样团队中随机组队,不固定人员搭配。食品安全监督抽检样品至少有 2 名抽样人员同时现场抽取,不得由被抽样单位自行提供样品。

市场监管部门开展网络食品安全抽样检验工作时,抽样人员不得事先通知网络食品交易第三方平台及入网食品生产经营者,抽样人员可以消费者身份购买样品。

3. 检验与结果报送

检验与结果报送是食品安全抽样检验工作的核心环节之一。检验是食品安全抽检数据的来源,是判定食品是否合格、是否有风险的重要依据;结果报送是否及时、准确,决定了后续工作的时效性与合法性。该工作共由四个部分组成:

一是样品接收。承检机构对样品予以接收是样品从抽样环节进入检验环节的起始,也是相关法律责任的交接,样品本身是否符合有关要求可能对检验结论产生影响。承检机构在接收样品时应当审慎细致,采取查验样品、核对信息、加贴标识、入库存放等措施,做好样品接收工作。

二是检验标准和方法。食品安全监督抽检优先使用食品安全标准中的方法,若无食品安全标准,则可采用依照法律法规制定的临时限量值、临时检验方法或者补充检验方法。风险监测、案件稽查、事故调查、应急处置中的抽样,不受抽样数量、抽样地点、被抽样单位是否具备合法资质等的限制。

三是检验人员。食品安全抽样检验实行承检机构与检验人负责制。食品检验由检验机构指定的检验人独立进行,检验人应当依照有关法律法规规定,根据食品安全标准和检验规范对食品进行检验,保证出具的检验数据和结论客观、公正,不得出具虚假检验报告。

四是检验结果报送。食品安全监督抽检的检验结论为不合格的,承检机构应当在检验结论作出后 2 个工作日内报告组织或者委托实施抽样检验的市场监管部门。不合格检验结论可通过国家食品安全抽样检验信息系统,分别报送给相关部门。超期报送会导致执法依据瑕疵,对后续复检异议、核查处置、信息公布等工作造成影响。

4. 复检异议

食品生产经营者对食品安全监督抽检检验结论有异议的,可以自收到检验结论之日起 7 个工作日内,向实施监督抽检的市场监管部门或者其上一级市场监管部门提出书面复检申请。向市场监管总局提出复检申请的,市场监管总局可以委托复检申请人住所地省级市场监管部门负责办理。微生物超标的、备样超过保质期的、逾期申请的等情况不予复检。市场监管部门应当自出具受理通知书之日起 5 个工作日内,在公布的复检机构名录中,遵循便捷高效原则,随机确定不同于初检机构的复检机构进行复检。复检结果为最终结论。

食品生产经营者可以对其生产经营食品的抽样过程、样品真实性、检验方法、标准适用等事项依法在规定时限内提出异议处理申请，并提交相关证明材料。市场监管部门对抽样过程异议自受理之日起 20 个工作日内完成审核，对样品真实性、检验方法、标准适用等异议自受理之日起 30 个工作日内完成审核。需商请有关部门明确检验以及判定依据相关要求的，所需时间不计算在内。

5. 监督抽检结果信息公布

监督抽检结果信息公布是食品安全抽样检验工作链条的关键一环，是由市场监管部门依法依规施行的行政执法权力和职责。监督抽检结果公布的内容包括监督抽检产品合格信息和不合格信息，具体包括被抽检食品名称、规格、商标、生产日期批号、标称生产企业信息，不合格项目及检验结果等。

监督抽检结果信息按照"谁抽检、谁公布"的惯例，一般是由组织开展监督抽检的市场监管部门进行公布。根据工作需要，上级市场监管部门可以授权下级市场监管部门公布属于上级的监督抽检结果信息。

四、抽检不合格产品核查处置

《食品安全法》规定，食品生产经营者对其生产经营食品的安全负责，是食品安全的第一责任人，在发现生产经营的食品不合格后应采取措施及时控制不合格食品，防止不合格食品扩散带来的风险。

（一）控制食品安全风险

控制风险是指责任主体采取各种措施和方法，消灭或减少风险事件发生的各种可能性，或者减少风险事件发生时造成的损失。主要包括两方面内容：一是尽可能消除不合格食品给消费者带来的损失；二是采取降低乃至消除风险的措施，尽可能消除产生风险的危险源。

食品安全监督抽检结论为不合格，表明食品可能存在安全风险。在复检和异议未改变初检结论前，初检结论合法有效。基于保障公众食品安全的目的，复检和异议期间，食品生产经营者应当继续履行上述义务。

食品生产经营者收到监督抽检不合格检验结论后应当第一时间采取措施，控制不合格食品。食品生产经营者应立即采取封存不合格食品，暂停生产、经营不合格食品，通知相关生产经营者和消费者，召回已上市销售的不合格食品等风险控制措施。

（二）查清问题原因

查清问题原因、消除安全隐患是控制风险的重要内容。对于监督抽检不合格的排查整改应着重从以下几方面入手：

一是原辅料质量控制，很多食品不合格的原因是使用了不合格的原辅料，如原料中重金属或农兽药残留超标，导致最终产品不符合食品安全标准或国家有关规定。

二是食品生产过程控制，特别是关键控制点控制，如有的企业加工环境较差，人员食品安全意识淡薄，卫生管理不规范；有的企业人员培训不够，工艺流程控制不严格；有的企业找不准关键控制点，"眉毛胡子一把抓"，过程控制出问题。

三是食品添加剂使用，有的企业对食品安全标准理解不到位，存在超量或超范围使用食品添加剂的现象。

（三）进行调查处置

1. 调查处置分工

市场监管部门收到监督抽检不合格检验结论后，应当及时启动核查处置工作，督促食品生产经营者履行法定义务，依法开展调查处理。

市场监管部门在国家利益、公共利益需要时或者为处置重大食品安全突发事件，经省级以上市场监管部门同意，可以由省级以上市场监管部门组织调查分析或者再次抽样检验，查清不合格原因。市场监管总局本级组织开展的监督抽检中发现的不合格产品的核查处置工作由属地市场监管部门负责开展，相关核查处置信息由属地省级市场监管部门按要求向社会进行公开。

2. 调查处置工作程序

市场监管部门应在收到监督抽检不合格食品检验结论后5个工作日内，将不合格检验报告和加盖本单位公章的食品安全监督抽样检验结果通知书送达相关食品生产经营者，并在信息系统填报核查处置启动情况；送达时应告知食品生产经营者所拥有的权利及需履行的义务，并对其生产经营的涉嫌不合格食品采取相关措施；督促和协助食品生产经营者排查食品不合格的原因，责令其限期提供整改报告，并对不合格产品召回和整改情况进行评估和复核；依法依规依程序对抽检不合格的食品生产经营情况进行调查取证，符合立案条件的，应按照《市场监督管理行政处罚程序暂行规定》的要求立案查处；案件办理完毕，要及时将行政处罚决定书等相关材料按要求上传至国家食品安全抽样检验信息系统，市场监管总局督办的核查处置任务完成后要向总局报告核查处置情况。

县级以上地方市场监管部门组织的监督抽检，检验结论表明不合格食品含有违法添加的非食用物质，或者存在致病性微生物、农药残留、兽药残留、生物毒素、重金属以及其他危害人体健康的物质严重超出标准限量等情形的，应当依法及时处理并逐级报告至市场监管总局。如有地方办案有困难、案情复杂等情况，需要上一级市场监管部门予以支持的，上级市场监管部门可以直接组织调查处理。

五、食品安全抽检监测数据统计分析

《食品安全法》规定，国务院食品安全监督管理部门应当会同国务院有关部门，根据食品安全风险评估结果、食品安全监督管理信息，对食品安全状况进行综合分析。市场监管总局发布的《食品安全抽样检验管理办法》（国家市场监督管理总局令第61号，2022年修正）规定，由市场监管总局建立国家食品安全抽样检验信息系统，定期分析食品安全抽样检验数据，加强食品安全风险预警，完善并督促落实相关监督管理制度。县级以上地方市场监管部门应当按照规定通过国家食品安全抽样检验信息系统，及时报送并汇总分析食品安全抽样检验数据。

食品安全抽检监测数据统计分析的重要作用在于通过分析数据发现食品安全风险隐患，指明下一步食品安全监管重点方向，是食品安全监管的"指挥棒"，属于食品安全抽检工作的后端环节。统计分析结果是抽检数据核心价值的体现，依托全国千万级的食品安全抽检监测数据，开展现代化统计分析，是推进国家食品安全治理能力现代化的重要手段和路径。

我国已基本形成以半年报、年报为主线，以季度报、食品安全抽检监测信息、重点产品报告等为辅线的国家食品安全抽检监测数据统计分析网络。2020年起，国家、省、市、县四级市场监管部门食品安全抽检监测数据均通过国家食品安全抽样检验信息系统报送，提高统计分析的范围、频率，提升网络精细度，加大抽检信息共享力度，提高风险发现能力。

食品安全抽检监测数据统计分析主要包括风险信息挖掘和风险信息共享两个方面：

一是风险信息挖掘，即以国家食品安全抽样检验信息系统中的数据为基础，从食品类别、检验项目、生产经营企业、区域、业态等多方面、多维度开展统计分析，挖掘食品安全风险隐患。一是开展年度统计分析，编写半年和年度食品安全抽检监测数据统计分析报告；二是每季度对全国四级抽检数据开展统计分析，并向社会公布；三是开展重点产品分析，每季度对婴幼儿配方乳粉等重点产品开展统计分析；四是开展重点问题分析，通过编发食品安全抽检监测信息等，对重点问题、突出问题及时出具分析报告；五是及时开展舆情数据统计分析，为领导决策和舆情应对提供依据。

二是风险信息共享，建立食品安全抽检监测信息通报工作机制，明确抽检信息通报的内容、频率、对象和形式等，主动向国务院食品安全委员会相关成员单位、市场监管总局相关司局、地方市场监管部门以及行业协会等通报、共享食品安全风险信息，推动各部门联防联控，形成防范化解食品安全风险工作合力。

六、食品安全风险预警交流

《食品安全法》规定，食品安全监管部门、食品安全风险评估专家委员会及其技术机构，应就食品安全风险评估信息和食品安全监督管理信息进行交流沟通等。《食品安

全法实施条例》规定，国务院食品安全监督管理部门和其他有关部门建立食品安全风险信息交流机制，明确食品安全风险信息交流的内容、程序和要求等。

食品安全风险预警，是通过"从农田到餐桌"全链条安全隐患持续监测、跟踪分析，发现食品中有毒有害物质扩散、传播途径和规律，进行早期警示和积极防范的过程，是变被动为主动的方法，是国际上先进的和通用的食品安全监管方式。食品安全风险交流，是促进公众对风险信息的科学理解、政策措施的有效施行，提高监管部门公信力和消费者信心的重要手段。当前，我国食品安全面临的主要问题之一是食品安全信息的不对称。食品安全风险交流是解决食品安全信息不对称的有效手段之一。开展食品安全风险预警交流是推进食品安全领域国家治理体系和治理能力现代化的重要手段和路径。

市场监管总局根据相关法律法规和政策文件等要求，设计适合我国国情的食品安全风险预警交流体系框架，主要包括预警指标体系以及分析系统、发布系统、响应系统和再评估系统（即"一个体系四个系统"），印发《食品安全风险预警工作指导意见》；制定食品安全风险预警信息收集制度等多项食品安全风险预警交流制度，规范食品安全预警交流工作，指导各地开展风险预警交流。

思维导图

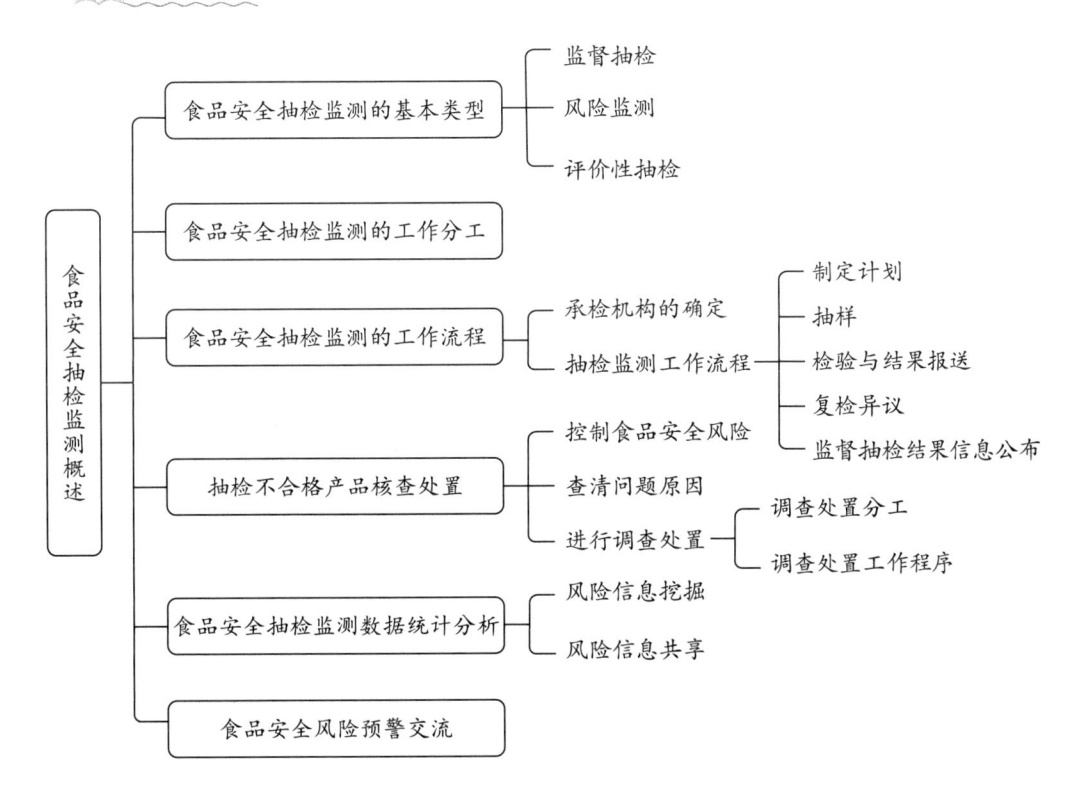

- 食品安全抽检监测概述
  - 食品安全抽检监测的基本类型
    - 监督抽检
    - 风险监测
    - 评价性抽检
  - 食品安全抽检监测的工作分工
  - 食品安全抽检监测的工作流程
    - 承检机构的确定
    - 抽检监测工作流程
      - 制定计划
      - 抽样
      - 检验与结果报送
      - 复检异议
      - 监督抽检结果信息公布
  - 抽检不合格产品核查处置
    - 控制食品安全风险
    - 查清问题原因
    - 进行调查处置
      - 调查处置分工
      - 调查处置工作程序
  - 食品安全抽检监测数据统计分析
    - 风险信息挖掘
    - 风险信息共享
  - 食品安全风险预警交流

第二节　食品安全抽样检验管理办法及文书

为进一步规范食品安全抽样检验工作，加强食品安全监管，保障公众身体健康和生命安全，根据《食品安全法》等法律法规要求，市场监管总局2022年修正了《食品安全抽样检验管理办法》（国家市场监督管理总局令第61号），对相关内容进行了规定。

就"检测"和"检验"两个术语而言，实务中的差别在于前者仅仅只是技术机构出具检测数据，后者则需要根据数据和标准作出符合性的判断，即产品是否合格，只有符合法定资质且通过认证的检验机构的报告才具有法定效力。

随着食品安全监管的变迁，如从事后危机应对向事前风险预防、从产品控制向过程控制的转变，作为食品安全监管工作中的科学支撑，食品抽检的作用在增强的同时也面临着新的挑战。本章第一节主要对食品安全抽检监测总体内容框架作了概要介绍，本节主要针对《食品安全抽样检验管理办法》中的相关内容进行详细介绍。

一、抽样

1. 抽样单位的确定

抽样单位由组织抽检监测工作的市场监管部门根据有关食品安全法律法规要求确定，可以是市场监管部门的执法监管机构，或委托具有法定资质的食品检验机构（以下简称承检机构）承担。抽样单位应建立食品抽样管理制度，明确岗位职责、抽样流程和工作纪律，加强对抽样人员的培训和指导，保证抽样工作质量。市场监管部门应当对承检机构的抽样检验工作进行监督检查。

2. 抽样前的准备

（1）抽样人员的确定。随机确定抽样人员，抽样人员应当熟悉食品安全法律、法规、规章和食品安全标准等的相关规定。

抽检监测工作实施抽检分离，抽样人员与检验人员不得为同一人。地方承担的抽检监测（指各省级市场监管部门按照总局工作部署和要求，组织承检机构按计划开展的本行政区域内食品抽检监测工作）开展抽样工作前，各抽样单位应确定抽样人员名单，并将国家食品安全抽检监测抽样人员名单上报表报相关省级市场监管部门，由省级市场监管部门汇总后报总局食品安全抽检监测工作秘书处（以下简称秘书处）。总局本级开展的抽检监测由抽样单位将国家食品安全抽检监测抽样人员名单上报表报秘书处。

（2）抽样前培训。抽样单位应对抽样人员进行培训，培训内容包括《食品安全法》《食品安全抽样检验管理办法》《国家食品安全监督抽检实施细则》等相关法律法规及要求，并做好相关培训记录。国家市场监管总局每年发布当年的食品安全监督抽检计划及新版《国家食品安全监督抽检实施细则》，发布各品类食品抽检的项目，每年都会有些变化。

3. 抽样流程

（1）抽样工作不得预先通知被抽样食品生产经营者（包括进口商品在中国依法登记注册的代理商、进口商或经销商，以下简称被抽样单位）。

（2）抽样人员不得少于2名，抽样时应向被抽样单位出示国家食品安全抽样检验告知书和抽样人员有效身份证件，告知被抽样单位阅读文书背面的被抽样单位须知，并向被抽样单位告知抽检监测性质、抽检监测食品范围等相关信息。抽样单位为承检机构的，还应向被抽样单位出示国家食品安全抽样检验任务委托书。

（3）抽样人员应当从食品生产者的成品库待销产品中或者从食品经营者仓库和用于经营的食品中随机抽取样品。至少有2名抽样人员同时现场抽取，不得由被抽样单位自行提供。抽样数量原则上应当满足检验和复检的要求。

（4）不予抽样的情形。抽样时抽样人员应当核对被抽样单位的营业执照、许可证等资质证明文件。遇有下列情况之一且能提供有效证明的，不予抽样：食品标签、包装、说明书标有"试制"或者"样品"等字样的；有充分证据证明拟抽检监测的食品为被抽样单位全部用于出口的；食品已经由食品生产经营者自行停止经营并单独存放、明确标注进行封存待处置的；超过保质期或已腐败变质的；被抽样单位存有明显不符合有关法律法规和部门规章要求的；法律、法规和规章规定的其他情形。

（5）封样。现场抽样的，样品一经抽取，抽样人员应在现场采取有效的防拆封措施，对检验样品和复检备份样品分别封样，并由抽样人员和被抽样食品生产经营者签字或者盖章确认，注明抽样日期。封条的材质、格式（横式或竖式）、尺寸大小可由抽样单位根据抽样需要确定。

开展网络食品安全抽样检验时，应当记录买样人员以及付款账户、注册账号、收货地址、联系方式等信息。买样人员应当通过截图、拍照或者录像等方式记录被抽样网络食品生产经营者信息、样品网页展示信息，以及订单信息、支付记录等。抽样人员收到样品后，应当通过拍照或者录像等方式记录拆封过程，对递送包装、样品包装、样品储运条件等进行查验，并对检验样品和复检备份样品分别封样。

（6）抽样单填写。抽样人员应当使用规定的国家食品安全抽样检验抽样单，详细完整记录抽样信息。抽样文书应当字迹工整、清楚、容易辨认，不得随意更改。如需要更改信息应当由被抽样单位签字或盖章确认。记录保存期限不得少于2年。

抽样单上被抽样单位名称应严格按照营业执照或其他相关法定资质证书填写。被抽样单位地址按照被抽样单位的实际地址填写，若在批发市场等食品经营单位抽样时，应记录被抽样单位摊位号。被抽样单位名称、地址与营业执照或其他相关法定资质证书上名称、地址不一致时，应在抽样单备注栏中注明。

抽样单上样品名称应按照食品标示信息填写。若无食品标示的，可根据被抽样单位提供的食品名称填写，需在备注栏中注明"样品名称由被抽样单位提供"，并由被抽样单位签字确认；若标注的食品名称无法反映其真实属性，或使用俗名、简称时，应同时注明食品的"标称名称"和"（标准名称或真实属性名称）"，如"稻花香（大米）"。

被抽样品为委托加工的，抽样单上被抽样单位信息应填写实际被抽样单位信息，标称的食品生产者信息填写被委托方信息，并在备注栏中注明委托方信息。

必要时，抽样单备注栏中还应注明食品加工工艺等信息。抽样单填写完毕后，被抽样单位应当在抽样单上签字或盖章确认。《国家食品安全监督抽检实施细则》中规定需要企业标准的，抽样人员应索要食品执行的企业标准文本复印件，并与样品一同移交承检机构。

（7）现场信息采集。抽样人员可通过拍照或录像等方式对被抽样品状态、食品库存及其他可能影响抽检监测结果的情形进行现场信息采集，包括：被抽样单位外观照片，若被抽样单位悬挂厂牌的，应包含在照片内；被抽样单位营业执照、许可证等法定资质证书复印件或照片；抽样人员从样品堆中取样照片，应包含抽样人员和样品堆信息（可大致反映抽样基数）；从不同部位抽取的含有外包装的样品照片；封样完毕后，所封样品码放整齐后的外观照片和封条近照；同时包含所封样品、抽样人员和被抽样单位人员的照片；填写完毕的抽样单、购物票据等在一起的照片；其他需要采集的信息。

（8）样品的获取方式。抽样人员应向被抽样单位支付样品购置费并索取发票（或相关购物凭证）及所购样品明细，可现场支付费用或先出具国家食品安全抽样检验样品购置费用告知书随后支付费用。样品购置费的付款单位由组织抽检监测工作的市场监管部门指定。

（9）样品运输。抽取的样品应由抽样人员携带或寄送至承检机构，不得由被抽样单位自行寄送样品。原则上被抽样品应在5个工作日内送至承检机构，对保质期短的食品应及时送至承检机构。对于易碎品、冷藏、冷冻或其他特殊贮运条件等要求的食品样品，抽样人员应当采取适当措施，保证样品运输过程符合标准或样品标示要求的运输条件。

（10）拒绝抽样。被抽样单位拒绝或阻挠食品安全抽样工作的，抽样人员应认真取证，如实做好情况记录，告知拒绝抽样的后果，填写国家食品安全抽样检验拒绝抽样认定书，列明被抽样单位拒绝抽样的情况，报告有管辖权的市场监管部门进行处理，并及时报被抽样单位所在地省级市场监管部门。

（11）抽样文书的交付。抽样人员应将填写完整的国家食品安全抽样检验告知书、国家食品安全抽样检验抽样单和国家食品安全抽样检验工作质量及工作纪律反馈单交给被抽样单位，并告知被抽样单位如对抽样工作有异议，将国家食品安全抽样检验工作质量及工作纪律反馈单填写完毕后寄送至组织抽检监测工作的省级市场监管部门，总局本级开展的抽检监测，将国家食品安全抽样检验工作质量及工作纪律反馈单寄送至秘书处。

（12）特殊情况的处置和上报。抽样中发现被抽样单位存在无营业执照、无食品生产许可证等法定资质或超许可范围生产经营等行为的，或发现被抽样单位生产经营的食品及原料没有合法来源或者存在违法行为的，应立即停止抽样，及时依法处置并上报被抽样单位所在地省级市场监管部门。

抽样单位为承检机构的，应报告有管辖权的市场监管部门进行处理，并及时报被抽样单位所在地省级市场监管部门；总局本级实施的抽检监测抽样过程中发现的特殊情况还需报送秘书处。

（13）对仅用于风险监测的食品样品抽样不受抽样数量、抽样地点、被抽样单位是否具备合法资质等的限制，并可简化告知被抽样单位抽样性质、现场信息采集等执法相关程序。

（14）鼓励应用先进的信息化技术填写并交付相关抽样文书。

二、检验

1. 承检机构的确定

承检机构应为获得食品检验资质认定的机构，具备与承检任务中食品品种、检测项目、检品数量相适应的检验检测能力，由组织抽检监测工作的省级市场监管部门按照有关规定确定。在开展抽检监测工作前应将国家食品安全抽检监测承检机构上报表报秘书处备案。承担总局本级抽检监测任务的承检机构由总局遴选确定。

未经组织抽检监测工作的市场监管部门同意，承检机构不得分包或者转包检验任务。各级市场监管部门应积极支持配合承检机构开展工作，在样品采集、运输等方面提供必要的帮助。

2. 样品的接收与保存

承检机构接收样品时应当确认样品的外观、状态、封条完好，并确认样品与抽样文书的记录相符后，对检验样品和复检备份样品分别加贴相应标识。样品存在对检验结果或综合判定产生影响的情况，或与抽样文书的记录不符的，承检机构应拒收样品，并填写国家食品安全抽样检验样品移交确认单，告知抽样单位拒收原因。

承检机构应当建立样品保管制度，由2人以上负责样品的保管，严禁样品被随意调换、拆封。对于复检备份样品的调取或使用，应经相关负责人签字后方可进行。

3. 检验与记录

承检机构应严格按照《国家食品安全监督抽检实施细则》规定的项目和检验方法开展检验工作，不得擅自增加或者减少检验项目，不得擅自修改《国家食品安全监督抽检实施细则》中确定的检验方法，确保检验数据准确。在不影响样品检验结果的情况下，承检机构应当尽可能将样品进行分装或者重新包装编号，以保证不会发生人为原因导致不公正的情况。检验原始记录必须如实填写，保证真实、准确、清晰；不得随意更改，更改处应当经检验人员签字或盖章确认。

4. 结果质量控制

承检机构应采取加标回收、人员比对、设备比对或实验室间比对等多种质控方式确保数据的准确性。

5. 检验报告

承检机构应当按规定的报告格式出具国家食品安全监督抽检检验报告和风险监测检验报告，检验报告应当内容真实齐全、数据准确。原则上承检机构应在收到样品之日起20个工作日内出具检验报告。组织抽检监测工作的市场监管部门与承检机构另有约定的，从其约定。承检机构对其出具的检验报告的真实性和准确性负责。

6. 检验过程的特殊情况

检验过程中遇有样品失效或者其他情况致使检验无法进行的，承检机构必须如实记录有关情况，提供充分的证明材料，并将有关情况上报组织抽检监测工作的市场监管部门。

检验过程中发现被检样品可能对身体健康和生命安全造成严重危害的，承检机构应在发现问题并经确认无误后24小时内填写食品安全抽样检验限时报告情况表，将问题或有关情况报告被抽样单位所在地省级市场监管部门和秘书处，并抄报总局稽查局。在食品经营单位抽样的，还应报告标称食品生产者住所省级市场监管部门。承检机构同时将食品安全抽样检验限时报告情况表上传至国家食品安全抽样检验信息系统（以下简称信息系统），通过信息系统发送至相关单位。承检机构信息报告时，应确保对方收悉，并做好记录备查。

7. 检验报告发送

（1）食品安全监督抽检的检验结论合格的，承检机构应当在检验结论作出后7个工作日内将检验结论报送组织或者委托实施抽样检验的市场监督管理部门。

（2）不合格样品或问题样品检验报告的发送。

抽样检验结论不合格的，承检机构应当在检验结论作出后2个工作日内报告组织或者委托实施抽样检验的市场监督管理部门。

国家市场监督管理总局组织的食品安全监督抽检的检验结论不合格的，承检机构除按照相关要求报告外,还应当将不合格样品或问题样品检验报告及国家食品安全抽样检验告知书、国家食品安全抽样检验抽样单、国家食品安全抽样检验结果通知书等有关材料,通过国家食品安全抽样检验信息系统及时通报抽样地以及标称食品生产者住所地市场监督管理部门。

地方市场监督管理部门组织或者实施食品安全监督抽检的检验结论不合格的,抽样地与标称食品生产者住所地不在同一省级行政区域的,抽样地市场监督管理部门应当在收到不合格检验结论后通过国家食品安全抽样检验信息系统及时通报标称食品生产者住所地同级市场监督管理部门。同一省级行政区域内不合格检验结论的通报按照抽检地省级市场监督管理部门规定的程序和时限通报。

通过网络食品交易第三方平台抽样的,除按照前两款的规定通报外,还应当同时通报网络食品交易第三方平台提供者住所地市场监督管理部门。

县级以上地方市场监督管理部门收到监督抽检不合格检验结论后,应当按照省级以上市场监督管理部门的规定,在5个工作日内将检验报告和抽样检验结果通知书送达被抽样食品生产经营者、食品集中交易市场开办者、网络食品交易第三方平台提供者,并告知其依法享有的权利和应当承担的义务。同时,启动核查处置工作。

组织抽检监测工作的市场监管部门对检验报告发送有特殊要求的,按照其规定执行。

县级以上地方市场监管部门组织的监督抽检,检验结论表明不合格食品含有违法添加的非食用物质,或者存在致病性微生物、农药残留、兽药残留、重金属以及其他危害人体健康的物质严重超出标准限量等情形的,应当逐级报告至总局。

8.复检备份样品的处理

食品安全监督抽检的检验结论合格的,承检机构应当自检验结论作出之日起3个月内妥善保存复检备份样品;复检备份样品剩余保质期不足3个月的,应当保存至保质期结束。合格备份样品能够合理再利用,且符合省级以上市场监督管理部门要求的,可以不受上述保存时间限制。

检出问题的样品,承检机构应当自检验结论作出之日起6个月内妥善保存复检备份样品;复检备份样品剩余保质期不足6个月的,应当保存至保质期结束。

对超过保存期的复检备份样品,应进行妥善处理,并保留样品保存和处理记录。

三、异议处理

1.复检

(1)对检验结论有异议的被抽样食品生产经营者(以下称复检申请人)可以自收到食品安全监督抽检不合格检验结论之日起7个工作日内提出书面复检申请,并说明理由。在食品经营单位抽样的,被抽样单位或标称食品生产者对检验结论有异议的,需双方协商统一后由其中一方提出。涉及委托加工关系的，委托方或被委托方对检验结论有异议的，需双方协商统一后由其中一方提出。

（2）市场监督管理部门应当自收到复检申请材料之日起 5 个工作日内，出具受理或者不予受理通知书。不予受理的，应当书面说明理由。市场监督管理部门应当自出具受理通知书之日起 5 个工作日内，在公布的复检机构名录中，遵循便捷高效原则，随机确定复检机构进行复检。复检机构不得与初检机构为同一机构。因客观原因不能及时确定复检机构的，可以延长 5 个工作日，并向申请人说明理由。复检机构与复检申请人存在日常检验业务委托等利害关系的，不得接受复检申请。复检机构无正当理由不得拒绝复检任务，确实无法承担复检任务的，应当在 2 个工作日内向相关市场监督管理部门作出书面说明。

（3）初检机构应当自复检机构确定后 3 个工作日内，将备份样品移交至复检机构。因客观原因不能按时移交的，经受理复检的市场监督管理部门同意，可以延长 3 个工作日。复检样品的递送方式由初检机构和申请人协商确定。

（4）复检机构收到复检备份样品后，应当通过拍照或者录像等方式对备份样品外包装、封条等完整性进行确认，填写复检备份样品确认和移交单。复检备份样品如出现封条、包装被破坏，或其他对结果判定产生影响的情况，复检机构应在复检备份样品确认和移交单上如实记录，并书面告知复检申请人及市场监管部门，终止复检。

（5）复检机构应按照与初检机构一致的检验方法使用复检备份样品，对提出异议的项目进行复检，复检报告须给出食品是否合格的复检结论，并注明该结论是针对复检备份样品作出的。实施复检时，食品安全标准对检验方法有新的规定的，从其规定。复检结论为最终检验结论。

（6）必要时，初检机构可到复检机构实验室直接观察复检实施过程，复检机构应当予以配合。初检机构不得干扰复检工作。

（7）复检机构应当自收到备份样品之日起 10 个工作日内，向市场监督管理部门提交复检结论。市场监督管理部门与复检机构对时限另有约定的，从其约定。市场监督管理部门应当自收到复检结论之日起 5 个工作日内，将复检结论通知申请人，并通报不合格食品生产经营者住所地的市场监督管理部门。

（8）复检相关费用由复检申请人先行垫付，复检结论与初检机构检验结论一致的，复检费用由复检申请人自行承担；复检结论与初检机构检验结论不一致的，复检费用由抽样检验的部门承担。复检费用包括检验费用和样品递送产生的相关费用。

（9）有下列情形之一的，复检机构不得予以复检：检验结论显示微生物指标超标的；复检备份样品超过保质期的；逾期提出复检申请的；其他原因导致备份样品无法实现复检目的的。

2. 不需复检的异议处理

被抽样单位对其生产经营食品的抽样过程、样品真实性、检验方法、标准适用等事项存在异议的可以依法提出异议处理申请。对抽样过程有异议的，申请人应当在抽样完成后7个工作日内，或对样品真实性、检验方法、标准适用等事项有异议的，应当自收到不合格检验结论通知之日起7个工作日内，向组织开展抽检监测的市场监管部门提出书面异议审核申请，并提交相关证明材料。国家市场监督管理总局开展的抽检监测，异议审核申请及相关证明材料应提交给异议提出单位所在地省级市场监督管理部门。省级市场监督管理部门应及时将异议审核申请及相关证明材料通过信息系统上传。省级市场监督管理部门组织对异议审核申请进行审核，并及时答复；当标称食品生产者与被抽样单位不在同一省级行政区域的，两地省级市场监督管理部门可组织对异议审核申请协同审核。

异议申请材料不符合要求或者证明材料不齐全的，市场监督管理部门应当当场或者在5个工作日内一次告知申请人需要补正的全部内容。市场监督管理部门应当自收到申请材料之日起5个工作日内，出具受理或者不予受理通知书。不予受理的，应当书面说明理由。

逾期未提出异议的或者未提供有效证明材料的，视同无异议。

四、结果审核分析利用

1. 审核

各省级市场监督管理部门应及时组织审核地方承担的抽检监测的抽样信息、检验数据，总局本级的抽检监测结果数据由秘书处组织审核。

2. 结果分析

各省级市场监督管理部门应及时分析研判抽检监测结果，对可能存在区域性、系统性食品安全苗头性问题的，研究完善针对性监管措施或开展本行政区域范围内专项治理。

各省级市场监督管理部门应报送监督抽检和风险监测年度工作总结。总结中应至少包括抽检监测工作开展情况、食品安全抽检监测结果、发现的主要问题、数据分析利用情况，以及工作经验和建议等。

3. 结果报告

秘书处应及时整理监督抽检、风险监测数据，组织食品安全抽检监测工作组牵头单位进行数据分析，按要求将数据结果和分析报告报送总局。对经分析认为可能存在系统性、行业性、区域性食品安全苗头性问题的，应及时报告总局。

五、核查处置

1. 期限

省级市场监督管理部门收到不合格样品（问题样品）的检验报告（含国家市场监

督管理总局抽检监测工作中发现和外省省级市场监督管理部门通报的检验报告）后，应于5个工作日内依法依职责启动对不合格食品（问题食品）生产经营者的核查处置。

2. 监督抽检不合格食品的核查处置

（1）负责不合格食品核查处置的市场监督管理部门应监督食品生产经营者依法采取封存库存不合格食品，暂停生产、销售和使用不合格食品，召回不合格食品等措施控制食品安全风险。

（2）对不合格食品生产经营者进行调查，并根据调查情况立案，依法实施行政处罚；涉嫌犯罪的，应当依法及时移送公安机关。

（3）监督不合格食品生产者开展问题原因的分析排查，限定期限完成整改，并在规定期限内提交整改报告。

（4）根据不合格食品生产者提交的整改报告开展复查，并加强对不合格食品及同种食品的跟踪抽检监测。

3. 风险监测问题食品的核查处置

（1）省级市场监督管理部门可以组织相关领域专家对问题食品存在的风险隐患进行分析评价，分析评价结论表明相关食品存在安全隐患的，需向问题食品生产经营者发出国家食品安全抽样检验风险隐患告知书，并采取措施化解食品安全风险。

（2）负责问题食品核查处置的部门可以监督食品生产经营者依法采取封存库存问题食品，暂停生产、销售和使用问题食品，召回问题食品等措施控制食品安全风险。

（3）可以对问题食品生产经营者进行调查，存在违法行为的应当立案查处，必要时开展执法检验；涉嫌犯罪的，应当依法及时移送公安机关。

（4）可以监督问题食品生产者开展问题原因的分析排查，限定期限完成整改，并在规定期限内提交整改报告。

（5）根据问题食品生产者提交的整改报告开展复查，并加强对问题食品及同种食品的跟踪监测。

4. 从严查处

对监督抽检和风险监测过程中发现被检样品可能对身体健康和生命安全造成严重危害的，核查处置工作应当在24小时之内启动，并依法从严查处。

5. 信用档案

不合格食品和问题食品核查处置工作应在90日内完成，核查处置相关情况应记入食品生产经营者食品安全信用档案。

6. 跨省核查处置

（1）抽样地与标称食品生产者住所地不在同一省级行政区域的，抽样地省级市场监督管理部门和标称食品生产者住所地省级市场监督管理部门应根据工作需要及时互相通报核查处置情况。

（2）核查处置中发现不合格食品（问题食品）流入外省，或者原辅料、食品添加剂等涉及外省的，发现地省级市场监督管理部门要及时通报相关省级市场监督管理部门，提出协助调查请求，并作为处置的主办单位，主动通报情况，积极沟通协调，跟踪处置进展；涉及的其他省级市场监督管理部门应积极协办，按要求时限反馈协查结果。

（3）办理行政处罚案件时，需要其他地区市场监督管理部门协助调查、取证的，应当出具协助调查函。协助部门一般应当在接到协助调查函之日起 15 个工作日内完成相关工作；需要延期完成的，应当及时告知提出协查请求的部门。

（4）各省级市场监督管理部门应建立健全核查处置联动机制，及时开展协查，通报核查处置情况。

7. 上报

各省级市场监督管理部门应将核查处置情况及时填报信息系统，并按月汇总后上报总局，重大食品安全违法案件处置情况随时上报。

六、结果发布

国家和省级市场监督管理部门应当汇总分析食品安全监督抽检结果，并定期或者不定期组织对外公布。各级市场监督管理部门按照相关要求，认真做好结果发布工作。地方各级市场监督管理部门和参与抽检监测工作的单位未经总局授权，不得擅自发布国家食品安全监督抽检和风险监测结果。

七、食品安全抽样检验工作的重点

《食品安全抽样检验管理办法》第十条规定，下列食品应当作为食品安全抽样检验工作计划的重点：

（1）风险程度高以及污染水平呈上升趋势的食品；
（2）流通范围广、消费量大、消费者投诉举报多的食品；
（3）风险监测、监督检查、专项整治、案件稽查、事故调查、应急处置等工作表明存在较大隐患的食品；
（4）专供婴幼儿和其他特定人群的主辅食品；
（5）学校和托幼机构食堂以及旅游景区餐饮服务单位、中央厨房、集体用餐配送单位经营的食品；
（6）有关部门公布的可能违法添加非食用物质的食品；
（7）已在境外造成健康危害并有证据表明可能在国内产生危害的食品；
（8）其他应当作为抽样检验工作重点的食品。

八、食品安全抽检监测文书及种类

《食品安全抽样检验管理办法》指出各省级市场监督管理部门可根据需要补充制定适用于本地工作的文书和表单,并报秘书处备案。

监测抽检文书是指食品安全监管部门在抽检过程中依法制作的,具有法律效力或法律意义的文书。通常包括:抽样记录、样品移交确认记录、结果告知记录和快速检测记录等。监测抽检文书的作用有以下几点:被采样品信息的收集;采样过程的如实记录;所采样品的交付凭证;产品责任主体的确定;作为行政处罚案件的书证。

监测抽检文书制作应遵循客观、准确、合法的原则,特别是对被采样品基本信息的记录如产品名称、产品批号、生产日期等内容一定要准确无误,以免所采样品在行政处罚或向社会公布信息时因记录信息的误差引发争议甚至行政诉讼。

一般来说,抽样记录文书包括:抽样检验告知书、抽样单、样品购置费用告知书、拒绝抽样认定书和工作质量及工作纪律反馈单;样品移交确认记录文书包括:样品移交确认单、复检备份样品确认和移交单;结果告知记录文书包括:检验结果通知书、抽样检验风险隐患告知书。

食品安全监管部门在食品安全日常监管中,可以采用国家相关部门认定的快速检测方法,对食品安全风险较高的食品进行初步筛查。快速检测记录文书包括:食品快速检测工作记录、食品快速检测结果不合格告知书。

复检、异议处理申请书及受理通知书文书包括:复检申请书、异议处理申请书、复检(异议)申请受理通知书、复检(异议)申请不予受理通知书。

思维导图

```
                                                              ┌─ 审核
                                               ┌─ 结果审核 ──┼─ 结果分析
                                               │  分析利用    └─ 结果报告
  ┌─ 抽样单位的确定 ─┐                         │
  ├─ 抽样前的准备   ─┼─ 抽样                   │         ┌─ 期限
  └─ 抽样流程       ─┘                         │         ├─ 监督抽检不合格食品的核查处置
                                               │         ├─ 风险监测问题食品的核查处置
  ┌─ 承检机构的确定 ─┐                         ├─ 核查 ──┤
  ├─ 样品的接收与保存─┤           食品安全抽样检验 │  处置    ├─ 从严查处
  ├─ 检验与记录     ─┤           管理办法及文书  │         ├─ 信用档案
  ├─ 结果质量控制   ─┼─ 检验                   │         ├─ 跨省核查处置
  ├─ 检验报告       ─┤                         │         └─ 上报
  ├─ 检验过程的特殊情况┤                        │
  ├─ 检验报告发送   ─┤                         ├─ 结果发布
  └─ 复检备份样品的处理┘                        ├─ 食品安全抽样检验工作的重点
                                               └─ 食品安全抽检监测文书及种类
  ┌─ 复检           ─┐  异议
  └─ 不需复检的异议处理┴─ 处理
```

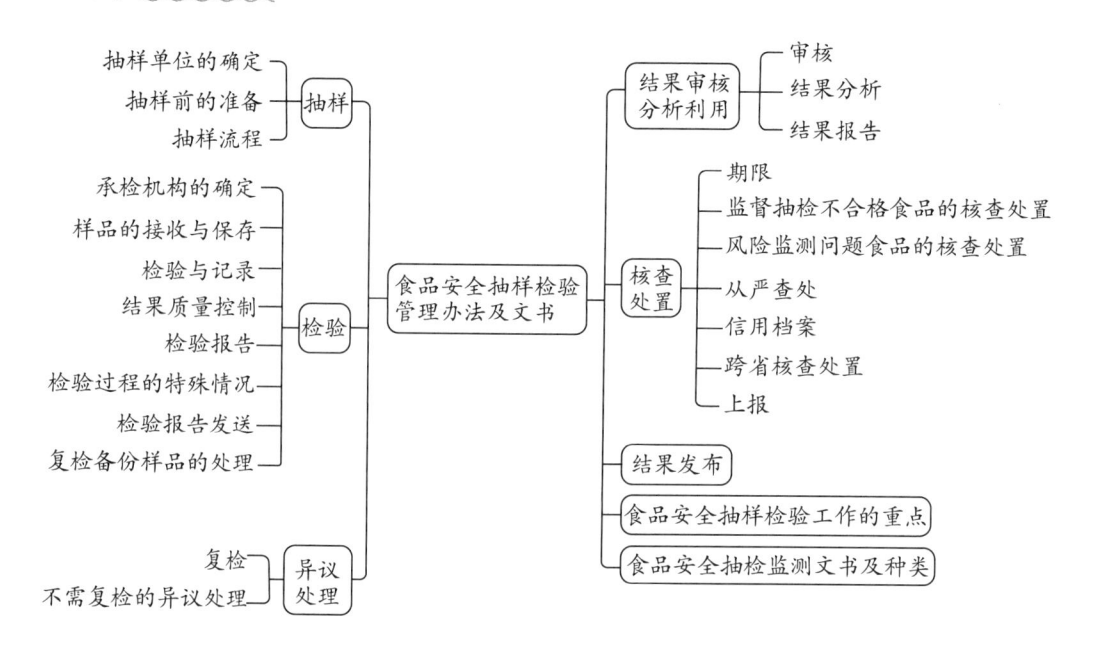

本章小结

本章首先介绍了食品安全抽检监测的类型、分工、工作流程、不合格产品核查处置、抽检监测数据统计和风险预警交流等,其次对《食品安全抽样检验管理办法》进行了详细叙述,最后简单介绍了监测抽检文书。拟通过本章内容的讲授和学习,主要帮助学生了解《食品安全抽样检验管理办法》,掌握我国食品安全抽检监测工作流程、抽检不合格产品的核查处置方法,理解食品安全抽检监测在实践中的意义,培养其职业精神和综合能力。

思考题

1. 简述我国食品安全抽样监测的意义。
2. 简述我国食品安全监测抽样的方法与流程。
3. 简述我国食品安全监测抽检不合格产品的核查处置方法。
4. 简述食品安全监测抽检文书的概念及制作原则。

素质拓展材料

本拓展材料讲述了危害食品安全犯罪中的样品抽检方式及效力问题,通过该内容的学习,可以帮助学生充分理解食品抽样检验的重要性,培养学生严谨的专业素养,培育其职业精神,提升其综合能力。

危害食品安全犯罪中的样品抽检方式及效力问题

第八章
我国食品安全执法稽查概述

> **本章学习目标**
>
> 1. 了解食品安全案件组织查办的分级管理；
> 2. 掌握我国食品安全案件的办案流程；
> 3. 掌握我国食品安全案件行政处罚的种类；
> 4. 理解我国食品安全刑事责任中关于食品犯罪的界定。

食品安全执法稽查是食品安全监管体系的重要组成部分，也是打击违法犯罪行为、提高食品生产经营者守法意识、维护食品安全的重要手段。它与登记许可注册、日常监管构成了"三位一体"的监管体系，是保障食品安全的最后一道防线和对突破食品安全底线行为的调查及处罚，也是对违法行为的惩罚和震慑。本章主要包含食品安全违法案件组织查办及线索来源和食品安全案件行政处罚种类及行刑衔接两个方面的内容。

第一节 食品安全违法案件组织查办及线索来源

一、食品安全违法案件的组织查办

（一）案件的分级管理

食品安全违法案件查处工作在各级人民政府领导下，坚持属地管理、分级负责，依法行政。食品安全违法案件查处工作应当由具备资格的行政执法人员实施。市场监管总局指导全国食品安全案件查办工作，承担组织查办、督查督办有全国性影响或跨省（自治区、直辖市）的重大特大案件。省（自治区、直辖市）市场监管部门依据法律、法规和规章，结合本地区实际，规定本行政区域内案件查处的具体分工。县级、设区的市级市场监管部门承担本辖区内食品安全案件查处工作,县级市场监管部门可以在乡镇或者特定区域设立派出机构,县级以上市场监管部门可以在法定权限内委托符合《行政处罚法》规定条件的组织实施行政处罚。

对当事人的同一违法行为,两个以上市场监管部门都有管辖权的,由先立案的市场监管部门管辖。两个以上市场监管部门因管辖权发生争议的,应当自发生争议之日起7个工作日内协商解决;协商不一致的,报请共同的上一级市场监管部门指定管辖。市场监管部门发现所查处的案件不属于本机关管辖的,应当将案件移送有管辖权的市场监管部门。受移送的市场监管部门对管辖权有异议的,应当报请共同的上一级市场监管部门指定管辖,不得再自行移送。《食品安全法实施条例》第五十九条规定,上级市场监管部门认为必要时,可以直接查处下级市场监管部门管辖的食品安全违法案件,也可以指定其他下级市场监管部门调查处理。此外,上级市场监管部门也可以将本部门管辖的案件交由下级市场监管部门管辖。法律、法规、规章明确规定案件应当由上级市场监管部门管辖的,上级市场监管部门不得将案件交由下级市场监管部门管辖。下级市场监管部门认为依法由其管辖的案件存在特殊原因,难以办理的,可以报请上一级市场监管部门管辖或者指定管辖。县级市场监管部门依照《食品安全法》及《食品安全法实施条例》拟对违法单位或者个人处以30万元以上罚款的,应当报设区的市级以上市场监管部门审核后,以县级市场监管部门的名义制作行政处罚决定书(直辖市可结合本地实际确定)。市场监管部门发现所查处的案件属于其他行政管理部门管辖的,应当依法移送其他有关部门。

(二)案件的办理程序

食品安全案件查办程序分为简易程序和一般程序。

违法事实确凿并有法定依据,对公民处以200元以下、对法人或者其他组织处以3000元以下罚款或者警告的行政处罚的,可以适用简易程序当场作出行政处罚决定。

一般程序分为核查违法行为、确认违法行为和惩处违法行为三个阶段。市场监管部门办案机构对依据监督检查职权或者通过投诉、举报、其他部门移送、上级交办等途径发现的违法行为线索予以核查,由市场监管部门负责人决定是否立案。立案后,办案人员须对违法行为进行确认,全面、客观、公正、及时进行案件调查,收集、调取证据,并依照法律、法规、规章的规定进行检查。案件调查终结,办案机构应当撰写调查终结报告,连同案件材料交由审核机构审核。审核机构对案件进行审核,区别不同情况提出书面意见和建议。审核机构完成审核并退回案件材料后,对于拟给予行政处罚的案件,办案机构应当将案件材料、行政处罚建议及审核意见报市场监管部门负责人批准,并依法履行告知等程序,拟作出行政处罚属于听证范围的,还应告知当事人有要求举行听证的权利;对于建议给予其他行政处理的案件,办案机构应当将案件材料、审核意见报市场监管部门负责人审查决定。

市场监管部门负责人经对案件调查终结报告、审核意见、当事人陈述和申辩意见或者听证报告等进行审查，对确有依法应当给予行政处罚的违法行为，根据情节轻重及具体情况作出行政处罚决定。对情节复杂或者重大违法行为拟给予较重行政处罚的案件，应当由市场监管部门负责人集体讨论决定。市场监管部门作出行政处罚决定，应当制作行政处罚决定书，并加盖本部门印章，送达当事人。行政处罚决定依法作出后，当事人应当在行政处罚决定的期限内予以履行。《行政处罚法》第二十八条规定，行政机关实施行政处罚时，应当责令当事人改正或者限期改正违法行为。市场监管部门对当事人实施行政处罚后，应当有监督其整改到位的动作。

（三）案件的协查协办

协查协办是指市场监管部门在执法办案过程中，对超出本部门管辖权以及自主调查出现困难、需要其他市场监管部门提供必要协助，对涉案食品或者行政相对人及其行为等进行核查和确认，并出具需要调查取证有关材料的过程。各级市场监管部门对涉及案件调查的有关情况，负有互相协助、提供相关证据的义务。

需要协查的内容，提出单位为县级以上市场监管部门的，原则上应当向具有管辖权的同级市场监管部门提出协查请求。在难以确定管辖权时，可以向上一级市场监管部门提出协查请求。案件协查应当遵守案件查办及公文管理的有关规定。地市级以下市场监管部门提出协查的，协查函应当抄送提出单位上一级市场监管部门。制作协查函应当有明确的协查事由、协查内容或者需要确认的事项；附有协查必需的资料，如相关文件、实物、图片等；有明确的联系人和联系方式。根据需要，提出单位可派人直接到承办单位接洽协查相关事宜的，承办单位应当积极支持，但应当按照属地管辖的原则，以承办单位为主开展调查等相关工作。

承办单位收到协查函后，应当主动与提出单位联系，并针对需要协查的内容，依照法定程序和要求及时开展调查，确保调查结果客观、合法、关联、有效。承办单位为地市级以下市场监管部门的，复函应当抄送本单位上一级市场监管部门，复函应当符合以下要求：

（1）能够确认的事项，应当有明确的答复意见；

（2）不能确认的事项，或者不符合协查要求的内容，应当说明原因；

（3）复函应当附调查中获取的相关证据和资料；

（4）应当有明确的联系人和联系方式。

上级市场监管部门依据属地管辖的原则，结合本地区实际，可以指派具有管辖权的下一级市场监管部门承办相关协查工作。对于上级市场监管部门指派承办协查的案件，复函应当附指派承办文件，同时复函要抄报上级市场监管部门。

提出单位在规定的时限内未收到复函，可直接向承办单位查询，也可以向承办单位的上一级市场监管部门反映或者建议督办。各省（自治区、直辖市）市场监管部门应当督促指导下级承办单位按规定做好协查工作。承办单位对上级市场监管部门督办的协查工作应当按时协查、复函并及时上报。案件协查期间，承办单位应当严格遵守信息保密规定，不得擅自对外发布案件信息。

（四）重大案件督查督办

食品安全重大案件是指违反食品安全法律法规行为情节严重，所研制、生产、经营或使用的食品足以或者已经造成严重危害的，或者造成重大影响的案件。

重大案件督查督办是上级市场监管部门对下级市场监管部门查办重大案件的调查、违法行为的认定、法律法规的适用、办案程序、处罚及移送等环节实施协调、指导和监督。督办可由上级市场监管部门直接发起，也可由下级市场监管部门报请。督办单位指导、协调、督查重大案件查处，可采用文函督办、现场督办、会议督办、电话督办等方式实施，案件涉及其他部门的，可联系协调相关部门实施联合督办。

按照违法行为情节、性质、影响等因素，市场监管总局对跨区域、具有全国性影响的性质恶劣违法行为实行挂牌督办；对地方查处的、市场监管总局认为有必要进行干预的重大案件进行督查督办。食品安全案件挂牌督办的基本模式和要求如下：一是挂牌督办案件原则上应当满足涉及多个地区，涉案违法行为情节、性质严重，案情复杂，影响大或具有潜在的系统性风险等；二是应当报请督办单位主要领导或主管领导同意，并以督办单位名义下发督办通知；三是全程实施案件查办工作"远程控制"，阶段性对案件查办具体进行指挥调度、研究查办中遇到的重点难点问题、对新发现的线索进行穷追猛打，必要时应当进行实地督办；四是明确被督办单位作出行政处罚决定前，应当提前向督办单位汇报案件查办情况及拟处理意见；五是明确案件查办完成时限，原则上 3 个月内办结；六是明确案件查办工作保密纪律，未经督办单位审核同意，不得擅自发布案件信息。

二、食品安全违法案件的线索来源

（一）监督检查

食品生产经营监督检查是食品安全案件来源的重要渠道，是市场监管部门为督促食品生产经营者持续合规生产经营，在无因状态下或者根据专项行动部署，以发现违法行为为目的，对相对人实施的一种例行检查。市场监管人员根据《食品生产经营监督检查管理办法》等相关法规、规章制定监督检查计划和要点，确定检查具体内容，充分运用监管执法手段对可能出现违法行为的品种、场所、环节等进行重点检查，以发现违法事实。监督检查一般包括检查的准备和检查的实施。检查的准备主要包括收集食品生产经营信息、分析梳理线索、熟悉法律法规，以及检查过程中需要的其他准备。检查的实施是根据之前的准备，有针对性地进行排查，发现可能存在的违法行为。

监督检查的具体内容主要包括：

一是检查生产经营的相关资质的合法性，包括营业执照、食品生产经营许可证件、生产经营负责人和有关人员身份证明、场所证明、食品安全管理制度、现行有效的执行标准文本等。

二是检查生产经营的相关现场是否存在违法行为，包括生产场所周边和场区环境、布局和各功能区分情况，生产设备运行情况，生产操作记录、投料记录、人物分流情况，直接接触入口食品人员的健康证明；经营场所环境和分区布局情况，设备设施运行情况，餐饮加工制作、销售、服务过程的食品安全情况；从业人员健康证明、食品安全制度执行情况；个人卫生、食品所用工具及设备、食品容器及包装材料、卫生设施、工艺流程情况；餐具、饮具、食品所用工具及盛放直接入口食品的容器的清洗、消毒和保洁情况；现场检查需进入洁净区域时，执法人员应遵守被检查对象的卫生、安全规定。

三是检查产品的合法性及食品库房柜台等贮存场所的贮存条件是否满足相应要求，包括产品名称、生产厂家、生产厂址、生产许可证编号、产品执行标准、生产日期（批次）、保质期、净含量等标签标识情况及贮存场所的温度、湿度、通风等情况。此外，还要清点产品数量、查看出入库记录。

四是对可能存在违法行为的，还要检查采购销售部门的购销台账、财务账册，获取涉嫌违法食品的品种数量、违法行为持续的时间、货值金额和违法所得的线索，并检查检验室、数据中心等其他场所调取相关资料。

市场监管部门在开展日常检查、专项检查、跟踪检查、飞行检查等活动时，发现的检查对象有涉嫌违法行为，构成案件线索的，应及时固定证据材料，并移送同级执法稽查部门，防止以改代罚、执法不严，必要时可商请同级执法稽查部门提前介入。监管部门与执法稽查部门应相互配合，监管部门应将现场监督检查、安全形势分析等监管信息及时通报执法稽查部门，便于执法稽查部门发现案件线索，组织针对性的检查。

（二）执法抽检

食品执法抽检是执法稽查中发现确认食品安全违法行为的一个重要手段，是通过抽检的方法最大限度地发现确认已经生产、流入市场的违法食品、食品原料的重要技术支撑。

执法人员除了对违法现场查获的疑似非法食品进行抽样，还可通过日常掌握违法食品的特征情况和收集的违法食品信息，加强执法抽检的针对性和靶向性。一是针对收集的相关违法食品的信息进行抽验。收集的相关违法信息包括：各地市场监管部门发布的涉及食品安全的抽检不合格公告、风险监测报告、大众媒体中食品不合格信息、职业打假人索赔信息、互联网渠道中食品的功能性宣传信息。二是针对违法食品的外部特征进行抽验。执法人员通过视觉、听觉、味觉、手感发现食品中是否掺有异物、包装有无破损、是否出现腐败变质等，以及通过检查食品包装发现食品包装标签是否合规。三是针对伪劣食品出现的规律进行抽验。根据季节、区域变化，对受温度、湿度、运输条件影响较大的食品进行抽验；根据食品保质期，对临近保质期的食品进行抽验；根据品种规律，对功能性食品进行非法添加的抽验；根据价格规律，对市场中销售价格异常的食品进行抽验；根据疫情规律，对疫情中出现的高风险产品进行抽验。

（三）投诉举报

投诉举报是案源的重要途径之一。但投诉举报不是天然的案源，需要执法稽查人员对被投诉举报事项进行分析研判，获取案件线索。投诉举报包括投诉举报事件本身、被投诉举报的实物和其他材料。投诉举报构成案件线索有以下四个基本要素：一是有人，有明确的实施被投诉举报事项的行为人；二是有事，有明确的投诉举报事项；三是有违法，被投诉举报事项违法；四是有罚则，违法行为有实施行政处罚的对应责任条款。

执法人员需从以下几个方面挖掘案件线索：一是直接引用有价值的投诉举报。对于表达完整准确的投诉举报，简单梳理后就可以直接作为案件线索使用，特别是一些职业打假人的投诉举报，甚至还引用了违法和处罚的法律条款，但是要注意判断正确。二是结合实物梳理有价值的投诉举报。对于附有实物的投诉举报，需要结合实物进行梳理。有些投诉举报文字很简单，但大量的信息在所附的实物之中，包括食品及包装说明书、票据、寄送食品的单据等。三是运用逻辑推理梳理有价值的投诉举报。主要是针对叙说不完整、表述不清楚的投诉举报，运用生活的常理、行为人逐利的心态和违法行为的一般规律，合理地推导出完整的诉求，再梳理出可能被投诉举报的事项。对于夸大其词、言过其实、情绪发泄的投诉举报，需要从情绪式的语句中，运用逻辑推理的方式冷静地梳理出被投诉举报行为和行为人的违法内容。四是通过与举报人沟通梳理有价值的投诉举报，对于有投诉联系方式的，可以主动与投诉举报人取得联系，对投诉举报中不全面、不清楚的事项进行确认完善，对构成案源需要补充的问题进行询问，对需要调取的实物、资料进行索要。

（四）其他途径

除了前述途径，发现案件线索的途径还有上级交办、其他部门通报、下级报告、案件协查、其他案件查办、公共资讯等。

上级交办的事项包括工作部署、具体的工作布置和案件交办。工作部署中，重点关注食品专项整治、食品安全事故调查、问题品种检查等。工作部署中提出的问题，应结合本地食品产业的发展状况和消费形势，梳理出潜在的案源和案件线索。从对法律法规新的解读中、违法行为新的动向中，审视本地的执法稽查形势，梳理出可能存在的案件线索。直接交办的案件，本身就是案源或者案件线索，但可以从交办案件的来源、典型性、追溯性，举一反三地梳理发现新的案源和案件线索。

其他部门在对监管对象开展许可、检查、处罚等执法活动中，发现有市场监管部门管辖的案件线索，会移送至同级市场监管部门。同级市场监管部门接收后，根据案件线索开展调查、核实工作，对于属于本部门事权的违法事实进行立案查处，对于不属于本部门事权的移送相关部门。

下级报告的事项包括普通事项、专项事项和提请查办的案件。执法稽查工作的事项，多与案件查办有关，因此，从报告的事项中可以梳理发现案源和案件线索，主要包括：报告的事项中是否涉及食品违法行为，这些行为在本辖区范围内的其他地方是否存在，提请查办的案件在本辖区内是否可追溯，形成新的案件等。

案件协查是没有行政隶属关系的市场监管部门之间，通过请求和接受请求协助核查相关事项的一种案件查办工作机制。请求协查的事项本身就是案件线索，一旦查实就是案源。因此，在接受协查请求后，要对请求协查的事项进行梳理，在核实协查事项的过程中，发现确认案源，并就与之关联的行为进行拓展，获取新的案件线索。

案件查办过程中发现案源和案件线索，主要方法是对违法行为进行溯源和追查。因此，在执法稽查办案过程中，要有溯源和追查的意识，可溯源、可追查的违法行为，一旦溯源、追查就可能成为新的案件线索。

利用公共资讯发现案件线索，需要执法人员发挥主观能动性，关注食品违法行为的动态和查处信息，积极主动地搜索查询。公共资讯主要包括：各级市场监管部门有关的通报通告，公开的典型案例，公开的食品行政处罚案件，媒体宣传的食品违法案件查办的事迹报道、曝光的食品违法行为，以及互联网上其他的食品违法行为信息。当前人民群众对食品安全关注度较高，信息传播速度较快，执法人员可以通过公共资讯第一时间了解食品安全信息，进行研判，进而发现案件线索。

市场监管部门对上述途径发现的违法行为线索，应当自发现线索或者收到材料之日起15个工作日内予以核查，由市场监管部门负责人决定是否立案；特殊情况下，经市场监管部门负责人批准，可以延长15个工作日，其中，检测、检验、检疫、鉴定等所需时间，不计入规定期限。立案应当填写立案审批表，由办案机构负责人指定2名以上办案人员负责调查处理。

思维导图

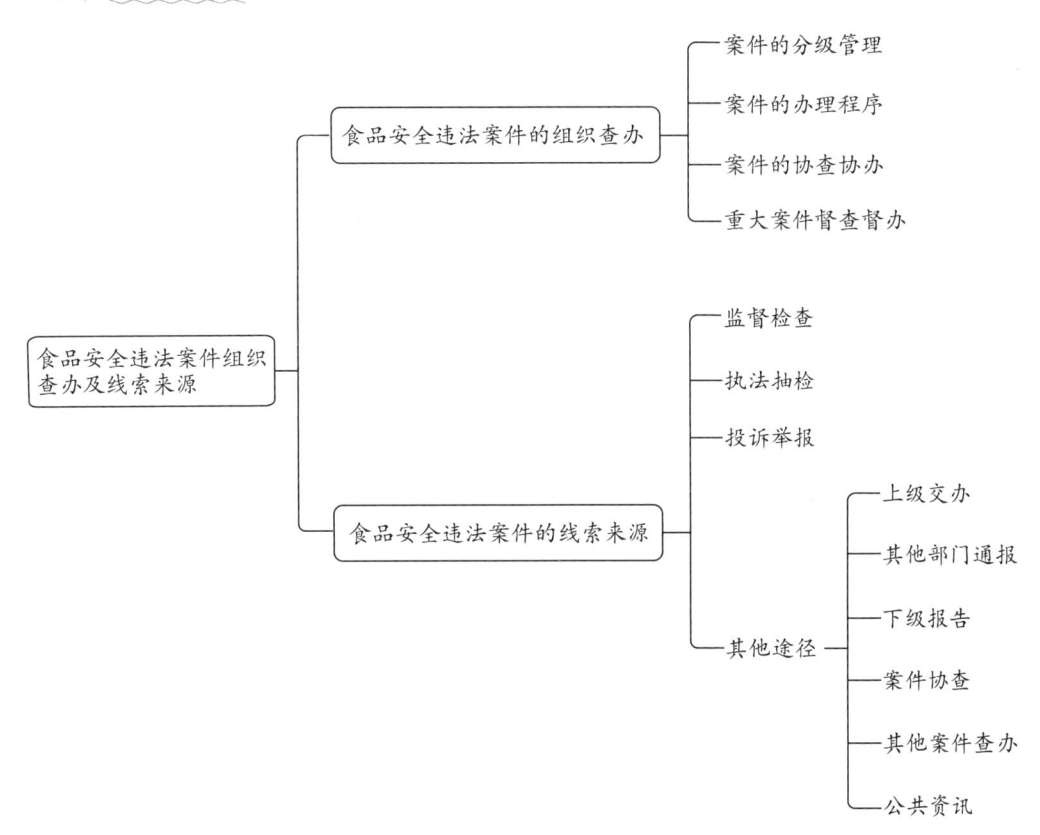

- 食品安全违法案件组织查办及线索来源
  - 食品安全违法案件的组织查办
    - 案件的分级管理
    - 案件的办理程序
    - 案件的协查协办
    - 重大案件督查督办
  - 食品安全违法案件的线索来源
    - 监督检查
    - 执法抽检
    - 投诉举报
    - 其他途径
      - 上级交办
      - 其他部门通报
      - 下级报告
      - 案件协查
      - 其他案件查办
      - 公共资讯

第二节　食品安全案件行政处罚种类及行刑衔接

《食品安全法》的法律责任部分为第一百二十二条至第一百四十九条。其中，直接对生产经营者设定的行政处罚共计 7 条 29 项，分别是第一百二十二条至第一百二十六条以及第一百三十四条和第一百三十五条。此外，《食品安全法》还分别规定了生产经营者以外其他食品安全参与者的法律责任，第一百三十条为集贸市场开办者、展销会举办者、柜台出租者的法律责任，第一百三十一条为第三方平台提供者的法律责任，第一百三十二条涉及食品贮藏、运输责任，第一百三十六条为经营者免责规定，第一百三十七条至第一百三十九条为检验、认证机构责任，第一百四十条涉及食品广告违法行为与违法推荐食品行为的责任，第一百四十一条涉及编造散布虚假食品安全信息责任，第一百四十二条至第一百四十六条涉及监管者责任，等等。

一、食品安全案件的行政处罚种类

依据食品安全违法行为的危害程度、违法性质、违法情节等要素，市场监管部门对违法行为实施行政处罚，主要包括申诫罚、财产罚、资格罚（行为罚），其中涉及人身自由罚的由公安机关实施，涉及刑事犯罪的移送司法机关追究刑事责任。在实践中，适用何种处罚应当以事实为根据，以法律为准绳，合理使用自由裁量权，做到罪罚相当、合法合理。

1. 申诫罚

申诫罚是行政机关依法对违反行政法规范的相对人给予的谴责和警戒。食品安全领域的申诫罚为警告，警告主要用于情节轻微或未构成实际危害后果的违法性行为，其作为一种正式的处罚形式，必须是要式行为，即由作出处罚的机关制作书面裁决。

《食品安全法》《食品安全法实施条例》中涉及警告的处罚多为对相对人情节轻微的处罚，其中《食品安全法》第一百二十六条、第一百三十二条，《食品安全法实施条例》第六十九条、第七十条、第七十二条、第七十四条是对食品生产经营者等一般违法行为的处罚，同时要求其责令改正，对拒不改正的，处以财产罚。

《食品安全法》第一百四十三条、第一百四十五条是对监管人员未履职尽责的处罚，第一百二十八条是对食品安全事故单位的处罚，《食品安全法实施条例》第七十九条是对检验机构拒不承担复检任务的处罚。

另外，根据《行政处罚法》第三十三条有关规定，违法行为轻微并及时改正，没有造成危害后果的，不予行政处罚。初次违法且危害后果轻微并及时改正的，可以不予行政处罚。当事人有证据足以证明没有主观过错的，不予行政处罚。法律、行政法规另有规定的，从其规定。对当事人的违法行为依法不予行政处罚的，行政机关应当对当事人进行教育。采取警告处罚的目的在于通过教育，促使生产经营者等加强生产经营过程的管理，认真履行食品安全主体责任，促使监管人员履职尽责，做好食品安全监管各项工作。

2. 财产罚

财产罚，即以剥夺或者限制公民的财产权为内容的行政处罚，主要有罚款、没收非法财物、没收违法所得等。

《食品安全法》第一百二十二条、第一百二十三条、第一百二十四条、第一百二十五条的财产罚均为罚款、没收违法所得和违法生产经营的食品、食品添加剂，并可以没收用于违法生产经营的工具、设备、原料等物品，以上条款都是对食品生产经营者的处罚，这是《食品安全法》中使用频率最高的处罚，高额的罚金体现了对违法行为坚决打击的立法态度，凸显了食品生产经营者的食品安全"第一责任"，将其应当承担的法律责任与其他社会主体的法律责任进行了显著区分。

《食品安全法》第一百二十三条是体现"最严厉处罚"力度最大的条款，除相关的"没收"处罚以外，罚款的最低限为 10 万元（货值金额 1 万元以下），最高限为货值金额的30倍（货值金额1万元以上）。《食品安全法实施条例》第八十条规定的是罚款金额最高的处罚，对食品检验机构相关违法后拒不改正的，最高限为100万元以下。

《食品安全法实施条例》第七十三条规定了利用会议、讲座、健康咨询等方式对食品进行虚假宣传，情节严重的，依照第七十五条进行处罚。第七十五条规定了涉案单位违法，除了《食品安全法》规定的处罚，增加了对食品安全违法行为相关责任人的罚款，罚款金额最高可达到违法人员上一年度工资总额的10倍。

3. 资格罚（行为罚）

资格罚（行为罚）是指行政主体限制剥夺违法行为人特定的行为能力的制裁形式。食品安全领域的资格罚主要包括吊销许可证、责令停产停业、禁止一定期限内从事某种活动等。

《食品安全法》《食品安全法实施条例》中涉及吊销许可证的处罚，多为情节严重或者造成严重后果的加重处罚。《食品安全法》中涉及责令停产停业的也多为情节严重或者拒不改正的加重处罚。《食品安全法实施条例》第六十七条对六种情节严重情形作出了规定。《食品安全法》第一百三十四条是基于信用惩戒原则设定的资格罚，俗称"三振出局"，即同一生产经营者一年内被给予三次以上行政处罚的，行政部门应当责令停产停业，直至吊销许可证。

《食品安全法》第一百三十五条是针对违法生产经营者的从业禁止处罚，规定"被吊销许可证的食品生产经营者及其法定代表人、直接负责的主管人员和其他直接责任人员自处罚决定作出之日起五年内不得申请食品生产经营许可，或者从事食品生产经营管理工作、担任食品生产经营企业食品安全管理人员。因食品安全犯罪被判处有期徒刑以上刑罚的，终身不得从事食品生产经营管理工作，也不得担任食品生产经营企业食品安全管理人员"，体现了"处罚到人"的立法精神，第一次出现了"终身禁业"的处罚。

4. 人身自由罚

人身自由罚是对违法公民的人身自由权利进行限制或剥夺的行政处罚。该处罚形式是行政处罚中较为严厉的一种，仅有公安机关有权依法采用，食品安全领域的人身自由罚为行政拘留。《食品安全法》第一百二十三条规定的六种严重食品生产经营违法行为、情节严重但尚未构成犯罪的，可以适用行政拘留。违法使用剧毒、高毒农药的，可以直接依法给予行政拘留。《食品安全法实施条例》第六十七条对六种情节严重情形作出了规定，明确了构成行政拘留的标准。第七十七条、第七十八条规定了市场监管部门与公安机关实施行政拘留的工作职责、实施流程等，完善了市场监管部门与公安机关行政拘留的衔接工作机制，使得行政拘留的实施更具有实操性。在食品领域的人身自由罚的使用，体现了食品安全领域"最严厉的处罚"，加大了对食品安全领域严重违法行为的打击力度。

二、食品安全案件行刑衔接

食品行政执法与刑事司法衔接，是食品执法稽查工作的重要内容之一。在整个食品监管过程中，执法稽查是食品行政执法与刑事司法衔接的实施环节，是与司法机关联手共同打击食品违法犯罪行为的主要方法。

食品行政执法与刑事司法衔接，是指市场监管部门与公安机关、人民检察院、人民法院等司法机关就食品监管、案件查办、食品执法监督等方面联系、配合和支持的过程。食品安全执法稽查所说的行刑衔接，通常是指食品违法案件查办过程中对于涉嫌食品犯罪的案件需要追究当事人刑事责任时，将案件移送犯罪侦查机关进行侦查，启动刑事检控程序，将案件从行政执法程序向刑事司法程序流转的过程。主要内容包括：涉嫌食品犯罪案件及案件线索的刑事移送、食品犯罪案件涉及行政处罚的行政移送、食品犯罪案件涉案食品的检验确认、法律法规适用的法律咨询、强制执行的申请、行政案件查办的监督、行政执法与刑事侦查的配合协作等。

2013年出台的《最高人民法院、最高人民检察院关于办理危害食品安全刑事案件适用法律若干问题的解释》，明确了食品犯罪的入刑条件，解决了食品安全领域入刑难的问题，为打击食品违法犯罪提供了有力的法律武器。2014年以来，根据形势需要，全国各级公安机关都建立了专门打击食品领域犯罪的机构，进一步加大了对危害食品安全犯罪的打击力度。2015年出台的《食品药品行政执法与刑事司法衔接工作办法》，进一步健全了食品安全行政执法与刑事司法衔接工作机制。

（一）食品安全案件相关刑事责任

违反《食品安全法》规定的各种违法行为，如果情节严重，构成犯罪的，要依法追究犯罪嫌疑人的刑事责任。凡是违反《食品安全法》的行为，只要依照《刑法》构成犯罪的，即依法追究刑事责任。依照《刑法》的规定，刑罚包括主刑和附加刑两种，主刑有管制、拘役、有期徒刑、无期徒刑和死刑；附加刑有罚金、剥夺政治权利和没收财产。此外，对于犯罪的外国人，可以独立适用或者附加适用驱逐出境。目前涉及食品安全的犯罪主要有以下几类：

1. 生产、销售不符合安全标准的食品罪

《刑法》规定，生产、销售不符合食品安全标准的食品，足以造成严重食物中毒事故或者其他严重食源性疾病的，处3年以下有期徒刑或者拘役，并处罚金；对人体健康造成严重危害或者有其他严重情节的，处3年以上7年以下有期徒刑，并处罚金；后果特别严重的，处7年以上有期徒刑或者无期徒刑，并处罚金或者没收财产。

2. 生产、销售有毒、有害食品罪

《刑法》规定,在生产销售的食品中掺入有毒、有害的非食品原料的,或者销售明知掺有有毒、有害的非食品原料的食品的,处5年以下有期徒刑,并处罚金;对人体健康造成严重危害或者有其他严重情节的,处5年以上10年以下有期徒刑,并处罚金;致人死亡或者有其他特别严重情节的,处10年以上有期徒刑、无期徒刑或者死刑,并处罚金或者没收财产。

3. 生产、销售伪劣产品罪

《刑法》规定,生产者、销售者在产品中掺杂、掺假,以假充真、以次充好或者以不合格产品冒充合格产品,销售金额5万元以上不满20万元的,处2年以下有期徒刑或者拘役,并处或者单处销售金额50%以上2倍以下罚金;销售金额20万元以上不满50万元的,处2年以上7年以下有期徒刑,并处销售金额50%以上2倍以下罚金;销售金额50万元以上不满200万元的,处7年以上有期徒刑,并处销售金额50%以上2倍以下罚金;销售金额200万元以上的,处15年有期徒刑或者无期徒刑,并处销售金额50%以上2倍以下罚金或者没收财产。

《最高人民法院、最高人民检察院关于办理危害食品安全刑事案件适用法律若干问题的解释》规定,生产、销售不符合食品安全标准的食品,无证据证明足以造成严重食物中毒事故或者其他严重食源性疾病,不构成生产、销售不符合安全标准的食品罪,但是构成生产、销售伪劣产品罪等其他犯罪的,依照该其他犯罪定罪处罚;生产、销售不符合食品安全标准的食品添加剂,用于食品的包装材料、容器、洗涤剂、消毒剂,或者用于食品生产经营的工具、设备等,构成犯罪的,依照《刑法》的规定以生产、销售伪劣产品罪定罪处罚。

4. 非法经营罪

《刑法》规定,违反国家规定,有下列非法经营行为之一,扰乱市场秩序,情节严重的,处5年以下有期徒刑或者拘役,并处或者单处违法所得1倍以上5倍以下罚金;情节特别严重的,处5年以上有期徒刑,并处违法所得1倍以上5倍以下罚金或者没收财产:未经许可经营法律、行政法规规定的专营、专卖物品或者其他限制买卖的物品的;买卖进出口许可证、进出口原产地证明以及其他法律、行政法规规定的经营许可证或者批准文件的;未经国家有关主管部门批准非法经营证券、期货、保险业务的,或者非法从事资金支付结算业务的;其他严重扰乱市场秩序的非法经营行为。

《最高人民法院、最高人民检察院关于办理危害食品安全刑事案件适用法律若干问题的解释》第十一条规定,以提供给他人生产、销售食品为目的,违反国家规定,生产、销售国家禁止用于食品生产销售的非食品原料,情节严重的,依照《刑法》第二百二十五条的规定以非法经营罪定罪处罚;违反国家规定,生产、销售国家禁止生产、销售、使用的农药、兽药、饲料、饲料添加剂，或者饲料原料、饲料添加剂原料，情节严重的，依照非法经营罪定罪处罚；实施前述两种行为，同时又构成生产、销售伪劣产品罪，生产、销售伪劣农药、兽药罪等其他犯罪的，依照处罚较重的规定定罪处罚。

第十二条规定，违反国家规定，私设生猪屠宰厂（场），从事生猪屠宰、销售等经营活动，情节严重的，依照《刑法》第二百二十五条的规定以非法经营罪定罪处罚；实施前述行为，同时又构成生产、销售不符合安全标准的食品罪，生产、销售有毒、有害食品罪等其他犯罪的，依照处罚较重的规定定罪处罚。

5. 虚假广告罪

广告主、广告经营者、广告发布者违反国家规定，利用广告对商品或者服务作虚假宣传，情节严重的，处2年以下有期徒刑或者拘役，并处或者单处罚金。

6. 食品监管渎职罪

负有食品安全监督管理职责的国家机关工作人员，滥用职权或者玩忽职守，导致发生重大食品安全事故或者造成其他严重后果的，处5年以下有期徒刑或者拘役；造成特别严重后果的，处5年以上10年以下有期徒刑。徇私舞弊犯前款罪的，从重处罚。

7. 放纵制售伪劣商品犯罪行为罪

对生产、销售伪劣商品犯罪行为负有追究责任的国家机关工作人员，徇私舞弊，不履行法律规定的追究职责，情节严重的，处5年以下有期徒刑或者拘役。

（二）涉刑移送条件

对于行政处罚案件是否符合移送条件的判定，主要依据《最高人民法院、最高人民检察院关于办理危害食品安全刑事案件适用法律若干问题的解释》和《最高人民检察院、公安部关于公安机关管辖的刑事案件立案追诉标准的规定（一）的补充规定》。各级市场监管部门对符合条件的涉嫌犯罪食品案件，应当及时移送同级公安机关，不得以罚代刑，防范渎职风险。具体条件如下：

以下情形应当认定为《刑法》第一百四十三条规定的"足以造成严重食物中毒事故或者其他严重食源性疾病"：①含有严重超出标准限量的致病性微生物、农药残留、兽药残留、重金属、污染物质以及其他危害人体健康的物质的；②属于病死、死因不明或者检验检疫不合格的畜、禽、兽、水产动物及其肉类、肉类制品的；③属于国家为防控疾病等特殊需要明令禁止生产、销售的；④婴幼儿食品中生长发育所需营养成分严重不符合食品安全标准的；⑤其他足以造成严重食物中毒事故或者严重食源性疾病的情形。

在食品加工、销售、运输、贮存等过程中，违反食品安全标准，超限量或者超范围滥用食品添加剂，足以造成严重食物中毒事故或者其他严重食源性疾病的；在食用农产品种植、养殖、销售、运输、贮存等过程中，违反食品安全标准，超限量或者超范围滥用添加剂、农药、兽药等，足以造成严重食物中毒事故或者其他严重食源性疾病的，依照《刑法》第一百四十三条的规定以生产、销售不符合安全标准的食品罪定罪处罚。

下列物质应当认定为"有毒、有害的非食品原料"：①法律、法规禁止在食品生产经营活动中添加、使用的物质；②国务院有关部门公布的《食品中可能违法添加的非食用物质名单》《保健食品中可能非法添加的物质名单》上的物质；③国务院有关部门公告禁止使用的农药、兽药以及其他有毒、有害物质；④其他危害人体健康的物质。在食品加工、销售、运输、贮存等过程中，掺入有毒、有害的非食品原料，或者使用有毒、有害的非食品原料加工食品的；在食用农产品种植、养殖、销售、运输、贮存等过程中，使用禁用农药、兽药等禁用物质或者其他有毒、有害物质的；在保健食品或者其他食品中非法添加国家禁用药物等有毒、有害物质的，依照《刑法》第一百四十四条的规定以生产、销售有毒、有害食品罪定罪处罚。

有下列情形之一的，以生产、销售不符合安全标准的食品罪或者生产、销售有毒、有害食品罪的共犯论处：①提供资金、贷款、账号、发票、证明、许可证件的；②提供生产、经营场所或者运输、贮存、保管、邮寄、网络销售渠道等便利条件的；③提供生产技术或者食品原料、食品添加剂、食品相关产品的；④提供广告等宣传的。

（三）行刑衔接机制

食品行刑衔接的工作机制主要是各级市场监管部门、公安机关、人民检察院、人民法院办理食品领域涉嫌违法犯罪案件时的线索通报、案件移送、信息共享、信息发布工作机制。各级市场监管部门应当明确专门机构负责本级行政执法与刑事司法衔接工作。2015年，原食品药品监管总局、公安部、最高人民法院、最高人民检察院、食品安全办联合发布了《食品药品行政执法与刑事司法衔接工作办法》（食药监稽〔2015〕271号）。

各级市场监管部门在查办食品违法案件过程中，发现明显涉嫌犯罪的案件线索后，应当及时向同级公安机关通报。公安机关应当及时进行审查，必要时可以进行初查。

有证据证明涉嫌犯罪事实发生，依法需要追究刑事责任的，应当及时将案件移送公安机关，并抄送同级人民检察院。市场监管部门向公安机关移送涉嫌犯罪案件，应当附有下列材料：①涉嫌犯罪案件的移送书；②涉嫌犯罪案件情况的调查报告；③涉案物品清单；④有关检验报告或者鉴定意见；⑤其他有关涉嫌犯罪的材料。公安机关认为需要补充材料的，市场监管部门应当及时提供。公安机关对市场监管部门移送的涉嫌犯罪案件，应及时依法作出立案或者不予立案的决定，并告知市场监管部门。人民法院、人民检察院、公安机关办理食品刑事案件，依法提请市场监管部门作出检验检测、认定等协助的，市场监管部门应当依据职能配合做好相关工作。

公安机关在食品安全犯罪案件侦查过程中，认为没有犯罪事实，或者犯罪事实显著轻微，不需要追究刑事责任，但依法应当追究行政责任的，应当及时将案件移送食品安全监督管理等部门和监察机关，有关部门应当依法处理。

各级市场监管部门、公安机关、人民检察院应当共享以下信息：适用一般程序的食品违法案件行政处罚、案件移送、提请复议和建议人民检察院进行立案监督的信息；移送涉嫌犯罪案件的立案、复议、人民检察院监督立案后的处理情况，以及提请批准逮捕、移送审查起诉的信息；监督移送、监督立案以及批准逮捕、提起公诉的信息。

各级市场监管部门、公安机关、人民检察院、人民法院之间建立食品违法犯罪案件信息发布的沟通协作机制。发布案件信息前，应当互相通报情况。

三、食品安全案件行政处罚文书

行政文书是行政文件材料的总称，是国家行政机关处理公务所形成的具有特定格式的文字材料，是行政管理活动重要的工具。主要指行政公文，也包括其他的公务文书，如章程、条例、计划、总结、调查报告等。市场监督管理行政处罚文书是市场监管部门为实现市场监督管理职能，在现场监督、行政处罚过程中，针对特定对象依法制作的具有法律效力或法律意义的特定格式公用文书。行政处罚文书是食品安全监督的必备手段，用来忠实地记录监督活动的全过程，是具有较强说服力和教育实效的宣传教材，也是监督人员培训和考核的重要内容。该文书具有法定的强制性、对象的针对性、效力的时限性、制作的严肃性、固有的专业技术性以及执行的可靠性等特性，是对市场监督员随意性的制约，监督员在检查相对人时可以通过制作文书理清思路，避免了随意性。因此，食品安全案件行政处罚文书的书写、文书的质量具有十分重要的意义，可作为考核任免市场监管执法人员和评价监管人员工作业绩及素质的重要依据，还可规避行政诉讼案件的发生。

为贯彻实施《行政处罚法》《市场监督管理行政处罚程序规定》和《市场监督管理行政处罚听证办法》，更好规范市场监督管理行政处罚程序，保障市场监管部门依法实施行政处罚，维护行政相对人合法权益，市场监管总局经认真研究总结、广泛征求意见，对2019年制定的《市场监督管理行政处罚文书格式范本》进行了修订，在保留原有44种文书的基础上，新增加12种文书，形成了《市场监督管理行政处罚文书格式范本（2021年修订版）》（以下简称《格式范本》）。《格式范本》为市场监管部门行政处罚文书基本格式，各省级市场监督管理部门可以参照本文书格式范本，结合执法实际，完善有关文书格式并自行印制。与《格式范本》配套使用的是《市场监督管理行政处罚文书格式范本使用指南（2021年修订版）》。

第八章 我国食品安全执法稽查概述

对违反《反垄断法》的行为实施行政处罚适用的文书，按照市场监管总局专项规定执行；专项规定未作规定的，可以参照适用《格式范本》。在实施行政处罚过程中，对《格式范本》未拟定的文书，可以参照适用市场监管总局已印发的其他文书。

一般来说，行政处罚文书一般由首部、正文和尾部三个部分组成。首部主要包括标题、编号、当事人的基本情况（有委托代理人的应写明其基本情况）；正文主要包括事实、理由、依据和处罚决定等内容；尾部主要是行政处罚的履行方式和期限，同时表明逾期不履行的法律后果，告知当事人不服行政处罚的救济途径时要写明复议机关和诉讼法院的具体名称（地址）以及复议、诉讼的期限，写明制作日期并加盖行政执法机关的公章等。

文书制作一般有三个原则：一是合法原则，制作处罚文书必须符合法定程序，同时文书制作的主体、所依据的法律文件及文书内容（确认的权利和义务）都必须合法；二是准确原则，文书制作的对象、适用法律、标的物及选用文书的种类必须准确；三是实用原则，监督文书在格式设计以及书写程序上要方便实际监督工作的需要，同时由于监督范围涉及很多领域，因此文书要具有多用性。制作文书范本、打印文书时，其具体格式参照《党政机关公文格式》（GB/T 9704—2012）。

思维导图

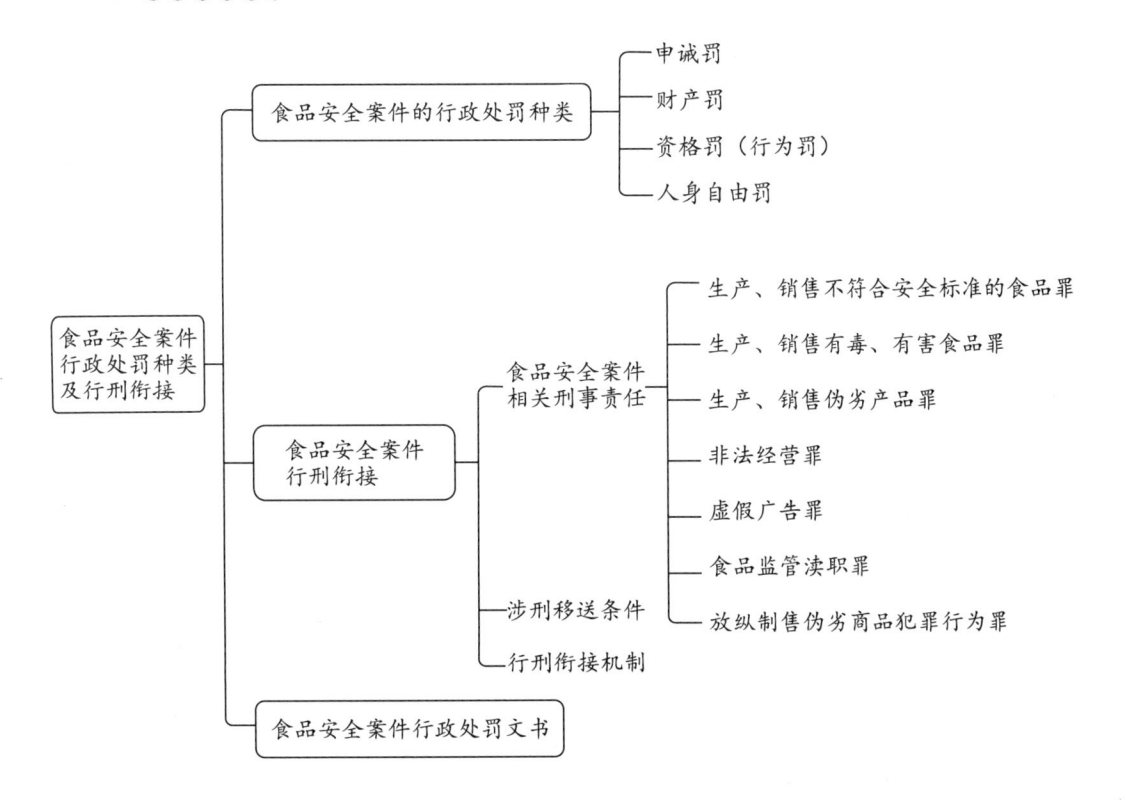

- 食品安全案件行政处罚种类及行刑衔接
  - 食品安全案件的行政处罚种类
    - 申诫罚
    - 财产罚
    - 资格罚（行为罚）
    - 人身自由罚
  - 食品安全案件行刑衔接
    - 食品安全案件相关刑事责任
      - 生产、销售不符合安全标准的食品罪
      - 生产、销售有毒、有害食品罪
      - 生产、销售伪劣产品罪
      - 非法经营罪
      - 虚假广告罪
      - 食品监管渎职罪
      - 放纵制售伪劣商品犯罪行为罪
    - 涉刑移送条件
    - 行刑衔接机制
  - 食品安全案件行政处罚文书

本章小结

本章主要介绍了食品安全案件的组织查办、线索来源、行政处罚种类和行刑衔接等几方面的内容。拟通过本章内容的讲授和学习，主要帮助学生了解食品安全案件组织查办的分级管理和行政处罚文书的格式，掌握我国食品安全案件的办案流程、行政处罚的种类，理解我国食品安全刑事责任中关于食品犯罪的界定，培养其法律意识和严谨的职业精神。

思考题

1. 简述我国食品安全案件的程序。
2. 简述我国食品安全案件线索的来源。
3. 简述我国食品安全案件的行政处罚种类。
4. 简述我国食品安全涉刑案件移送条件。

素质拓展材料

本拓展材料以地沟油案为例，通过该内容的学习，可以帮助学生充分了解认定地沟油犯罪过程中存在的一些相关问题，理解行刑衔接时的关键要素，培养学生严谨的专业素养和法律意识，涵养其职业精神。

地沟油案：有毒有害食品的认定（节选）

最高人民法院、最高人民检察院、公安部关于依法严惩"地沟油"犯罪活动的通知

第九章

我国食品安全事故处置

> **本章学习目标**
>
> 1. 了解食品安全事故的分类及防控原则;
> 2. 掌握我国食品安全事故的防控措施;
> 3. 掌握我国食品安全事故的应急处置措施;
> 4. 理解并会应用食品安全事故舆情处置措施解决实际问题。

第一节 我国食品安全事故概述

强化食品安全应急处置,做好食品安全舆论引导,是各级党政领导干部和市场监管人员必须具备的重要能力。总体上说,我国当前食品安全形势不断好转,但仍面临不少困难和挑战,仍处于食品安全风险多发期和矛盾凸显期。发生食品安全事故后,往往引起社会和媒体的广泛关注,高效、规范做好应急处置,有效引导媒体舆论,可以降低事故带来的危害,减轻不良社会影响,让公众对食品安全有信心、对党和政府有信心。因此,有必要了解和学习食品安全事故及其处置。

一、食品安全事故概念及分级

(一)食品安全事故的概念

食品安全事故,是指食源性疾病、食品污染等源于食品,对人体健康有危害或者可能有危害的事故。食品安全事故主要分为食品污染事故、食源性疾病事故。

食品安全事故的构成主要有以下三个方面:一是来源于食物,或者以食物为媒介;二是满足事故突然发生、须紧急控制的基本特点和属性;三是对人体健康有危害或者可能有危害,带来一定的社会影响。

食品污染是指食品在种植或饲养、生长、收割或宰杀、加工、贮存、运输、销售到食用前的各个环节中,由于环境或人为因素的作用,食品可能受到有毒有害物质的侵袭而造成污染,食品的营养价值和卫生质量降低。一般可分为生物性、化学性及物理性污染。

食源性疾病是指通过摄食而进入人体的有毒有害物质(包括生物性病原体)等致病因子所造成的疾病。一般可分为食源性感染和食源性中毒,包括常见的食物中毒、肠道传染病、人畜共患传染病、寄生虫病以及化学性有毒有害物质所引起的疾病。

(二)食品安全事故分级

依据《食品安全法实施条例》有关规定,食品安全事故按照《国家食品安全事故应急预案》实行分级管理。按照危害程度、可控性和影响范围等因素,食品安全事故共分为四级,即特别重大食品安全事故、重大食品安全事故、较大食品安全事故和一般食品安全事故。事故等级的评估核定,由卫生行政部门会同有关部门依照有关规定进行,评估内容包括:污染食品可能导致的健康损害及所涉及的范围,是否已造成健康损害后果及严重程度;事故的影响范围及严重程度;事故发展蔓延趋势等。

二、食品安全事故预防

(一)预防原则

1. 以人为本,减少危害

牢固树立"以人民为中心"的发展思想,坚决落实"最严谨的标准、最严格的监管、最严厉的处罚、最严肃的问责"要求,把保障公众健康和生命安全作为首要任务,最大限度地降低食品安全风险,减少食品安全事故造成的人员伤亡和健康损害。

2. 统一领导,协调联动

在党中央统一领导下,建立健全统一指挥、反应灵敏、上下联动、部门协同、平战结合的食品安全应急管理体制,建立快速反应、协同应对的食品安全事故应急机制。

3. 分级负责,属地管理

中央统筹指导,协调国家资源予以支持。事发地人民政府在同级党委领导下,全面负责组织应对工作,及时启动应急响应,就近指挥、统一调度使用应急资源。当食品安全事故超出属地人民政府的应对能力时,由上一级人民政府提供支援或负责应对。

4. 居安思危,预防为主

增强忧患意识,常抓不懈,防患未然。加强监督检查和舆情监测,严密排查风险隐患,做好应对食品安全事故的各项准备工作。加强宣教培训,充分调动全社会力量,牢固树立应急意识,形成社会共治、全员参与的良好局面。坚持预防与应急相结合,常态与非常态相结合,做好应急准备,落实各项防范措施。

5. 依法规范，科技支撑

严格落实相关法律法规，确保食品安全事故应对处置工作规范化、制度化、法治化。加强相关科学研究和技术开发，充分发挥专家队伍和专业人员作用，提高应急处置能力水平。

（二）防控措施

1. 风险防控

县级以上地方人民政府组织实施食品安全风险防控、隐患排查和专项治理，建立信息共享机制，及时分析食品安全形势；组织相关部门制定本地区食品安全年度监管计划，向社会公布并组织实施。各级市场监管部门根据食品安全风险监测、风险评估结果和食品安全状况等，实施风险分级管理。

各级食品安全委员会办公室于每年12月底前评估本年度食品安全事故情况，研判分析下一年度食品安全形势，作为向本级人民政府报告食品安全工作的重要组成部分，有关情况同时抄送应急管理部门。地方各级人民政府收到有关情况后，及时向上级人民政府报告，抄送上级应急管理部门。

2. 风险监测

1）监测

国家建立食品安全风险监测制度，对食源性疾病、食品污染以及食品中有害因素进行监测。国家卫生健康委会同有关部门制定、实施国家食品安全风险监测计划。省级人民政府卫生行政部门会同同级有关部门，根据国家食品安全风险监测计划，结合地区实际制定、调整本地区食品安全风险监测方案，报国家卫生健康委备案并实施。县级以上卫生行政部门会同同级有关部门建立食品安全风险监测会商机制，汇总、分析风险监测数据，研判食品安全风险，形成食品安全风险监测分析报告，报本级人民政府和上一级人民政府卫生行政部门。

2）评估

国家建立食品安全风险评估制度，运用科学方法，根据食品安全风险监测信息、科学数据以及有关信息，对食品、食品添加剂、食品相关产品中的生物性、化学性和物理性危害因素进行风险评估。国家卫生健康委组织食品安全风险评估工作，向社会公布风险评估结果。

3. 预案管理

1）应急预案制定

依据《食品安全法》有关规定，国务院组织制定《国家食品安全事故应急预案》。县级以上地方人民政府应当根据有关法律、法规的规定和上级人民政府的食品安全事故应急预案以及本行政区域的实际情况，制定本行政区域的食品安全事故应急预案，并报上一级人民政府备案。可以参考的法规、规章主要有《突发事件应对法》《食品安全法》《农产品质量安全法》《中共中央 国务院关于深化改革加强食品安全工作的意见》《地方党政领导干部食品安全责任制规定》《国家突发公共事件总体应急预案》和《国家食品安全事故应急预案》等。

食品安全事故应急预案应当对食品安全事故分级、事故处置组织指挥体系与职责、预防预警机制、处置程序、应急保障措施等作出规定。

食品生产经营企业应当制定食品安全事故处置方案，定期检查企业各项食品安全防范措施的落实情况，及时消除事故隐患。食品生产经营企业，是食品安全的第一责任人，有防范食品安全事故发生的义务。为了降低食品安全事故发生的危险，从源头上消除事故隐患，发生食品安全事故后尽早发现，将事故危害控制在可控范围，需要将食品生产经营企业纳入食品安全事故应急预案体系中。食品生产经营企业有义务制定食品安全事故处置方案，定期检查本企业各项食品安全防控措施的落实情况，及时消除事故隐患。在发生食品安全事故后，也须承担采取控制措施、进行及时报告等义务。

2）应急预案修订

有下列情形之一的，预案编制单位应当及时修订预案：有关法律、法规、规章、上位预案中的有关规定发生变化；应急指挥机构及其职责发生重大调整；在食品安全事故实际应对和应急演练中发现重大问题；预案编制单位认为应当修订的其他情况。

3）应急预案演练

预案编制单位根据实际情况采取实战演练、桌面演练等方式，组织开展应急演练，适时开展高级别、跨部门、跨地区综合应急演练。国家级、省级食品安全事故应急预案每3年至少进行一次应急演练。

思维导图

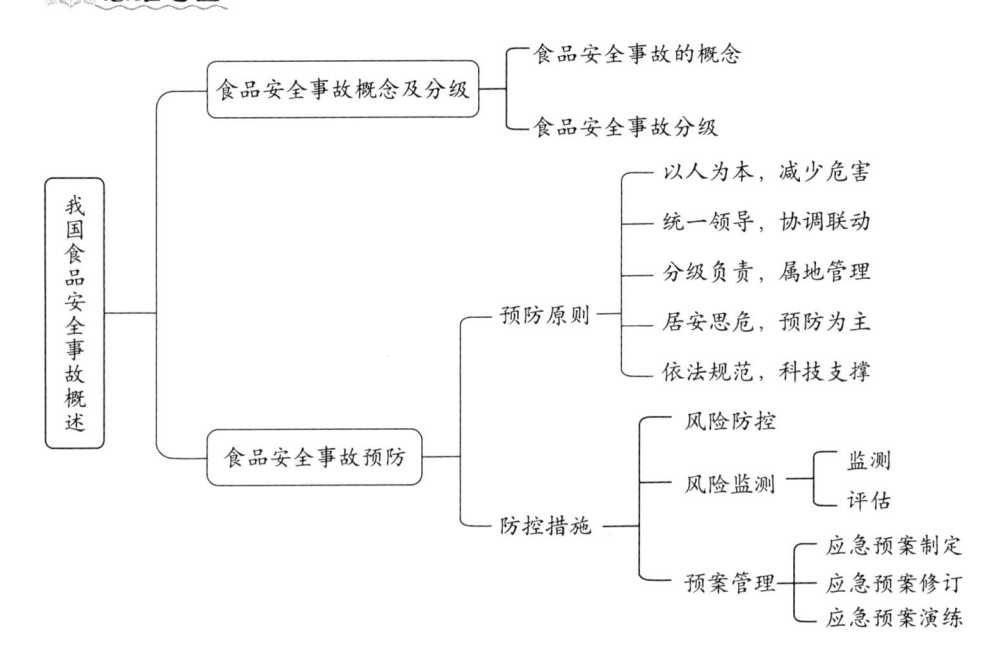

第二节　我国食品安全事故的应急处置

一、食品安全事故的分级及应对

食品安全事故应对遵循分级负责、属地管理的原则，事故发生地人民政府及市场监管部门初判事故级别、开展先期处置并及时向上一级人民政府及市场监管部门报告。根据食品安全事故分级情况，食品安全事故应急响应分为Ⅰ级（特别重大食品安全事故）、Ⅱ级（重大食品安全事故）、Ⅲ级（较大食品安全事故）和Ⅳ级（一般食品安全事故）响应。

初判发生特别重大和重大食品安全事故时，由省级人民政府负责应对。当食品安全事故涉及跨省级行政区域的，或超出事发省级人民政府应对能力的特别重大和重大食品安全事故，必要时由国务院或国务院食品安全委员会办公室负责应对。

初判发生较大食品安全事故时，由地市级人民政府负责应对。初判发生一般食品安全事故时，由县级人民政府负责应对。当食品安全事故涉及跨市地级、县级行政区域的，或超出属地人民政府的应对能力时，由上一级人民政府提供支援或负责应对。

二、食品安全事故的应急工作机构及职责

国务院食品安全委员会是国家层面防范和应对食品安全事故的领导指挥机构。国务院食品安全委员会办公室负责组织指导协调风险防控、应急准备、监测预警、应急处置与救援、善后处置等工作，组织对特别重大食品安全事故开展事故调查。国务院食品安全委员会各成员单位及有关部门按照各自职责做好食品安全事故防范和应对工作。

地方各级人民政府根据地区实际，设立或明确食品安全事故应急处置工作机构。食品产销密切的地方人民政府应建立应急联动机制，鼓励成立联合指挥机构，共同做好区域性食品安全事故防范和应对工作。

各级工作机构平时应建立食品安全事故应急处置专家库，事发后根据需要抽调有关专家组成专家组，为现场处置、医学救援、调查评估、舆论引导、善后恢复等工作提供技术支持和专家建议。食品检验机构、认证机构、科研机构、医疗机构、疾病预防控制机构等是食品安全事故应急处置的技术支撑单位，在有关部门组织领导下开展应急检验检测、认证评估、医疗救治、流行病学调查等工作。

三、食品安全事故应急指挥机制

（一）中央指导组

启动食品安全事故一级、二级应急响应后，根据工作需要成立中央指导组，组织协调指导事发地应急处置工作。指导组根据需要在综合协调、事故调查、危害控制、医疗救治、检测评估、社会稳定、新闻宣传等方面设置若干专项工作组。

中央指导组组长由党中央、国务院指定的负责同志担任，成员由有关部门负责同志担任。必要时，中央指导组可与地方各级人民政府联合成立前方指挥部，现场组织协调指导应急处置工作。

启动食品安全事故三级、四级应急响应后，由国务院食品安全委员会办公室根据工作需要，参照中央指导组成立工作组，指导事发地应急处置工作。

（二）地方现场指挥部

食品安全事故发生后，事发地人民政府设立由本级人民政府负责人、相关部门负责人组成的现场指挥部，组织指挥协调食品安全事故应急处置工作。特别重大、重大食品安全事故发生后，省级人民政府应设立现场指挥部；较大食品安全事故发生后，市级人民政府可设立现场指挥部；一般食品安全事故发生后，县级人民政府视情况设立现场指挥部。现场指挥部按照有关规定和要求成立临时党组织，切实加强党对应急指挥工作的领导，发挥战斗堡垒作用。

四、应急处置措施

（一）应急处置与救援

一般来讲，事故发生单位采取的应急处置措施包括：采取措施立即停止可能导致食品安全事故的食品及原料的食用和使用；密切注意已食用可能导致事故的食品的人员，一旦出现不适症状的，立即送至医院救治；保护食品安全事故发生的现场，控制和保存可能导致食品安全事故的食品及其原料，以便有关部门采集、分析；立即将事故情况如实向所在地县级市场监管部门报告等。

有义务向食品安全监督管理部门报告食品安全事故的主体包括：发生可能与食品有关的急性群体性健康损害的单位、接收食品安全事故病人治疗的单位。农业行政、卫生行政等部门在日常监督管理中发现食品安全事故或者接到事故举报的，应当立即向市场监管部门通报。据《国家食品安全事故应急预案》的规定，食品生产经营者、食品安全相关技术机构、有关社会团体及个人也有报告义务。另外，经核实的举报信息，经核实的媒体披露与报道信息，世界卫生组织等国际机构、其他国家和地区通报我国的信息，也是重要的事故信息来源。

1. 信息报告

（1）发生食品安全事故的单位和获悉食品安全事故信息的单位应及时向所在地县级市场监管部门报告。接收食品安全事故病人治疗的单位，应及时向所在地县级人民政府卫生行政部门、市场监管部门报告。

（2）医疗机构发现其接收的病人属于食源性疾病病人或者疑似病人的，应当在2小时内将相关信息向所在地县级人民政府卫生行政部门报告。县级人民政府卫生行政部门经研判认为与食品安全相关的，应当立即通报同级市场监管部门。

（3）卫生行政部门在调查处理传染病或者其他突发公共卫生事件中发现与食品安全相关的信息，应当立即通报同级市场监管部门。

（4）相关部门发现食品安全事故或接到食品安全事故举报，应当立即通报同级市场监管部门；市场监管部门发现食品安全事故信息中涉及其他部门的，应当及时通报。

（5）接到食品安全事故信息后，县级以上地方人民政府和市场监管部门应在1小时内向上级人民政府和市场监管部门报告。其中，特别重大食品安全事故信息，事发地人民政府和市场监管部门可直接向国务院报告，同时报市场监管总局、上一级人民政府和市场监管部门。

（6）任何单位和个人不得对食品安全事故隐瞒、谎报、缓报，不得隐匿、伪造、毁灭有关证据。隐瞒是指明知食品安全事故的真实情况，故意不按照规定报告的行为。谎报是指明知食品安全事故的真实情况，故意编造虚假或者不真实的食品安全事故情况。缓报是指超过食品安全事故的报告时限，不按照规定的时限拖延报告的行为。隐匿、伪造、毁灭有关证据不利于查清事实真相，也不利于追究相关责任人的法律责任。

报告食品安全事故信息时，应当包括事故发生时间、地点、单位、危害程度、伤亡人数、信息来源（含报告时间、报告单位联系人员及联系方式）、已采取措施、事故简要经过等内容，并随时通报或者续报工作进展、事故认定结论。

2. 处置措施

发生食品安全事故的单位应当立即采取措施，防止事故扩大。县级以上市场监管部门接到食品安全事故报告后，应当立即会同相关部门进行调查处理，防止或者减轻事故危害。

1）医学救援

卫生行政部门有效利用医疗资源，组织指导医疗机构救治因食品安全事故导致人身伤害的人员，提出保护公众身体健康的措施建议，做好相关人员的心理援助。

2）调查处理

一是现场处置，市场监管部门会同有关部门依法封存可能导致食品安全事故的食品及其原料和可能受到污染的工具、设备。待现场调查结束后，责令彻底清洗消毒被污染的场所以及用于食品生产经营的工具、设备，消除污染。

二是流行病学调查，疾病预防控制机构对事故现场进行卫生处理，对与事故有关的因素开展流行病学调查。完成流行病学调查后，应同时向同级市场监管部门、卫生行政部门提交流行病学调查报告。

三是检验检测，市场监管部门组织技术机构对疑似引发食品安全事故的相关样品进行检验检测，尽快查找食品安全事故发生的原因。对确认属于被污染的食品及其原料，责令生产经营者依法召回、停止经营或无害化处理；对检验合格且确定与食品安全事故无关的，应依法予以解封。

3. 事故原因调查

调查初期尚无法确认为食品安全事故的，应参照食品安全事故应急预案开展调查处置。事发地人民政府应当坚持实事求是、尊重科学的原则，综合分析现场处置、流行病学调查、检验检测、日常监管等信息，及时、准确查清事故性质和原因。属于传染病、水污染等公共卫生事件的，由卫生行政部门按照相关法律法规和预案进行后续处置。对涉嫌犯罪的，公安机关应及时介入。

4. 信息发布与舆论引导

发生特别重大、重大食品安全事故后，事发地省级应急工作机构要在事故发生后的第一时间通过主流媒体向社会发布简要信息，原则上应在 5 小时内发布权威信息，随后发布初步核实情况、政府应对措施和公众防范措施等；原则上应在 24 小时内举行新闻发布会，根据食品安全事故处置情况做好后续发布工作。发生较大、一般食品安全事故后，要及时发布权威信息，根据处置进展动态发布信息。

特别重大、重大食品安全事故的信息发布，由省级应急工作机构负责，跨省级行政区域的，由相关省级人民政府共同负责，必要时，按照党中央、国务院要求，国务院食品安全委员会办公室进行统筹协调。

食品安全事故应急处置过程中，各级地方人民政府要加强网络媒体和移动新媒体信息发布内容管理和舆情分析，引导公众依法、客观发表意见，形成积极健康的社会舆论。启动食品安全事故应急响应后，未经应急工作机构批准，参与食品安全事故应急处置工作的各有关单位和个人不得擅自对外发布相关信息。任何单位和个人不得编造、传播食品安全事故虚假信息。

5. 响应级别调整

指挥部组织对事故进行分析评估论证。评估认为符合级别调整条件的，指挥部提出调整响应级别建议，报同级人民政府批准后实施。应急响应级别调整后，事故相关地区人民政府应当结合调整后级别采取相应措施。

1）级别提升

当事故进一步加重，影响和危害扩大，并有蔓延趋势，情况复杂难以控制时，应当及时提升响应级别。当学校或托幼机构、全国性或区域性重要活动期间发生食品安全事故时，可相应提高级别，加大应急处置力度，确保迅速、有效控制食品安全事故，维护社会稳定。

2）级别降低

事故危害得到有效控制，且经研判认为事故危害降低到原级别评估标准以下或无进一步扩散趋势的，可降低应急响应级别。

6. 应急结束

当食品安全事故得到控制，并达到以下两项要求，经分析评估认为可解除应急响应的，事发地人民政府或应急工作机构可宣布应急结束：食品安全事故伤病员全部得到救治，原患者病情稳定24小时以上，且无新的急性病症患者出现，食源性感染性疾病在末例患者后经过最长潜伏期无新病例出现；事故现场得到有效控制，受污染食品得到有效清理并符合相关标准，次生、衍生事故隐患消除。

（二）调查评估

一是责任调查，发生食品安全事故，设区的市级以上市场监管部门应当立即会同有关部门进行事故责任调查，向本级人民政府和上一级市场监管部门提出事故责任调查处理报告。调查食品安全事故，除了查明事故单位的责任，还应当查明有关监督管理部门、食品检验机构、认证机构及其工作人员的责任。

二是总结评估，履行统一领导职责的人民政府在查明食品安全事故原因的基础上，对突发事件造成的损失进行评估，组织参与处置的部门（单位）对应急处置工作进行复盘分析，总结经验教训，制定改进措施，将调查和评估情况向上一级人民政府报告。对于特别重大食品安全事故，国务院食品安全委员会办公室要会同始发地省级人民政府进行检查评估，并向党中央、国务院报告。

（三）善后处置

事发地人民政府及有关部门要积极稳妥、深入细致地做好善后处置工作，消除事故影响，恢复正常秩序。完善相关政策，促进行业健康发展。食品安全事故发生后，保险机构应当及时开展应急救援人员保险受理和受灾人员保险理赔工作。造成食品安全事故的责任单位和责任人应当按照有关规定对受害人给予赔偿，承担受害人后续治疗及保障等相关费用。

思维导图

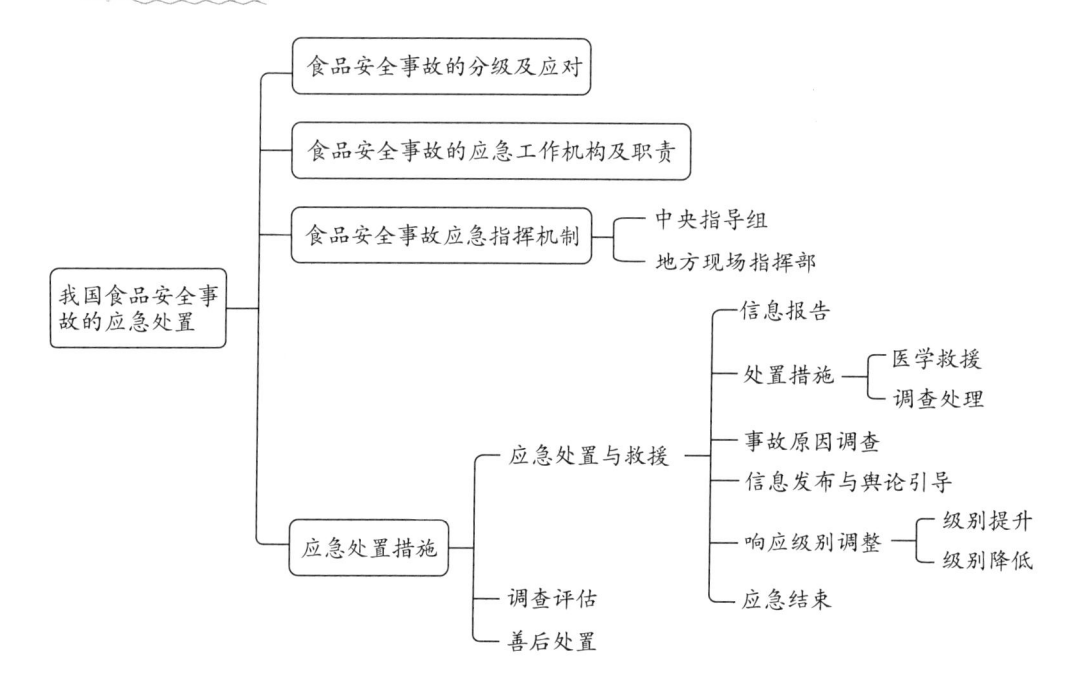

```
我国食品安全事故的应急处置
├─ 食品安全事故的分级及应对
├─ 食品安全事故的应急工作机构及职责
├─ 食品安全事故应急指挥机制 ─┬─ 中央指导组
│                              └─ 地方现场指挥部
└─ 应急处置措施
   ├─ 应急处置与救援
   │   ├─ 信息报告
   │   ├─ 处置措施 ─┬─ 医学救援
   │   │            └─ 调查处理
   │   ├─ 事故原因调查
   │   ├─ 信息发布与舆论引导
   │   ├─ 响应级别调整 ─┬─ 级别提升
   │   │                 └─ 级别降低
   │   └─ 应急结束
   ├─ 调查评估
   └─ 善后处置
```

第三节 我国食品安全事故舆情处置

由于食品安全事故具有突然发生、须紧急控制的基本特点和属性，因此在一定程度上，食品安全事故也可称之为食品危机事件。危机是指对一个社会系统的基本价值和行为准则架构产生严重威胁，并且在时间有限、有关信息不充分和事态发展不确定性极高的情况下，必须对其作出关键性决策的事件。

一、食品安全危机

（一）食品安全危机的特点

食品安全危机具有以下特点：一是突发性和紧急性，危机出现前没有明显征兆，难以作出准确预测，危机爆发后会带来比较严重的生命财产损失和负面影响；二是高度不确定性，食品安全事件的潜在影响难以精确测量，对其处置很大程度上依赖于经验和主观判断；三是信息的有限性，在食品安全危机来临时，监管决策者无法在短时间内得到足够的信息进行分析，在信息收集和传递过程中存在恐慌和情绪失控、噪音干扰，可能产生信息的滞后和失真，决策的正确性和有效性难以保证；四是影响边界的模糊性，食品安全对人体的损害常常是隐性的，其传播和影响也没有明确的界限，一个国家的食品安全危机事件可能跨越国界，波及其他国家和地区，需要国际间的合作参与；五是非线性，食品安全危机事件的起源可能是很小的因素，其蔓延速度和后果最初是无法预测的，单个企业和组织难以应对。

（二）食品安全危机管理

食品安全危机管理是与日常监管相对应的对突发紧急事故的处置方式。食品安全危机严重威胁公众的切身利益，打断了正常的食品安全监管计划，使政府和公众的注意力以及社会资源从其他领域转移到对食品安全危机的回应和处置方面；食品安全危机还破坏了政府的公共形象，降低了公众对政府的社会公信力和支持度。重大的食品安全危机如果不能得到及时妥善处理或者发生处置失误和不力，将对政府自身的基本价值观和行为准则产生严重威胁，对政治稳定产生消极影响，尤其是食品安全事故所衍生的舆情更需慎重。

关于危机管理，近年来出现了全面整合的管理模式和动态管理模式两种：

（1）全面整合的危机管理模式，是指在高层政治领导者的直接领导和参与下，通过法律、制度和政策的作用，在各种资源支持系统下，通过整合的组织和社会合作、全程的危机管理，提升公共部门危机管理的能力，以有效地预防、回应、化解和消弭各种危机，从而保障公共利益以及人民的生命财产安全，实现社会的正常运转和可持续发展。

其基本特征和主要因素为：一是高层领导的政治支持，政治领导者和高层管理者将处理危机作为政府的基本职能，通过制度、政策和管理来整合调动各种资源，积极预防和回应危机；二是全过程的危机管理，危机管理过程包括疏缓、准备、回应和恢复四个阶段和许多重要的环节；三是整合危机管理资源，建立政府、公众、企业、国际社会、国际组织之间的伙伴协作关系，统一领导、分工协作、利益共享、责任共担；四是充分的危机管理资源支持系统，如信息资源、人力资源、财政资源、政策资源等系统，并能够有效配置和使用。

（2）危机管理的动态管理模式，是将危机的爆发和发展作为一个不可分割的动态过程，纳入组织的日常管理中。每次危机都有潜伏、爆发、平息三个阶段，这三个阶段构成危机周期曲线或组织生命曲线。在不同的阶段分别从时间、策略、制度三个维度，采取相应的危机管理策略。

从时间维度看，可将危机分为隐性危机和显性危机管理阶段。在正常状态下，组织主要进行隐性危机管理；在危机爆发状态，组织主要进行显性危机管理。隐性危机管理是指处于正常状态下的组织，在实现组织管理目标的同时，组织的各个层面（内部管理基层、中层、高层各层级）在制度上系统地防范组织危机的过程。显性危机管理是指危机爆发时组织及时采取措施控制危机的过程。

从策略维度看，基于危机传导机制将危机划分为危机爆发前、危机爆发阶段、危机恢复阶段三个阶段。在危机爆发前，主要是从宏观战略、微观制度和产品各个方面做好防范准备；在危机爆发阶段，快速行动、准确出击，对危机进行有效控制，尽量减少危机对组织的危害;在危机恢复阶段,总结经验教训,从各个方面进行反思,提出改进措施,提升管理水平,化"危"为"机"。

从制度维度看,可以在组织的高层决策、中层管理与信息系统、基层运营和底层的组织文化四个层次做相应的制度准备。隐性危机阶段的制度准备主要是构建危机预警体系,树立危机意识,建设危机文化,定期进行危机处理模拟培训和危机管理培训;显性危机管理的制度支持主要是启动危机防范系统,在高层成立危机控制中心,中层危机信息系统快速行动,基层的危机处理团队全面开展工作,消除危机。

二、食品安全事故舆情监测和舆论引导

舆情是"舆论情况"的简称,是指在一定的社会空间内,围绕中介性社会事件的发生、发展和变化,作为主体的民众对作为客体的社会管理者、企业、个人及其他各类组织及其政治、社会、道德等方面的取向产生和持有的社会态度。它是群众关于社会中各种现象、问题所表达的信念、态度、意见和情绪等表现的总和。

食品安全事故舆情具有燃点低、传播快、影响广等特点,如果舆论引导工作不及时、不得当,往往会导致次生舆情风险,损坏政府形象和丧失公众对食品安全的信任度。食品安全事故舆情往往经历爆发期、发展期和回落期三个阶段,要根据不同阶段的舆情发展特征,采取有针对性的信息发布与舆情引导策略。

(一)舆情爆发期,重在及时发声,把握主动

舆情爆发期大多出现在食品安全事故突然发生时,事件本质属性尚不明确,而传统媒体报道和网络媒体关注叠加,负面舆情逐渐指向监管部门,若涉及婴儿奶粉等重点品类,舆情风险更高。这一阶段舆论引导的基本原则是及时主动、透明公开,掌握舆论引导主动权;诚表态度、语气谦和,明确表达对公众利益的重视、对安全事件的零容忍;快讲事实、慎谈原因,首次回应不下定性结论,也不发布初步结论或者推测判断;只谈自己、不谈别人,避免公开指责媒体报道或者专家言论,也不要评论其他政府部门的工作,同时要尽快核查事情真相。

(二)舆情发展期,重在有理有据,正确引导

舆情发展期的主要特征是舆情持续发酵,媒体报道不断深入,网民讨论逐步加剧,观点类舆情占比不断增加,媒体刊发观点鲜明的评论文章,网络舆情情绪聚集、讨论不断深入,并夹杂着对监管部门的不满、抱怨或者给出监管建议,老旧舆情新炒现象出现,以"证明"这一品类一直不安全,同时事故情况逐渐查明,政府掌握的信息越来越多。这一阶段舆论引导的关键就是把握对事故定性的主动权和话语权。当舆情持续发酵、不断有新情况出现时,要根据舆情的发展变化,持续发声、回应关切,讲事实、摆数据,做到以理服人。政府部门需要换位思考,尽量形成与民众的对话。

（三）舆情回落期，重在讲明真相，消除影响

这一阶段的舆情整体热度下降，舆情逐渐平息，舆情关注点将发生转移，新闻媒体会保持继续关注，但微博微信等平台的关注度明显回落。舆情回落期的引导重点应放在如何消除民众的疑虑和负面报道带来的影响上。及时公布对事件的调查结果、处置结果及改进措施，使应急处置有始有终。在发声时应注重还原事故的真实面目，突出案件的本质属性，对事故的性质作出最终结论判定，避免话题的偏移。对事故进行总结反思，如确实存在监管问题，应在该阶段的舆论引导中，积极强调未来的改进措施和方法。

三、日常舆情监测与舆论引导

（一）舆情的监测识别

舆情监测是指通过整合互联网信息采集技术及信息智能处理技术，对互联网海量信息自动抓取、自动分类聚类、主题检测、专题聚焦，实现网络舆情监测和新闻专题追踪等信息需求，形成简报、报告、图表等分析结果，为全面掌握社会舆情作出正确舆论引导，提供分析依据，提升食品安全监管效能。

按照《中共中央 国务院关于深化改革加强食品安全工作的意见》重要政策措施分工安排，各有关职能部门按职责分工加强食品安全舆情监测，建立重大舆情收集、分析研判和快速响应机制。市场监管部门依职责组织专业机构全年全天候24小时不间断监测舆情，监测哨点覆盖网络、微博、微信等公众平台，确保第一时间发现敏感信息。根据监测到的舆情信息性质和缓急程度，组织编写相应舆情报告。根据已发生舆情的性质及可能造成的危害程度、影响范围和力度，分级开展协调处置。

（二）分析研判与舆论引导

食品安全舆情信息庞大而复杂，一方面，需要对舆情反映问题的危害性、发生的可能性、影响的范围等进行实体性分析；另一方面，还需要对信息的来源、传播途径、感情色彩等进行分析。前者主要对舆情信息的内容进行分析，后者主要对社会影响进行分析，并进行综合研判，分析和预测舆情发展态势。

舆情监测研判发现食品安全热点事件后，立即进行舆情跟踪统计分析，动态跟踪各方媒体观点，倾听网民意见，根据新闻、微博、微信、跟帖等统计数据，研判舆情热度趋势，分析舆论关注议题，观察网民情绪变化，编发事件舆情分析专报。采用多元化的引导方式，利用官方信息发布渠道主动发声、及时介入，调动各类媒体开展正面报道，联络行业专家、行业自媒体人在合适时机进行发言，加强科普宣传，消除公众疑虑，防止舆情事件进一步发酵。在日常工作中，利用"两会""春节""国庆"等重要时间节点及时发布专家解读和消费提醒，运用"世界食品安全日""食品安全宣传周"等活动载体，促进公众树立健康饮食理念，弘扬勤俭节约美德，提升消费信心，

提高食品安全意识和科学应对风险的能力。

思维导图

```
我国食品安全          ┌─ 食品安全危机的特点
事故舆情处置 ─┬─ 食品安全危机 ─┤
              │                  └─ 食品安全危机管理 ─┬─ 全面整合的危机管理模式
              │                                        └─ 危机管理的动态管理模式
              │
              ├─ 食品安全事故舆情监测和舆论引导 ─┬─ 舆情爆发期，重在及时发声，把握主动
              │                                    ├─ 舆情发展期，重在有理有据，正确引导
              │                                    └─ 舆情回落期，重在讲明真相，消除影响
              │
              └─ 日常舆情监测与舆论引导 ─┬─ 舆情的监测识别
                                          └─ 分析研判与舆论引导
```

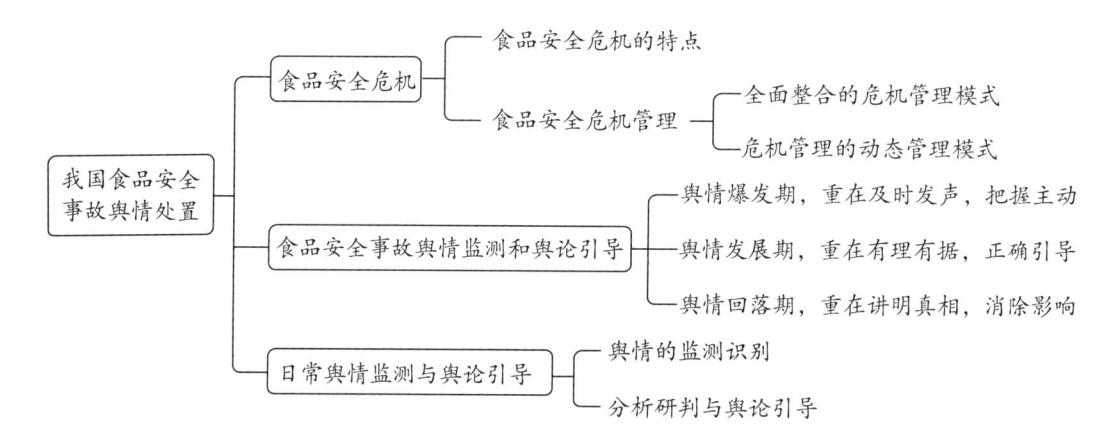

本章小结

本章主要介绍了食品安全事故概述、食品安全事故的应急处置和食品安全事故的舆情处置三个方面的内容。拟通过本章内容的讲授和学习，主要帮助学生了解食品安全事故的分类及防控原则，掌握食品安全事故的防控措施和应急处置措施，理解并会应用食品安全事故舆情处置措施解决实际问题，培养其分析问题的综合能力。

另外，本章中所介绍的应急处置内容主要是指《食品安全法》明确的食品安全事故，不包括非食品安全事故引起的新闻舆情事件。在日常监管中处置的大多数食品安全事件，并非源自食品质量安全问题，而是社会各界对某一食品领域安全问题深度关注而产生的新闻舆情。此类舆情事件按照《中共中央 国务院关于深化改革加强食品安全工作的意见》重要政策措施分工，由有关职能部门根据职责分工按照舆情应对方案处置。

思考题

1. 简述我国食品安全事故的防控措施。
2. 简述应急处置食品安全事故的程序。
3. 简述食品安全危机的特点。
4. 简述食品安全事故舆情处置策略。

素质拓展材料

通过该内容材料的学习，可以帮助学生充分了解食品危机管理理论，掌握政府对食品危机事件的处理方式及对食品危机管理的有效性评定，培养学生临危不惧的专业素养和应急管理能力，涵养其职业精神。

从三聚氰胺事件的处理谈食品危机管理的有效性及其原则

第十章

食品安全信息化监管

> **本章学习目标**
>
> 1. 了解食品安全信息化监管技术的应用场景；
> 2. 理解食品安全信息化监管现状及解决对策；
> 3. 掌握食品安全信息化监管的依据；
> 4. 能客观看待信息化对食品安全监管的意义。

第一节 食品安全信息化监管概述

食品产业从生产、加工、流通、消费乃至出口，全过程涉及的环节多、链条长、参与主体多样化；食品的供给体系也渐趋于复杂化和国际化，在如此长的产业链条中，每一个环节都有污染食品的可能，而且污染因素更存在不确定性。同时，食品生产许可、企业信用等诸多涉企信息又分散在不同部门、企业乃至第三方机构，缺少整合与互通，导致监管工作难以及时溯源、精准治理。随着大数据、"云计算"、物联网、区块链、人工智能等现代信息技术的发展与运用，信息化正逐步向智能化升级。食品安全信息化与智能化管理不仅可以提高管理效率，更能实现风险信息的分析与挖掘，为食品安全管理提供更多维度的决策参考，从而有助于实现"预防为主"的管理格局。

一、我国食品安全信息化的发展

（一）食品安全信息化管理

食品安全信息化管理主要指在食品安全法律、法规以及管理体制的基础上，利用先进的管理体系和信息技术、设备，建立相关厂商、政府机构、大众媒体以及相关中介机构发布的与食品质量安全相关的信息管理系统。通过信息化管理可使政府、企业和消费者能够安全、可靠、实时地传输、应用食安大数据,全面、便捷地看到农产品全流程各环节的真实信息,做到来源可知、去向可查。

食品安全信息化应以食品安全风险信息的监测、采集、分析、挖掘为核心,服务于食品安全风险评估和风险预警,为风险管理提供高效的技术支撑及决策依据。实施食品安全信息化管理手段,可以起到对食品信息跟踪和预警等作用,切实有效地将食品安全风险降到最低。在信息化建设迅速发展的今天,互联网已成为人们获取信息的重要途径。通过网络为广大消费者提供快捷、方便、及时的食品安全信息,将有助于促进食品安全监管体系的完善。可以说,食品安全信息化是构成食品安全监管体系不可或缺的组成部分,它的建立和完善可以有效地保障食品安全长效监管机制的健全。

(二)我国食品安全信息化监管的相关法律法规依据

党和政府非常重视食品安全信息的收集、使用、发布及监测等工作,早在《国务院办公厅关于印发2013年食品安全重点工作安排的通知》(国办发〔2013〕25号)中,就强调要推进食品安全监管信息化建设,根据国家重大信息化工程建设规划,充分利用现有信息化资源,按照统一的设计要求和技术标准,建设国家食品安全信息平台,统筹规划建设食品安全电子追溯体系,统一追溯编码,确保追溯链条的完整性和兼容性,重点加快婴幼儿配方乳粉和原料乳粉、肉类、蔬菜、酒类、保健食品电子追溯系统建设。《食品安全法》和《农产品质量安全法》等法律和法规当中对食品安全风险监测制度、食品安全全程追溯制度有相应的规定,这些制度实际都离不开信息化技术的支撑,也是我国食品安全信息化监管的依据。

食品安全风险监测方面。《食品安全法》规定:"国家建立食品安全风险监测制度,对食源性疾病、食品污染以及食品中的有害因素进行监测。国务院卫生行政部门会同国务院食品安全监督管理等部门,制定、实施国家食品安全风险监测计划。"

食品安全可追溯方面。《食品安全法》规定:"食品生产经营者应当依照本法的规定,建立食品安全追溯体系,保证食品可追溯。国家鼓励食品生产经营者采用信息化手段采集、留存生产经营信息,建立食品安全追溯体系。"另外,为加快应用现代信息技术建设重要产品追溯体系,国务院办公厅还发布了《关于加快推进重要产品追溯体系建设的意见》(国办发〔2015〕95号)。

《国务院关于加快推进全国一体化在线政务服务平台建设的指导意见》(国发〔2018〕27号)提出,按照"急用先行、分类推进,成熟一批、发布一批"的原则,抓紧制定并不断完善全国一体化在线政务服务平台总体框架、数据、应用、运营、安全、管理等标准规范,指导各地区和国务院有关部门政务服务平台规范建设,推进政务服务事项、数据、流程等标准化,实现政务服务平台标准统一、互联互通、数据共享、业务协同。

2019年5月30日,国务院食品安全委员会印发了《关于印发2019年食品安全重点工作安排的通知》，重点提到了加强科技支撑和信息化建设。实施"食品安全关键技术研发"重点专项。加快"食品安全云服务平台"建设，为食品安全社会共治共享提供信息支撑。

2021年4月，全国市场监管系统食品安全工作会议指出，要加快实施智慧监管，综合运用大数据、人工智能、"互联网+"等信息技术手段赋能食品安全监管。食品生产许可证书电子证照标准的出台，为食品安全涉企信息在各地、各部门间的互联互通奠定了标准基础，进一步推动了全国一体化在线政务服务平台的完善。

为有效实施食品安全风险监测制度，规范食品安全风险监测工作，充分发挥风险监测在食品安全风险管理中的基础性作用，强化食源性疾病等风险的早发现、早通报、早预警；强化风险监测相关部门间的交流协作，加强信息共享与风险会商，在结果分析、流行病学调查等方面增强部门合力；进一步规范卫生健康行政部门、风险监测专业技术机构、医疗机构等的职责与工作要求，根据《食品安全法》及其实施条例，国家卫生健康委对《食品安全风险监测管理规定（试行）》（2010年）进行了修订，新修订的《食品安全风险监测管理规定》（国卫食品发〔2021〕35号）已于2021年11月4日开始执行。

工信部发布的《信息化和工业化深度融合专项行动计划（2013—2018年）》提出规划期间"要加快食品、农药等行业智能监测监管体系建设，实现食品质量安全信息全程可追溯"的目标，具体行动内容是搭建食品质量安全信息可追溯公共服务平台，在婴幼儿配方乳粉、白酒、肉制品等领域开展食品质量安全信息追溯体系建设试点，面向消费者提供企业公开法定信息实时追溯服务，强化企业质量安全主体责任。加强农药行业信息化监管，提出要建立农药产品生产批准证书查询库和换证信息共享平台，促进农药行业信息交流；建立农药生产信息数据库，加强农药生产企业监管；搭建违法案件群众举报信息平台。

食品生产过程信息化方面。早在2011年工信部发布的《关于加快推进信息化与工业化深度融合的若干意见》（工信部联信〔2011〕160号）中就提出要推动食品行业建立完善的产品质量保障系统。2017年国家发改委、工信部发布的《关于促进食品工业健康发展的指导意见》提出加快大数据、云计算等新型技术与食品安全的结合，以建立智慧食品保障系统。2016年工信部发布的《信息化和工业化融合发展规划（2016—2020）》提出深化物联网标识解析、工业云服务、工业大数据分析等在重点行业的应用，支持食品等行业发展基于产品全生命周期管理的追溯监管、质量控制等服务新模式，构建智能监测监管体系。工信部在《2014年食品工业企业诚信体系建设工作实施方案》的通知中指出要加强地方、行业诚信信息平台网络建设，促进诚信建设宣传交流。

食品安全预警方面。完善的食品安全预警机制可以实现对食品安全隐患的早发现、早研判、早处置。原国家质量监督检验检疫总局2001年发布的《出入境检验检疫风险预警及快速反应管理规定》提出，要建立"信息化搜集网络"，以实现对出入境食品安全的有效监管。

（三）我国食品安全信息化监管的相关标准依据

目前，我国已经制定了一系列可追溯、风险监测和预警等与食品安全信息化相关的标准。从标准的内容上看，食品安全信息化相关标准主要集中在可追溯领域，其中可追溯领域的国家标准涵盖了水果、蔬菜、茶叶的追溯要求，冷链物流的管理要求，农产品市场信息采集，饲料和食品链的可追溯性等；可追溯领域的农业标准集中在畜肉、水果、蔬菜、茶叶、谷物等农产品的质量安全追溯操作规程；可追溯领域的商业标准主要包括肉类、蔬菜流通追溯领域的终端通用规范，基于射频识别的瓶装酒追溯中设备、标签、防伪技术等规范，以及肉类、蔬菜流通追溯体系信息处理技术要求。食品安全信息化中关于风险监测和预警的标准主要包括：产品质量安全风险信息监测技术通则和风险预警分级导则、进出口商品质量安全风险预警管理技术规范以及产品质量安全风险预警分级导则。

市场监管总局也发布了多个与食品安全监管相关的信息化标准，如食品生产许可、食品生产经营监督检查管理办法等。此外，随着各行各业对信息化的需求不断上升，为推动信息化和软件服务业平稳健康发展，工信部信息化和软件服务业司于2018年开始大力推进信息化和软件服务业标准化工作。

二、我国食品安全信息化监管成效、存在问题及对策

（一）建设成效

我国食品安全信息化监管应用技术研究正在加速推进，现已建成覆盖多个城市的食品安全监测系统、预警系统及追溯系统等。以监测为例，为系统掌握我国食品污染物的污染状况，我国于1981年加入由世界卫生组织（World Health Organization，WHO）、联合国粮食及农业组织（Food and Agriculture Organization of the United Nations，FAO）与联合国环境规划署（United Nations Environment Programme，UNEP）共同成立的全球污染物监测规划/食品项目（Global Environmental Monitoring System/Food，GEMS/Food），并于2000年在卫生部门的主持下，正式启动全国食品污染物监测网工作。2009年，根据《食品安全法》的规定，在原有食品化学污染物监测网的基础上作了相应调整，发展为全国食品安全风险监测——化学污染物和有害因素监测网。

我国从2010年开始组织实施国家食品安全风险监测和风险评估工作。目前，我国已建立了国家、省、市、县四级食品污染和有害因素监测、食源性疾病监测两大监测网络以及国家食品安全风险评估体系。食品污染和有害因素监测已覆盖99%的县区，食源性疾病监测已覆盖7万余家各级医疗机构。食品污染和有害因素监测食品类别涵

盖我国居民日常消费的粮油、蔬果、蛋奶、肉禽、水产等全部32类食品。这些措施使得重要的食品安全隐患能够比较灵敏地得以识别和预警，不仅为标准制定提供了科学依据，同时为服务政府风险管理、行业规范有序发展和守护公众健康提供了有力支撑。通过连续10多年的监测，初步掌握了我国主要食品污染状况和趋势，如发现局部地区部分食品重金属污染、农兽药残留超标、致病菌污染以及新的潜在的其他风险等食品安全隐患，对发现的隐患及时开展风险评估，通报相关监管部门及时制定修订相关限量标准，有效发挥了监测评估的预警作用。同时，也基本掌握了我国不同地区、不同季节主要食源性疾病的发病趋势和发病规律。

此外，国家市场监督管理总局也启用了国家食品安全抽样检验信息系统、食品安全智慧监管系统、进出口食品监测与风险预警信息化平台等；农业农村部门也逐步建立食用农产品安全追溯标准和规范，完善全程追溯协作机制，加强全程追溯的示范推广，逐步实现企业信息化追溯体系与政府部门监管平台、重要产品追溯管理平台的对接，接受政府监督、互通互享信息，这些都对食品安全信息化监管起到了积极的促进作用。

总之，信息化、智能化已经是食品产业的必然发展趋势。伴随着国家食品安全信息平台的建立，企业食品生产经营数据的采集和政府部门的食源性疾病、污染物监测和溯源等数据采集存储的信息化程度不断提升，对监测数据质量控制、数据共享、食品安全大数据处理的要求也随之提高，食品安全监管与互联网、物联网、云计算等信息技术的融合也会越来越深入。

（二）存在问题

1. 我国食品安全信息化发展相关法律法规和标准不够完善

保障食品安全智能化应用的法律法规不够完善，在实施食品安全信息化管理及风险预警的过程中，缺乏可操作性的法规和标准；已发布的标准多集中在食品追溯领域和食品安全监管领域，食品安全信息公布、食品安全全程追溯、诚信体系建设、信息安全数据质量、数据安全、数据开放共享等方面标准不够完善；未建立保障食品安全智能化应用的完整管理体系，与食品安全信息化管理相关的政策、法规、标准仍需继续完善。约束性法律法规体系不够完善，在食品安全信息化建设的过程中，有监管部门、检验机构、食品企业、信息技术支持机构等多方的参与，如何保障信息的真实性、防止信息被篡改，对不宜公开的数据做到严格保密，至关重要。

2. 我国食品安全信息化监管中信息共享不足

食品安全信息范围界定不清晰，不利于食品安全信息的开放与共享；我国虽已开展了大量监测、追溯工作，构建了多个监测、追溯数据库，但各个信息化平台所收集的数据格式不同，数据库共享程度低，没有形成统一的信息发布渠道，应急联动能力薄弱。虽然《食品安全法》要求要建立食品安全全程追溯协作机制，但是未强制要求部门间建设数据共享平台等信息化管理系统；对于各部门如何建立数据共享平台缺乏具体的执行标准和规范性文件，不同部门数据无法实现共享和互联互通等。由于缺乏专门技术人员，检测机构在信息化建设过程中，对服务器的安全性重视不足，导致保密数据基本处于不设防的状态，信息系统安全性存在隐患。

3. 我国食品安全信息化系统或平台技术支撑不足

我国食品安全智能化应用虽形成一批创新成果，但部分关键领域的研究仍薄弱，如在农药及其他化学投入品管理与追溯、全程双向追溯分析、食品大数据智能分析预警、食品安全风险处置智能化培训以及基于我国居民营养状况的特膳食品健康评价体系等方面仍较为薄弱，亟待深入研究。食品安全信息化覆盖范围不够全面、系统缺乏统一性，部分环节信息采集操作复杂、人员素质参差不齐，信息可靠性有待提高。信息采集的自动化和信息化程度低，一些信息平台的信息仅可逐条录入，过程烦琐复杂，消耗大量的人力和时间。模块建设不够完善，部分平台仅能对信息进行搜寻，不能够对数据进行在线统计分析和可视化分析。信息化建设的思想认识有待提高，由于信息化建设需要配备相应的软件和硬件设施，需要投入大量的时间和资金，出于对公司经营信息泄露或者公开的担忧，影响了企业开展食品安全信息化建设的积极性。

4. 我国食品安全监测系统可信保障技术存在缺陷

食品安全监测系统缺乏完整的可信保护，现有的安全检测系统多为被动防御，而被动防御具有严重滞后性；另外，现有食品安全监测系统接入网络信息中心时，多采用传统的接入认证方式，如采用基于PKI证书进行身份认证、访问控制列表认证，这些认证方式无法有效地进行完整性认证，造成了食品安全监测系统存在隐患。网络攻击越来越复杂，且其行为特征不断变化，现有的监测系统难以对复杂网络的恶意行为进行有效检测。

（三）建设对策

1. 消除食品安全信息化与智能化平台互联互通制度障碍

在国务院食品安全委员会统一领导下，建立统一、协调、权威、高效的信息共享机制，将分散在市场监管、卫健委、农业农村和海关等主管部门的食品安全监测系统进行资源整合和信息共享。制定数据和接口等相关标准，充分考虑各监管部门、食品生产经营企业现有系统的兼容和对接，以及数据的融合和拓展，为现有系统留有接口，彻底打破跨领域、跨部门的"信息孤岛"。

2. 强化以风险信息为内容、支撑风险管理的食品安全信息化建设

明确食品安全信息化建设内涵，强化食品安全风险信息采集、统计、挖掘与应用，

进一步完善食品抽检监测、食源性疾病监测、进出口食品风险预警与快速反应、农兽药监测等信息化建设，并构建国家级食品真实性（掺假物和欺诈成分）监测平台，使食品安全信息化建设为风险管理服务。

建议在我国现有的污染物监测、食品安全监督抽检、食品安全风险监测平台的基础上，运用神经网络、大数据等信息化技术，构建涵盖食品安全风险防控指挥平台、谣言识别平台、网络舆情监测平台、实时数据汇聚平台、智慧抽检监测等的食品安全监测与预警系统，为我国食品安全监管提供新的手段和技术支撑。充分利用大数据、物联网、云计算等相关技术，完善我国的进出口食品安全监测与风险预警系统。构建我国的食品掺假风险监测与预警平台，通过搜集国内外食品掺假监督抽检数据和食品掺假事件，对掺假食品种类、掺假物质、掺假环节、发生的地点以及波及的范围等特征进行掌握，并通过大数据分析、神经网络模型等统计学方法构建预警模型，为食品掺假技术的监测与预警提供方向。

3. 推动食品安全信息化平台向智能化分析预警平台升级

依托现有的食品抽检监测、食源性疾病监测、进出口食品风险预警与快速反应、农兽药监测等国家级信息化平台及食品真实性（掺假物和欺诈成分）监测平台，加快大数据、云计算、人工智能等现代化信息技术在平台中的应用，推动现有"信息化监测平台"向"智能化监测与预警平台"升级，实现机器换人、机器助人，为食品安全监管提供良好的信息化和智能化支持。

4. 强化食品安全信息化平台网络与信息安全

坚持"以公开为常态、不公开为例外"的原则，明确食品安全风险信息公开的范围和内容。将食品安全信息化平台网络与信息安全摆在优先位置，持续强化可信安全管理、恶意代码免疫、可信网络连接等技术在食品安全信息化平台中的应用，提升信息化系统安全性能，确保食品安全信息化平台网络与信息安全。

5. 鼓励引导企业生产链食品安全风险信息智能化管理

一是鼓励引导大型生产企业发展食品安全风险信息化管理系统，实现食品安全风险信息的有效采集与分析；二是推动食品种类风险分级管理，在高风险等级食品种类中探索企业风险信息与监管信息化平台的互联，丰富风险信息采集来源，加强监管和生产两个层面风险信息的交流。

6. 加强信息化国际交流与合作

密切关注世界食品安全信息化发展动向，建立和完善食品安全信息化国际交流合作机制。坚持平等合作、互利共赢的原则，积极参与多边组织，大力促进双边合作，结合"一带一路"倡议等，统筹国内发展与对外开放，加快食品制造企业联合互联网等企业"走出去"。

7. 建立食品安全预警监管平台

一是构建一个由政府部门主导的覆盖全面、定位准确、反应快速、远程指挥、科学调度的食品安全监管、预警信息化系统——国家食品安全预警与监管信息平台，建立相对统一的信息接受和处理平台；二是建议先以中央、省、市三级主干网络平台为主，实现食品安全信息预警报送、联合查处和警示教育，后期再逐渐扩展到县区，逐步建立面向全国的统一的食品安全信息曝光平台；三是搭建食品安全监管大数据平台，利用云计算、云存储的大数据技术，将所有食品安全平台数据进行集中存放、综合利用、深度挖掘分析，形成各类数据的参数，并以报表统计方式从各级汇总，由国家进行统计分析。国家中央平台也可以对从省区市到商户的数据调取分析，并进一步通过信息化手段对食品安全的追溯、预警、监管、查处、警示教育等过程进行监管。

思维导图

- 食品安全信息化监管概述
  - 我国食品安全信息化的发展
    - 食品安全信息化管理
    - 我国食品安全信息化监管的相关法律法规依据
    - 我国食品安全信息化监管的相关标准依据
  - 我国食品安全信息化监管成效、存在问题及对策
    - 建设成效
    - 存在问题
      - 我国食品安全信息化发展相关法律法规和标准不够完善
      - 我国食品安全信息化监管中信息共享不足
      - 我国食品安全信息化系统或平台技术支撑不足
      - 我国食品安全监测系统可信保障技术存在缺陷
    - 建设对策
      - 消除食品安全信息化与智能化平台互联互通制度障碍
      - 强化以风险信息为内容、支撑风险管理的食品安全信息化建设
      - 推动食品安全信息化平台向智能化分析预警平台升级
      - 强化食品安全信息化平台网络与信息安全
      - 鼓励引导企业生产链食品安全风险信息智能化管理
      - 加强信息化国际交流与合作
      - 建立食品安全预警监管平台

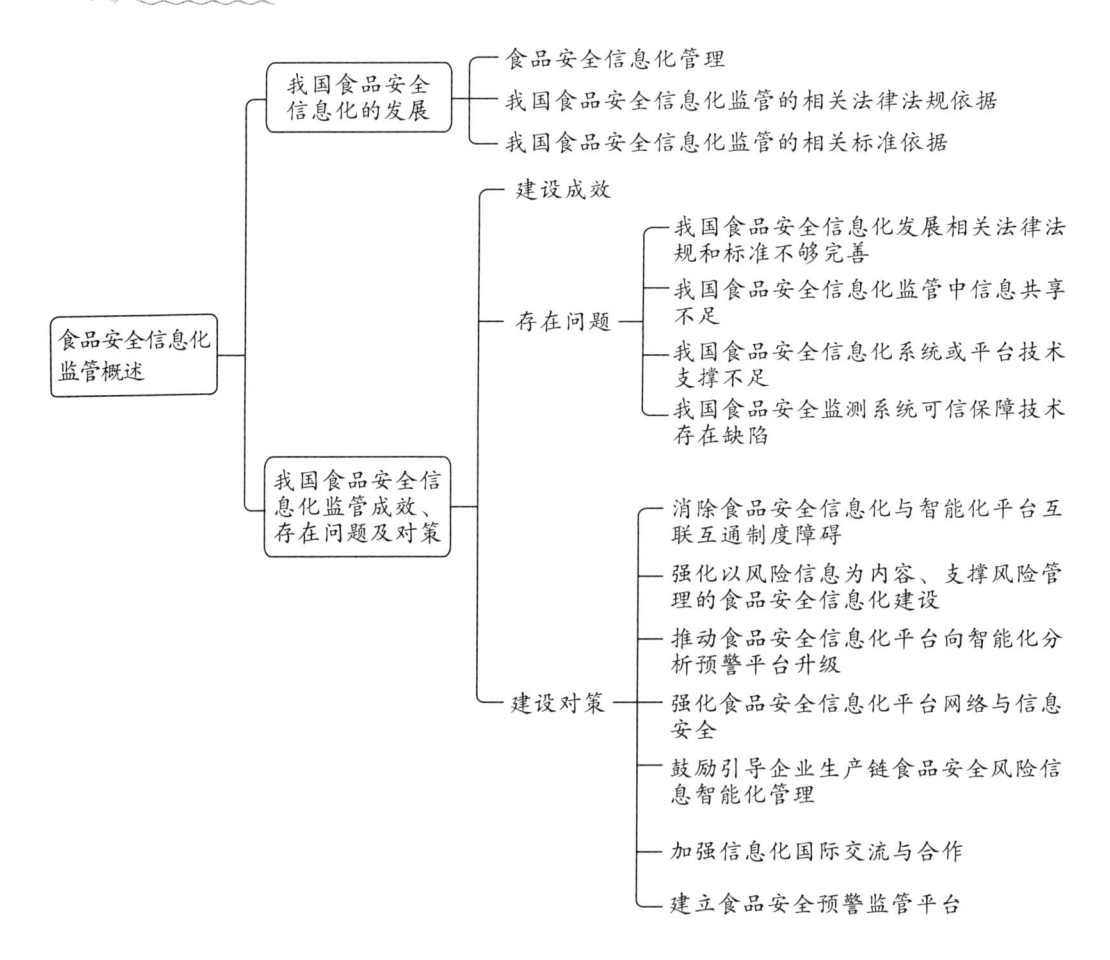

第二节 信息化技术在食品安全监管中的应用

食品安全信息化作为新型监管手段，利于建立食品安全长效管理机制，落实政府监管责任，实现食品在生产经营过程的全程溯源监管。食品安全信息化监管系统是依托电子监管软件，通过运用网络和计算机技术，对生产和销售环节的大型商超、餐饮企业、食品生产企业、批发主体等的食品实行全面管理，可进行全程追溯、及时在线管理，提升现代化监管系统的精确度。市场监管部门要求生产经营者按照相关法律的规定，形成及时的进货、销货查验记录制度，从而根据这些记录形成数据信息平台。市场监管部门依托食品安全信息化监管系统，能够实现对食品生产经营者的生产运营状况的实时监控管理、食品流向全程追溯、食品质量与安全风险评估及预警监控等。食品生产经营者、消费者、市场监管部门通过信息化系统平台查询食品经营者的进销货电子台账信息、食品生产、市场流通、餐饮服务信息等，从而形成食品安全用户查询平台、食品安全数据中心平台、食品安全行政监管平台完整的现代化信息管理平台系统。实现信息化的技术手段途径有多种，本节主要介绍几种常用的信息化监管技术手段在食品安全监管中的应用，如物联网、大数据、云计算、区块链等。

一、智慧食安在食品安全监管中的应用

"智慧食安"系统是一款食品溯源管理和电子监管系统，借助现代信息技术，落实法定要求，实现食品进货查验和索证索票的电子化，使执法人员能够对食品进行远程监督和快速追溯，有效提高监督执法效率。"智慧食安"系统以"数据共享、一票多用、源头管理、全面覆盖"为理念，互联网为依托，食品信息数据库共享为基础，加强源头监管为重点，销售环节为总抓手，承前启后、承上启下，将触角向前延伸到生产源头，建立食品生产（加工）企业产品数据库；向后拓展到餐饮服务单位，形成了从生产加工到流通、餐饮环节的全程无缝隙食品安全开放式监管平台，实现了对食品品种从农副产品、肉禽产品到散装、预包装食品的电子全面监管与追踪。

系统采取"把控源头、规范批发、抓大促小、以批带零"的办法，以"票证通"电子传输为特点，使生产经营者能够方便、快捷地建立食品全程索票制度，包括食品的配送、进货、销货、台账的记录，可对食品在市场的流通进行全程溯源，提升对问题食品快速发现与处理的效率。以食品信息化作为监管的重要手段，建立集市场主体及客体管理、准入、监控、追溯、预警、进销货台账、商品退市及恢复上市、应急处置、消费者参与监督于一体的综合管理系统。

食品安全监管理论与实践概论

（一）系统的特点

"智慧食安"系统根据食品信息的数据平台，形成进销货的电子索票，代替原有的食品批发商的纸质材料，简化传统手工索票的烦琐程序，不仅能减轻商家复印证书、票据的经济和人力负担，降低其经营成本，而且可带动生产经营者建立台账、进行索证索票的积极性，将监管工作落到实处，方便建立食品安全监管的长效体制。

实现综合化管理，食品经营单位只需经注册用户即可登录使用，系统将进货单据、销货单据、接收单据等常用菜单置于醒目位置，操作简单，节约资源。食品经营者只需登录系统录入产品的进销货信息，可自动生成符合《食品安全法》要求和规范的进销货验收台账；各级监管中心站可通过后台查询，实现动态化管理，及时掌握辖区范围内食品生产经营者的进销货及库存情况。对于餐饮、零售单位而言，在接收单据的同时电子进货台账自动生成，无须安排专职人员记录、维护，大大减少了人力、物力、财力，提高了工作效率。

操作简单便捷，食品经营者基本信息、商品登记、索证信息、检测报告等内容一次性填写完整后，即可进行进、销、存单据录入、打印、配送，并自动生成带有防伪标志的"二维码"票据，以备查验。"智慧食安"系统界面可进行互动交流，在系统的交流平台上，监管部门可随时查阅食品经营者的经营状况及商品流通情况，而食品经营者可查阅监管部门发布的相关信息，并及时进行反馈。消费者只需要扫描食品条形码或者二维码，就可直接查询食品的相关信息，同时还可通过摇一摇服务，摇出距离自己最近的商铺。

（二）系统的服务网与数据库

系统主要由食品安全信息服务网和食品信息中心数据库构成。食品安全信息服务网主要是提供市场管理局对市场监管的相关法规条例及相关工作内容。监管部门人员或食品经营者可通过网站首页登录"智慧食安"系统，进行信息录入或查询，此外消费者和食品经营者可随时查看相关的食品安全信息。食品安全信息服务网信息发布内容一般有食品相关法律法规、食品安全知识、食品监管部门新闻、监管动态、舆情信息、企业"智慧食安"服务、365安全卫士等，此外还设有投诉功能，利于监管部门与生产经营者、消费者及时沟通反馈。

为解决系统推广中数据录入难以及不同地域的用户数据无法实现共享等问题，"智慧食安"系统在2005年开始建设食品信息中心数据库，2014年初开始建设进货与销货电子台账，实现进销货的数据交换，不需重复录入，可随时随地查询数据，实现食品的全程追溯。为了减少商品在流通过程中数据的重复录入，该系统提供了商品进货、销货、存货接口，与进销存供应商如管家婆、金蝶等系统实现数据对接，形成完整的商品信息数据库。

(三)基础追溯系统

"智慧食安"的基础追溯系统是实现食品安全信息化的基础,通过建立食品生产、销售等整个流通过程的流向数据库,实现上游和下游的数据联通,保证每个商品的身份信息和流向状况,实现食品"从农田到餐桌"的全程电子监管,可通过系统数据查验初级农产品、食品生产原料、餐饮食品原材料、流通的包装食品等的进销货台账。

1. 对于食品经营企业的管理

按照《食品安全法》的规定,企业有义务提供证件照和食品的进销货台账。为减轻企业复印证件和记录纸质台账的繁重负担,基础追溯系统帮助食品经营企业建立电子台账,推进食品安全信息化的进程,实现企业对产品的全程电子追溯,杜绝市场上假冒伪劣商品的出现。食品经营者只需使用一套软件,在对商品进销货信息录入后,即可自动生成电子台账,满足监管部门对电子台账的统一文书格式要求,为食品经营者节约成本,实现企业生产管理信息透明化、正规化。建立的电子台账主要包括:进货查验记录,如供应商的资质、进货检验报告、进货台账、原辅料入库记录等;生产过程控制记录,如场地卫生记录、投料记录、维护保养消毒、关键控制点记录等;出产检验记录,如批次检验报告等;销售台账记录,如产品的销售批次、销售客户、销售时间等。

2. 对于市场监管部门的管理

基础追溯系统利于市场监管部门实现食品的准入和基本信息统计,履行法律规定的职责。如预包装食品通过系统信息录入形成的票证通单据,如同食品唯一的身份信息,实现了食品在市场流通过程中的全程信息数据溯源,追溯来源、查证去向、追究责任。系统通过进销货数据录入及经销商证件信息录入等形成电子台账,可提供索证索票信息,实现流通上下游的信息统一联动,为精确监管提供保障。基础追溯系统利于市场监管部门扩大监管范围,提高监管力度,从食品生产到市场的整个流通过程,记载其流通痕迹,全面追踪商品流通信息。一旦出现"问题食品"能在第一时间进行追查,及时作出补救措施,快速控制局面;同时监管工作有了抓手,有了可依托的载体。

基础追溯系统为市场监管部门进行食品流通的远程监管提供了便利。各级监管中心站的工作人员可以通过该系统查看辖区内所有企业经营状况是否正常,是否按照相关规定进行生产,对不符合要求的及时提出预警。通过系统可全程监控企业全部的质量与安全信息,使监管部门的监督工作到位但不越位。

基础追溯系统利于市场监管部门实现辖区范围内流通食品的痕迹监控。以水果为例,批发市场作为水果在市场流通的首要环节,不论是本地水果还是外地水果,进入批发市场后需进行相关信息登记,可根据水果流通进入的时间、产地等信息对每批水果分配批次。水果通过批发市场进入零售市场后，根据生产经营者录入的信息产生的条形码，通过网络配送进入销售环节；本地水果在直接销售前，需在零售市场进行入场信息登记，包括水果的种类、来源地等，系统根据信息自动形成条形码，条形码是水果在流通中进行全程追溯时被赋予的唯一"身份证号"。

3. 对于公众查询的管理

通过基础追溯系统，消费者可通过系统查询平台输入商品唯一的条形码，即可查询食品的来源地、流通去向以及企业信息等。如购买水果后，消费者可在系统终端查出水果所关联的批发市场名称、水果种类、流通进入市场的时间等信息。

二、物联网技术在食品安全监管中的应用

（一）物联网技术简介

物联网（Internet of Things）的概念起源于1999年，由美国麻省理工学院提出。2005年，在突尼斯举行的信息社会世界峰会（WSIS）上，国际电信联盟（ITU）发布《ITU互联网报告2005：物联网》，正式提出"物联网"的概念，又称为传感网。

2008年，欧委会给出的物联网定义为：物联网是物理和数字世界融合的网络，每个物理实体都有一个数字身份，物体具有上下游感知、沟通和互动的能力，可对物理事件进行及时反映，对物理实体信息进行及时传送，使实时决策成为可能。2010年，政府工作报告给出的物联网定义为：通过信息传感器设备，按照约定的协议，把任何物品与互联网联系连接起来，进行信息交换和通讯，以实现智能化识别、定位、跟踪、监控和管理的一种网络。它是在互联网基础上延伸和扩展的网络。

（二）物联网技术的原理及结构

物联网技术的基本原理是通过各种硬件设备，如红外感应器、气体感应器、激光感应器、GPS、射频识别（RFID）等各种感应器及技术，实时实地采集任何所需要的信息，如图像、声波、光能、电能、力度、位置、化学等，并与计算机和通讯信息网络组合，实现物与物、人与物的信息交流。

物联网主要包括四个元素，一是感知器，二是执行器，三是互联网络，四是服务决策数据中心。感知器是一个智能化的传感器，与周边的感知器发生协同操作，即感知到周围的物体，并希望了解它的温度、重量、形状等，此时周边的传感器会被激活。感知器是一个群体的智能，它可以处理一些紧急、简单的事情；执行器主要是统观全局作出决策的过程。整个物联网体系可分为三层，即感知层、网络层和应用层。感知层包括传感器、执行器、RFID、二维码、智能装置；网络层是连接应用层和感知层的，不仅有互联网，还有电信网等其他网络；应用层包括应用基础设施、中间件、信息处理、应用集成、云计算、解析服务、网络管理和Web服务。

（三）物联网技术的发展历程

1999年，在美国召开的移动计算和网络国际会议首先提出物联网概念，并提出了结合物品编码、RFID和互联网技术的解决方案。基于互联网、RFID技术、EPC标准，在计算机互联网的基础上，利用射频识别技术、无线数据通信技术等，构造了一个实现全球物品信息实时共享的实物互联网，简称"物联网"。2005年11月17日，在突尼斯举行的信息社会世界峰会（WSIS）上，国际电信联盟（ITU）发布《ITU互联网报告2005：物联网》，引用了"物联网"的概念，正式提出物联网技术。2008年后，为了促进科技发展，寻找新的经济增长点，各国政府开始重视下一代的技术规划，将目光放到物联网上。我国同年11月在北京大学举行的第二届中国移动政务研讨会"知识社会与创新2.0"提出移动技术、物联网技术的发展代表着新一代信息技术的形成，并带动了经济社会形态、创新形态的变革，推动了面向知识社会的以用户体验为核心的技术。2009年1月28日，IBM首席执行官彭明盛首次提出"智慧地球"这一概念，建议新政府投资新一代的智慧型基础设施。当年，美国将新能源和物联网列为振兴经济的两大重点。2009年8月，温家宝总理在视察中科院无锡物联网产业研究所，了解我国物联网现况时，提出了"感知中国"的要求。2010年3月，政府工作报告中提到加快物联网研究与应用，物联网首次写进政府工作报告，其发展进入了国家层面。此后，物联网被正式列为国家五大新兴战略性产业之一，物联网在中国受到了全社会极高的关注。2010年，发改委、工信部等部委会同有关部门，开展新一代信息技术研究，以形成支持新一代信息技术的新政策措施，从而推动我国经济的发展。物联网技术的出现与发展，给食品安全追溯管理带来了新的机遇，将物联网技术应用到食品安全追溯、风险监测与预警管理过程中，能够有效提高管理质量和效率。

（四）物联网技术在食品安全社会共治中的构建应用

由于食品安全社会共治涉及的数据结构较为复杂，不仅要实现食品安全数据的追溯，更要与政府监管部门、第三方机构的数据进行有效关联。因此，基于物联网的食品安全社会共治体系数据架构是在建立食品追溯体系的同时，利用物联网和区块链技术，扩展信息资源，增设食品监管相关部门的数据库，通过国家政务服务平台进行数据采集与调用，获取各类食品信息，并采用商品唯一标识编码将全部信息串联起来，能够面向政府监管部门和第三方机构，实现与监管信息、检验信息的联动，形成多环节、跨部门、跨层级的数据共享；面向企业和社会公众，可提供食品全链条的追溯管理及信息服务。

1. 数据架构设计

食品安全社会共治体系数据架构沿用了基于物联网的信息采集方式，扩展完善了信息服务系统、数据共享目录服务系统和解析服务系统等功能模块。数据架构模型见图10-1。

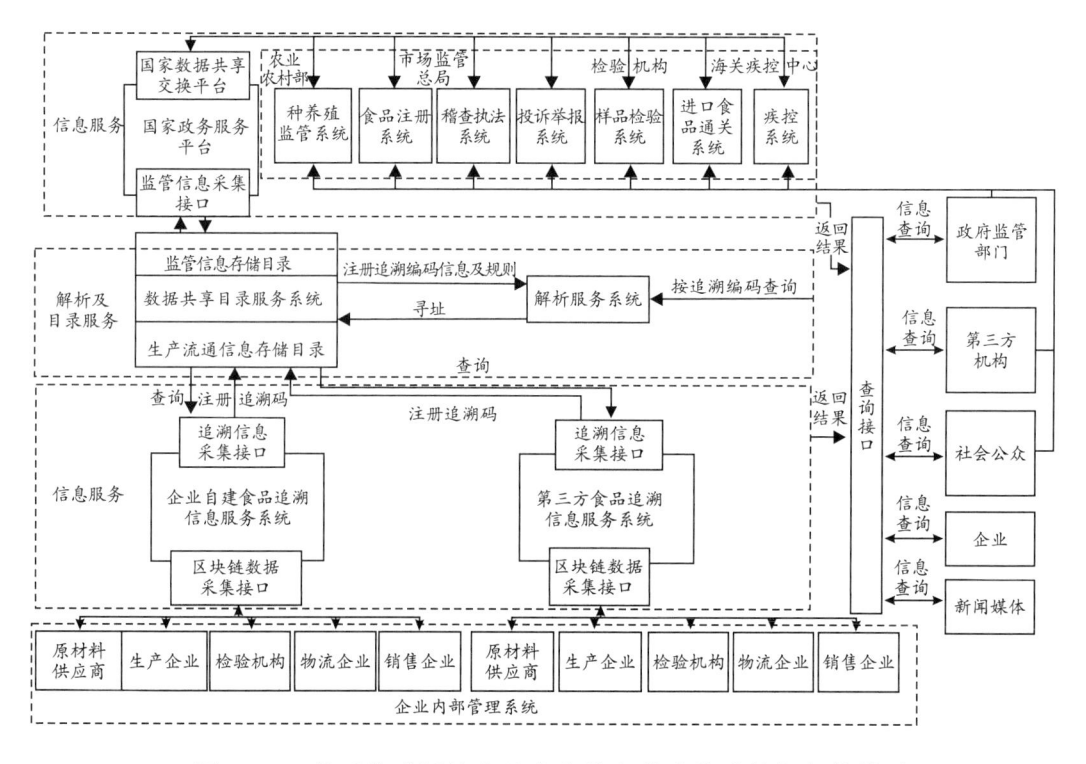

图 10-1　基于物联网的食品安全社会共治体系数据架构模型

信息服务系统设计。在食品安全社会共治体系数据架构中，信息服务系统通过分布式部署方式对各企业、机构、监管部门的信息进行采集、处理和发布。对于食品生产流通数据，分别在原料采购及食品生产、加工、检验、运输、销售等环节获取过程数据，并经区块链数据采集接口加密后形成追溯信息，存放至企业自建食品追溯信息服务系统、第三方食品追溯信息服务系统及各企业管理系统的数据库中。区块链数据采集接口可实现食品生产、流通、销售等环节的信息获取，并形成追溯信息上传至各节点，包括企业自建食品追溯信息服务系统、第三方食品追溯信息服务系统和各企业管理系统。为确保各节点数据更新的一致性，仅有企业自建或第三方食品追溯信息服务系统数据更新成功后，其他节点的数据库才能进行更新操作，从而实现部分去中心化存储模式。

对于食品监管数据，目前国家已建立起国家政务服务平台，并利用其中的国家数据共享交换平台实现与各省级政务服务平台、国务院部门政务服务平台的数据联通与汇聚，采用资源目录订阅方式即可获取种养殖监管、食品注册、稽查执法、投诉举报、样品检验、进口通关、疾病溯源等相关信息，用于食品监管信息检索。同时，将每条追溯信息、监管信息，以及相关的数据源地址位置存放至数据共享目录服务系统，并通过各类采集接口进行调取与交互，从而实现数据关联与协同。

数据共享目录服务系统设计。数据共享目录服务系统负责建立一个寻址目录，存储着各类与食品安全相关的追溯信息和监管信息,以及信息所在的服务器地址,包括商品各批次的追溯信息、注册信息、原材料信息、商品在销售过程中抽查执法信息、投诉举报信息等。同时,也用于食品追溯编码的注册,每个商品均按照"一物一码"原则在数据共享目录服务系统进行登记,并获得追溯编码的码段,该编码将加贴或印在每个商品包装上,采用"一码到底"的管理方式,在经过生产出库、分销进出库、销售等环节后,通过扫描追溯编码将商品相关规格、生产日期、上市日期、批次、检验等数据上传至食品追溯信息服务系统中。考虑到部分企业使用的食品追溯信息服务系统未能覆盖全部环节,需要再通过追溯信息采集接口将片段化的追溯信息上传至数据共享目录服务系统,形成一个完整的食品安全产业追溯链,夯实大数据社会共治数据基础。

解析服务系统设计。解析服务系统负责将食品追溯编码解析成对应的数据资源地址,目前食品追溯编码多为二维码,商品的追溯编码注册成功后,相应的编码规则存储至解析服务系统中,作为编码解析的依据。

2.技术架构设计

基于物联网的食品安全社会共治体系技术架构主要分为应用层、接口层、服务层、数据层和网络层(图10-2)。网络层的资源主要包括政务云和企业联盟云,政务云面向政府监管部门共享食品监管信息,企业联盟云是指由生产企业、原料供应商、物流企业、分销商组建的专用网络。数据层分别存储食品生产、监管、追溯等信息,涵盖了原材料采购库、生产加工库、出厂检验库、物流库、销售库、食品注册库等。服务层则提供各类技术工具,包括信息资源目录服务、区块链服务、地址解析服务、舆情服务、用户管理,并通过接口层向应用层提供数据支持。接口层根据区块链数据采集接口和查询接口的需求,分别建立API和URL接口,其中API接口用于区块链账本更新、上链等操作,URL接口用于信息资源数据的交互。应用层主要面向政府监管部门、企业、社会公众、第三方机构、新闻媒体提供信息查询和追溯服务。

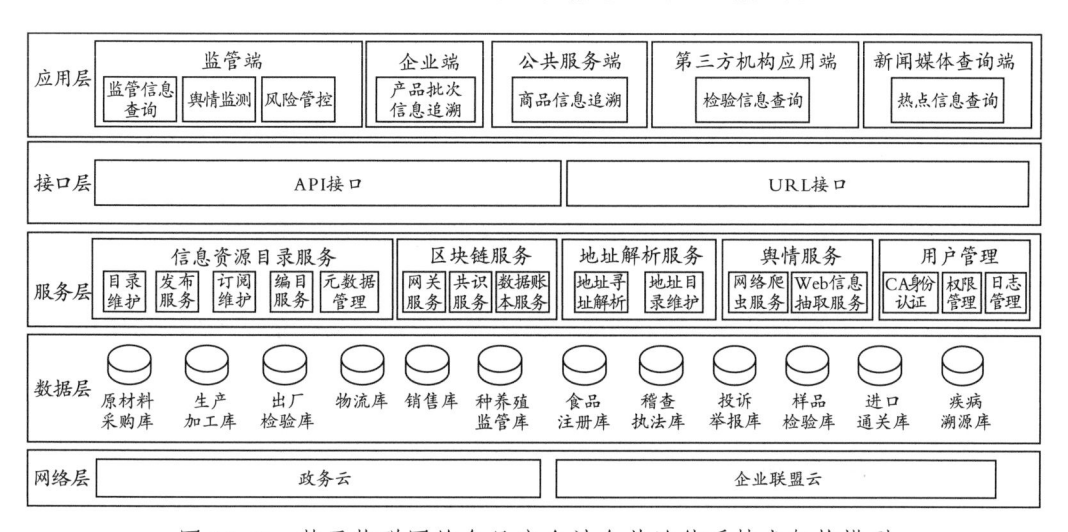

图10-2 基于物联网的食品安全社会共治体系技术架构模型

通过信息服务系统与数据共享目录服务系统、解析服务系统相互配合，在调用查询接口时，经过编码解析、目录服务寻址，检索到对应的信息服务系统访问入口，并最终将各环节的记录信息按生成时间进行组合，形成全面的信息链，反馈至查询接口、监管信息和追溯信息采集接口。

上述架构提供了各社会共治主体相关数据的采集与整合功能，包括政府监管部门、企业、社会公众、第三方机构、新闻媒体等。通过建立统一的标准接口、数据调用模式和编码方式，将数据存储地址、编码规则进行目录化管理，根据目录中的地址采用监管信息和追溯信息采集接口实现数据汇集与协同。并以商品唯一标识编码（即商品追溯码）作为主要检索依据，进行数据目录调取与信息关联，最终实现多环节、跨部门、跨层级的食品安全数据共享及全链条的信息追溯。同时，采用区块链技术提高数据的安全性，防止关键信息被篡改，提升食品安全智慧监管效能。

三、区块链技术在食品安全监管中的应用

（一）区块链及其特点

区块链，简单来说就是一种去中心化的分布式账本数据库。区块链技术本质上是一种数据库技术。在区块链中，信息或者记录被放在一个个的区块中，然后用密码签名的方式"链接"到下一个区块。这些区块链在系统的每一个节点都有完整的拷贝，所有信息都带有时间戳，是可追溯的。每个区块把信息全部保存下来，再通过密码学技术进行加密，这些被保存的信息就无法被篡改。去中心化与传统的中心化的方式不同，这里没有中心或者说人人都是中心。分布式账本数据库的记载方式不只是将账本数据存储在每一个节点，而是每一个节点会同步共享复制整个账本的数据。

基于这些特征可以认为，区块链实现的是一种全新的信用系统。这个信用系统不基于任何法律法规，是用机器语言来实现的。在系统运作时，这种信用不受使用者的影响，也无法被破坏。借助互联网的传播，这个区块链系统能覆盖全球任何一个角落，并且是简单易用的，因此在任何与信用有关的场景，区块链都有其用武之地。

区块链具有以下特点：一是异常安全，不同于公司或政府机构拥有的集中化数据库，区块链不受任何人或实体的控制，数据在多台计算机上完整地复制（分发）。与集中式数据库不同，攻击者没有一个单一的入口点，数据的安全性更有保障。二是不可篡改性，一旦进入区块链，任何信息都无法更改，甚至管理员也无法修改此信息。一个东西一旦出现就再也没法改变，这种属性对于人类目前所处的可以更改、瞬息万变的网络世界而言意义重大。三是可访问，网络中的所有节点都可以轻松访问信息。四是无第三方，因为区块链的去中心化，可以帮助点对点交易，因此，无论你是在交易还是交换资金，都无须第三方批准。区块链本身就是一个平台。

（二）区块链的应用领域

随着时间的推移，越来越多的国家、政府组织、科技公司开始进入区块链领域，而区

块链产业链也迅速完善。与当年互联网、机器人和人工智能等新型行业发展热潮相似，市场正在经历一个从"+区块链"到"区块链+"的大时代，从区块链的发现到现在，经历了从 1.0 到 3.0 的演变。区块链 1.0 就是以比特币为代表的虚拟货币时代，原始目标是实现货币的去中心化与支付手段。虽然蓝图美好，但由于背后的推动力量较为分散，未能普及，还引发了一系列投资暴雷事件。区块链 2.0 一般是指智能合约的引入。以太坊（ETH）是最典型的代表，其提供了各种模块让用户按自身需求来搭建应用，也就是合约，其以以太坊技术为核心，这个强大的合约编程环境实现了多种商业与非商业环境下的复杂逻辑。以太坊让区块链技术不止于发币，还开启了区块链的多场景应用模式。区块链 3.0 指的是区块链在除金融行业外的行业应用。伴随可扩展性和效率的提高，区块链应用范围将超越金融范畴，拓展到身份认证、公证、审计、域名、物流、医疗、能源、签证等领域。

目前全球主要国家都已经开始围绕区块链技术在物联网、智能制造、供应链管理、数字资产交易等重点领域积极部署应用，目标是使其在金融、物流、信用、资产、食品安全、文化传播等各个领域都有所应用。随着贸易全球化和食品生产工业化的发展，生产链和供应链的复杂化使得消费者更难获取终端产品的生产信息。因此，充分利用区块链本身分布式架构带来的公信力、不可篡改性，非对称加密体系保证的透明性，聚类形成的天然可信大数据、连续数据作为风险控制依据所带来的可溯源性等优势，可以针对性地解决目前食品溯源系统、食品安全信息发布、食品质量信息等面临的问题，成为未来解决食品安全问题的颠覆性技术。

1. 区块链在食品供应链溯源方面的应用

在食品供应链溯源系统架构模式下，供应链上各个参与者按照流程顺序，可以把各自相关信息写入区块链中，如图 10-3 所示。

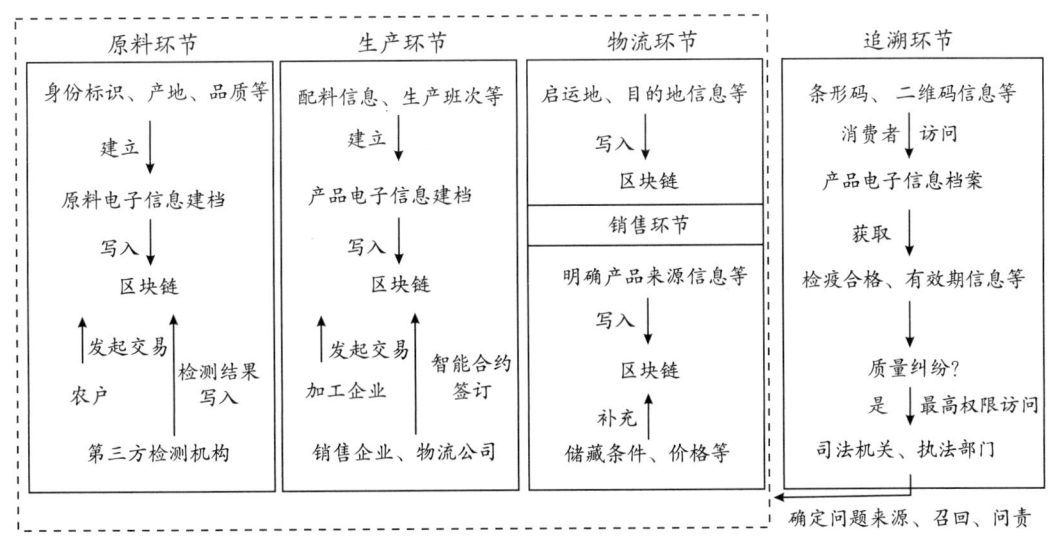

图 10-3 食品供应链中涉及的原料、生产、物流、销售和追溯环节架构模型

原料环节：原料商将原料的产地、动物的身份标识、采收时间、品质情况等写入

区块链中，完成原料的电子信息文档建档。此时农户作为主要担责方，发起交易请求，并分别和加工企业利用私钥签署内嵌在区块链中的智能合约，系统记录下交易操作并在交易完成后对接收产品进行授权。同时，第三方检测机构使用私钥将质量检测结果写入区块链中并签名。

生产环节：加工企业需要将产品的配料信息、生产班次、包装材料等信息写入产品的电子信息文档；此外，还需要为产品生成独一无二的物理标签，如条形码、二维码或RFID，为后续的查询提供接口。最后加工企业作为当前担责方，发起交易请求，并分别和销售企业、物流公司利用私钥签署内嵌在区块链中的智能合约，系统记录下交易操作并在交易完成后对接收产品进行授权。

物流环节：物流公司成为新的被授权角色，负责跟进产品并维护产品信息文档。物流公司需提供启运地和目的地信息、运输方式、运输环境、参与人员等，将这些信息通过私钥写入区块链上的产品信息文档中。

销售环节：主要参与角色是销售企业，产品可能经过多次多级分销，最后到达零售环节（如超市），故销售企业必须明确产品来源，依次与上一级销售企业利用私钥签署内嵌在区块链中的智能合约，下一级销售企业成为新的被授权角色，将产品来源信息写入产品信息文档中。同时，零售商也应补充产品储藏条件、上架及售出时间、价格等情况，维护区块链中产品信息的完整性和时间连续性。

追溯环节：当消费者购买产品后，可以通过产品包装上的条形码、二维码、RFID，访问产品信息文档（指定权限），了解检验检疫是否合格、产品是否过期等必要信息。当发生质量问题时，司法机关和执法部门通过私钥获得更高等级的权限，访问从农户到消费者整个链条的细节，从而确定问题来源并采取问责、召回等措施，及时控制危害。

在这样的模式下，可以将产品的全部信息储存在所有参与方的区块上，即一款产品的原料生产、物流、仓储、加工、检验检疫、分销等所有参与方都分别拥有一个区块，产品在某一方流转时产生的任何信息都需要上链，加密后分发给各区块并记录存储，区块链的共识协议确保了虚假的信息不会被各区块同时认可和上链。在追溯时仅在一个区块上可以获取产品的所有信息，且保证未经过篡改，打通消费者与企业间的信任通道，完美解决食品供应链的追溯链条中各环节的信任问题；对企业而言，更迅速地追溯到食品问题的源头，不仅可以降低经济损失，还可以通过有针对性的产品召回来挽回消费者口碑。但区块链仅是数据分布式存储的一种方式，要将区块链应用于食品供应链的各阶段，仍需要多项新技术的合力。完整地记录产品流转会产生海量数据，保证信息记录的及时和高效需要物联网技术的辅助，完备的快速检测设备才能保证产品数据的科学性和不影响流转效率，二维码等电子标签降低了信息录入和获取的门槛，5G技术保证了链上信息传输的速度和体量，多技术的相辅相成才能真正做到准确快速溯源。

2.区块链在食品防伪方面的应用

食品欺诈（伪造）不仅会造成经济损失，更会对消费者健康造成威胁。区块链对于食品防伪的价值在于区块所记录的信息是不可篡改的，包括产地及环境信息、物流贸易信息、企业信用信息等，一旦出现问题，产品可根据回溯机制快速找回，极大地提高了链上各方的造假成本。

常遭到伪造的食品目前主要是高附加的产品，如酒类、水产类、保健品、中药材等。选择性加密这些产品的一些固有物理化学属性信息（微量成分、稳定同位素、细节形态等）并上链，通过区块链将其传输、保存并还原，在终端零售商和消费者节点验证，可以在一定程度上解决防伪标识与实物本体分离而造成的伪造篡改等问题。

常用的食品鉴定分析技术包括光谱学（拉曼、红外、紫外、荧光等）、质谱、稳定同位素测量、PCR等方法。基于不同的物理和化学原理、组成和结构的特点，一种产品具有不同的指纹特征，因此需要针对产品具体情况选择一种或几种技术将产品的几项指纹信息统一标准后，加密上链，分发给链上的监管者、生产者和消费者，进行成分随机验证，以保证产品生产和流通过程的真实性。当然，针对具体数据的防伪模式需要注意提高消费者和生产者对产品标签的重视，通过透明、清晰的标签，保证其可追溯性、安全性和高效率。

对于一般消费者，比较容易实现的是将产品简单的物理信息，如纹理、形态、颜色等作为区别标识，通过图片多点随机选择，利用区块链将其传输、保存并还原，在消费者节点验证，如通过产地和消费者节点的人参根须的照片等来验证是否被经销商更换。但一般工业化生产的食品在物理信息上几乎相同，且农产品、畜产品和海产品等在运输过程中的质量、色度等也会发生变化。当无法使用物理信息验证时，可将销售信息或产地信息与区块链挂钩，对某农田、水域等的合理产量进行上链加密，产品与产地挂钩，产量限制产地。例如，某酒厂每年产出的酒是有上限的，将每一单位商品比作一枚电子货币，类比数字货币中无法进行"双花攻击"（重复使用同一个电子货币套现）或支出超过本账户的货币余量，一件产品在严密监管的区块链中也无法进行两次销售，超出产量限制的"假酒"则不会通过共识协议上链或被验证，从而杜绝"贴牌假酒"的产生。

针对使用图片等信息来验证产品与区块链上的信息是否相符需要占用大量存储空间的问题，目前已有利用AI来学习现有大量的产品特征数据，"训练"机器进行产品真伪的识别，以减少区块链需要占用大量存储空间的压力。如2018年清华大学团队推出的大闸蟹溯源小程序"蟹小鉴"，厂商在蟹农捕捞阳澄湖大闸蟹之后，对蟹的产地、特征照片进行采集，通过对大量阳澄湖螃蟹独有的蟹壳（青背）、蟹螯（金爪黄毛）和腹部（白肚）的特点进行机器学习和记忆，消费者可以简单地通过"AI蟹脸识别"

小程序确定产品是否为土生土长的阳澄湖大闸蟹，与链上记录的信息形成互补，确保每一只大闸蟹和产地等信息的前后一致性。

四、可信计算技术在食品安全监管中的应用

（一）可信计算的发展

可信计算是指计算机将以可预测的方式运行，并提供一个系统内数据（软件和信息）通过验证和保护的环境。计算机安全依赖于信任，这种信任由几个基本原则组成，包括对目标系统按预期配置、按预期运行以及尚未受到损害或利用的信心。应使用具有适当方法的验证策略来验证这种信任。验证可以通过结合硬件认证和软件完整性验证来完成。计算机安全通常侧重于保护数据的机密性、完整性和可用性，以抵御外部威胁。计算机必须建立的信任级别基于预期的环境和对系统的攻击风险。通过执行基于风险的评估，可以建立计算机系统的信任要求。根据风险评估，可以建立所需的信任级别，并且可以设计系统硬件和软件以满足与受保护数据相称的保护要求，从而创建可信的计算环境。

早期的可信计算是为了确保各大型机的计算可靠性。可信计算从信任根开始，根据系统中所需的信任级别，信任根可能是软件、硬件或这两个元素的组合。信任根的硬件示例是受信任的平台模块（TPM），早在1980年，麻省理工学院Stephen Ken采用防篡改模块（tamper resistant module，TRM），实现了大型机软件的可靠运行。随后美国国防部发布了《可信计算机系统评价准则》，该准则以可信基（trusted computing base，TCB）为基础，首次提出可信计算的概念。1999年，可信计算组（trusted computing group，TCG）的确定，标志着可信计算进入了2.0时代。

TCG的定义和规范通常与可信计算同义，但其对创建可信计算环境所需的保护机制的定义并没有被普遍接受为TCG需求的唯一来源。例如，TPM确实为建立网络计算机系统中的信任锚提供了坚实的基础，其中攻击主要是基于网络进行的。TPM在穿越任何未受保护的网络或存储时为关键数据提供机密性和完整性，但仅在处理数据时提供完整性。TPM的标准实现是一个物理上与CPU分离的独立设备，因此它不允许保护用户是攻击者且对计算机具有自由访问权限的系统。对于在使用数据或存储数据时必须确保数据完整性和机密性的环境，安全处理器是建立信任的更好选择，以维护所需的数据完整性和机密性。TCG已识别出以下基本的可信平台功能：①受保护的功能；②证明；③完整性测量；④报告和记录。根据对数据的预期风险，可以建立系统软件和硬件所需的信任级别。而随着科技与信息技术的快速发展，可信计算慢慢转变为一系列计算机系统安全防护技术。我国可信计算在沈昌祥院士的带领下进入3.0时代。

(二)可信计算在食品安全监测系统保障中的应用

随着计算机技术与网络通信技术日新月异的发展,利用信息系统进行情报采集和攻击破坏行为的组织性越来越强,攻击水平、攻击强度也不断提升。根据国家信息安全漏洞共享平台公布的数据,近年来网络病毒实施复杂APT攻击的恶意程序大量涌现,其功能以窃取信息和收集情报为主,且被发现前已隐蔽工作了数年。根据国家计算机网络应急技术处理协调中心(CNCERT/CC)的监测信息,我国境内大量的主机感染了具有APT特征的木马程序,涉及多个政府机构、重要信息系统及关键企事业单位。并且由于这些服务器的重要性,对其进行漏洞修复需要非常谨慎,漏洞补丁的开发及使用流程耗时很长,而新漏洞的出现速度远大于补丁的开发速度,导致漏洞积累得越来越多,严重威胁系统安全。

食品安全监测系统是食品安全信息化过程中的重要实现系统,现阶段食品安全防护体系主要采用被动防御手段,存在安全滞后性的缺点。此外,在食品安全监测系统的可靠性方面,尽管采取了访问控制、入侵监测等手段,但是仍然存在篡改、窃取、重放等类型的网络威胁,严重影响了食品安全信息的采集、监测、传输、审查等过程,严重威胁了食品安全信息的完整性、真实性和一致性。

总之,我国可信计算相关技术在食品安全监测系统中的应用目前尚处于起步阶段。我国食品安全监测系统安全强度直接影响了食品安全信息化的进度。因此,要着重保护实时监控系统,以及食品安全风险信息采集终端的安全,使其达到国家信息安全等级保护制度要求的基础设施的保障要求。

五、大数据和云计算在食品安全监管中的应用

(一)大数据的概念

一般来讲,大数据是一个抽象概念,其指"在一定时间范围内无法用现有的软件工具提取、存储、搜索、共享、分析和处理的海量的、复杂的数据集合"。2010年,Apache Hadoop将大数据定义为"在可接受的范围内,普通计算机无法捕获、管理和处理的数据集"。根据这一定义,2011年5月,全球咨询机构麦肯锡公司宣布,大数据是创新、竞争和生产力的下一个前沿领域。大数据是指经典数据库软件无法获取、存储和管理的数据集。事实上,大数据早在2001年就被定义了。META集团(目前为Gartner)分析师Doug Laney定义了3Vs模型,即体积、速度和多样性。虽然这种模型最初不是用来定义大数据的,但Gartner和许多其他企业,包括IBM、微软、亚马逊等的一些研究部门,在接下来的10年里仍然使用此模型来描述大数据。

(二)大数据的特征及用途

大数据的特征可总结为四个,又称4V特征:数据量大(volume)、类型繁多

（variety）、价值密度低（value）、速度快时效强（velocity）。数据量大，随着大量数据的产生和收集，数据规模越来越大；速度意味着大数据的及时性，具体来说，数据的收集和分析等必须迅速、及时地进行，以最大限度地利用大数据的商业价值。多样性意味着各种数据类型，包括半结构化和非结构化数据，如音频、视频、网页和文本，以及传统的结构化数据。价值密度较低，如何挖掘海量数据的价值是大数据时代最需要解决的问题。时效强指数据增长快，时效性要求高。这种4V的定义被广泛认可，因为它强调了大数据的意义和必要性，即探索巨大的隐藏价值。这一定义指出了大数据中最关键的问题，即如何从具有巨大规模、各种类型和快速生成的数据集中发现价值。

目前大数据应用于医疗、科学、商业等各个领域，用途差异巨大，可以大致归纳为：①挖掘知识与趋势推测；②群体特征与个体特征分析；③虚假信息分辨等。麦肯锡公司在对美国医疗保健、欧盟公共部门管理局、美国零售业、全球制造业和全球个人定位数据进行深入研究后，观察到大数据创造了很大价值。报告总结了大数据可能产生的价值，如果大数据能够被创造性和有效地用于提高效率和质量，那么通过数据获得的美国医疗行业潜在价值将极大提高；充分利用大数据的零售商可以使其利润提高60%以上；大数据还可以用于提高政府运营效率等。

在2009年流感大流行期间，谷歌通过分析大数据获得了及时的信息，这甚至比疾病预防中心提供的信息更有价值。几乎所有国家都要求医院向疾病预防中心等机构通报新型流感病例。然而，患者感染后通常不会立即就医；从医院向疾病预防中心发送信息需要一些时间，疾病预防中心也需要一些时间来分析和总结这些信息。因此，当公众意识到新型流感大流行时，这种疾病可能已经传播了一到两周。谷歌发现，在流感传播过程中，其搜索引擎经常搜索的条目与平时不同，条目的使用频率与流感的传播时间和地点相关。谷歌发现了45个与流感爆发密切相关的搜索条目组，并将其纳入特定的数学模型中，以预测流感的传播，甚至流感的传播地点。

目前，数据已成为一个重要的生产要素，可以与实物资产和人力资本相媲美。随着多媒体、社交媒体和物联网的发展，企业将收集更多的信息，导致数据量呈指数级增长。大数据将在为企业和消费者创造价值方面具有巨大和不断增长的潜力。

（三）云计算的概念

云计算是一种新的思想方法、模型，用于实现对可配置计算资源（如网络、服务器、存储、应用程序和服务）的共享池的方便、按需网络访问，这些资源可以通过最小的管理工作或服务提供商交互快速提供和释放，它也是各种技术趋势的代名词。云计算已成为互联网上托管和交付服务的新范例，因为它消除了用户提前计划资源调配的需求，并且允许企业仅在服务需求增加时从较小的资源开始并增加资源。

近年来，针对移动设备的应用程序开始变得丰富起来，应用程序涉及娱乐、健康、游戏、商业、社交网络、旅游和新闻等多个类别。这是因为移动计算能够在需要的时间和地点为用户提供工具,而不考虑用户的移动,因此支持位置独立性。实际上,"移动性"是普及计算环境的一个特点,在这种环境中,用户可以无缝地继续他/她的工作,而不管他/她如何移动。然而,随着移动性的出现,其固有的问题如资源短缺、有限的能量和低连通性,就造成了执行许多程序的问题。事实上,这不仅是暂时的技术缺陷,而且是移动性的内在缺陷,是一个需要克服的障碍,以便充分发挥移动计算的潜力。近年来,通过云计算已经解决了这个问题。

云计算可以定义为将计算作为实用程序和软件作为服务进行聚合,其中应用程序作为服务通过互联网交付,数据中心的硬件和系统软件提供这些服务。云计算背后的概念是将计算卸载到远程资源提供商。在云计算中卸载数据和计算的概念,是通过使用移动设备本身以外的资源来承载移动应用程序的执行从而解决移动计算中的固有问题。这种在移动设备外部进行数据存储和处理的基础设施可以称为"移动云"。通过利用移动云的计算和存储能力,可以在低资源移动设备上执行计算机密集型应用程序。移动云计算可以看作是云计算相关技术在移动互联网中的应用,其优势有:①突破终端硬件限制;②便捷的数据存取;③智能均衡负载;④降低管理成本;⑤按需服务降低成本。

(四)云计算平台的服务层次及用途

云计算的主要优势可以用云服务提供商提供的服务来描述:软件即服务(SaaS)、平台即服务(PaaS)和基础设施即服务(IaaS)。在计算机网络中每个层次都实现一定的功能,层与层之间有一定关联。依照所提供的服务类型,可划分为应用层、平台层、基础设施层和虚拟化层。应用层对应SaaS软件即服务,如Google Apps、Software+Services;平台层对应PaaS平台即服务,如IBM IT Factory、Google App Engine;基础设施层对应IaaS基础设施即服务,如Amazon EC2、IBM Blue Cloud、Sun Grid;虚拟化层包括服务器集群和硬件检测等服务。

近年来,云计算正在成为IT产业发展的战略重点,各大IT公司,包括亚马逊、微软、谷歌等纷纷向云计算方向转型。在《国务院关于促进云计算创新发展培育信息产业新业态的意见》《云计算综合标准化体系建设指南》等利好政策作用下,我国云计算发展迅速,在IaaS运营维护方面,有中国电信、中国联通、中国移动等;在PaaS云平台方面,有阿里云、腾讯云、华为和华胜天成等。目前,国内服务商可以大致分为四大阵营:互联网阵营、传统IT阵营、运营商阵营和自主研发阵营。

(五)大数据挖掘方式原理概况及其在食品安全行业中的应用现状

大数据挖掘,即"从大数据中挖掘知识",是将潜在隐含的信息从数据中提取,通过开发计算机程序在数据库中进行自动挖掘,以发现规律或模式的一种有效手段。如果能从对海量数据的挖掘中发现明显的模式,这些模式就可以被人们总结、理解和设计，并可以用来对未来大规模的数据作出准确的预测。大数据挖掘方式基于传统的数据挖掘，而数据挖掘技术是众多学科领域技术的集成，比较常见的包括机器学习、统计学、模式识别、高性能计算等。常见的机器学习数据挖掘技术有贝叶斯网络、决策树、人工神经网络等。

1. 贝叶斯网络

贝叶斯网络为不确定性的建模和评估提供了一种灵活的结构。它利用概率论的技术在不确定性下进行推理，并已成为决策支持系统的一种有力工具。贝叶斯网络是一种概率专家系统，所有参数都是由概率分布建模的。它们基于由节点和弧组成的有向无环图进行图形表示。节点表示数据集中的变量，弧表示变量之间的直接关系。

贝叶斯网络在食品行业中的运用，比较有代表性的是用于食品产品设计。例如，在食品贝叶斯网络建模中，如果知道人们普遍喜欢甜的食品，在样本中也存在既甜又受欢迎的食品，那么贝叶斯网络推理出这个食品的颜色将会影响其受欢迎程度。而传统基于规则的专家推荐系统由于系统是模块化的，其中的一些规则与其他规则或数据源的内容无关，则不能处理类似情况的问题，而贝叶斯网络中的条件概率则解决了这一问题。图10-4为某食品风险的局部贝叶斯网络模型。

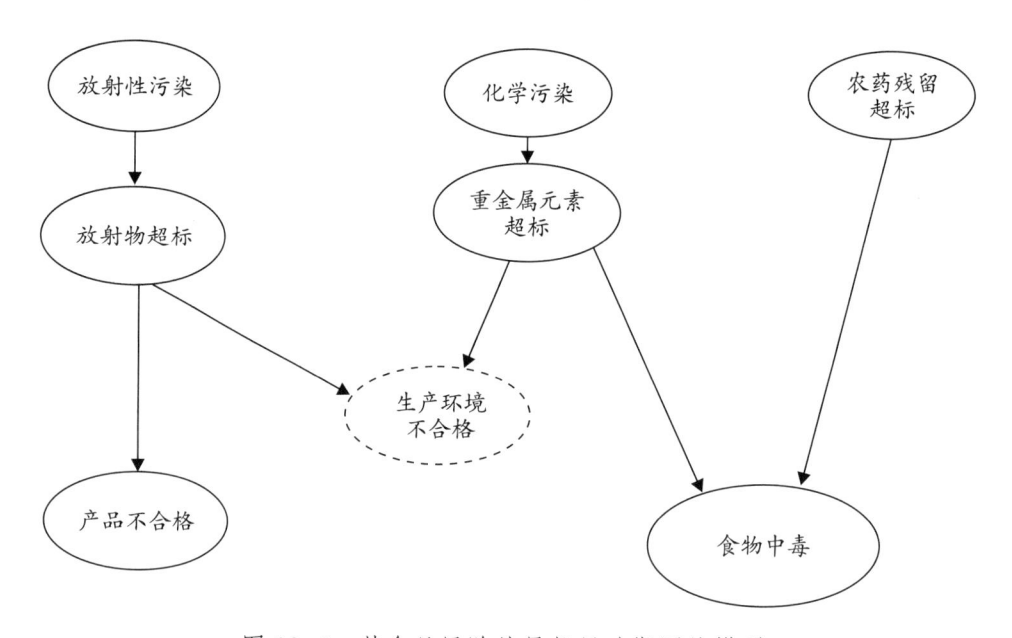

图10-4 某食品风险的局部贝叶斯网络模型

2. 决策树

决策树是机器学习中应用相对广泛的归纳推理算法之一，用于建立基于多重协变量的分类系统或开发目标变量的预测算法（图10-5）。该方法将种群分为树枝状的段，这些段构造一个具有根节点、内部节点和叶节点的倒树。该算法是非参数化的，可以有效地处理大型、复杂的数据集，而不需要引入复杂的参数结构。当样本量足够大时，研究数据可分为训练和验证数据集。使用训练数据集构建决策树模型和验证数据集，以确定实现最佳最终模型所需的适当树大小。

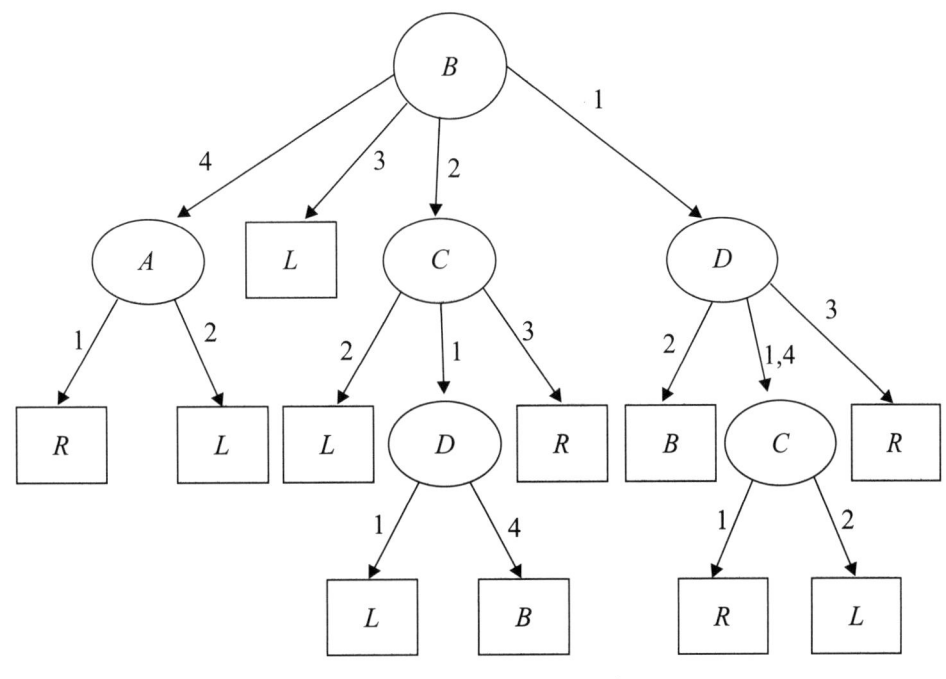

图 10-5 决策树图示示例

决策树分析法通过树状的逻辑思维方式解决复杂决策问题，是以风险分析为依据的决策方法。决策树在食品行业的运用主要基于农产品的食品安全评估研究，针对影响农产品质量安全的数据特点，结合降维方式进行数据预处理，找出影响质量安全的主要特征值，并构建基于组合优化决策树的农产品质量安全判别模型，选取如地下水重金属含量、土壤pH值、种植规模等不同的农产品影响因素作为决策树的属性。

3. 人工神经网络

人工神经网络最初是为了模仿基本的生物神经系统而开发的，它由许多相互连接的简单处理元件组成，这些元件被称为神经元或节。每个节点接收来自其他节点或外部刺激的总"信息"输入信号，通过激活或传输功能对其进行本地处理，并将转换后的输出信号生成到其他节点或外部输出。尽管每个神经元执行其功能相当缓慢且不完美，但一个网络可以非常有效地执行惊人数量的任务。这种信息处理特性使人工神经网络成为一种强大的计算工具，能够从实例中学习，然后归纳为前所未见的实例。

自20世纪80年代以来，人们提出了许多不同的人工神经网络模型，其中最有影响的模型有多层感知器（MLP）、霍普菲尔德网络（Hopfield Networks）、自组织网络（Self-organization Networks）、反向传播（BP）神经网络（图10-6）等。

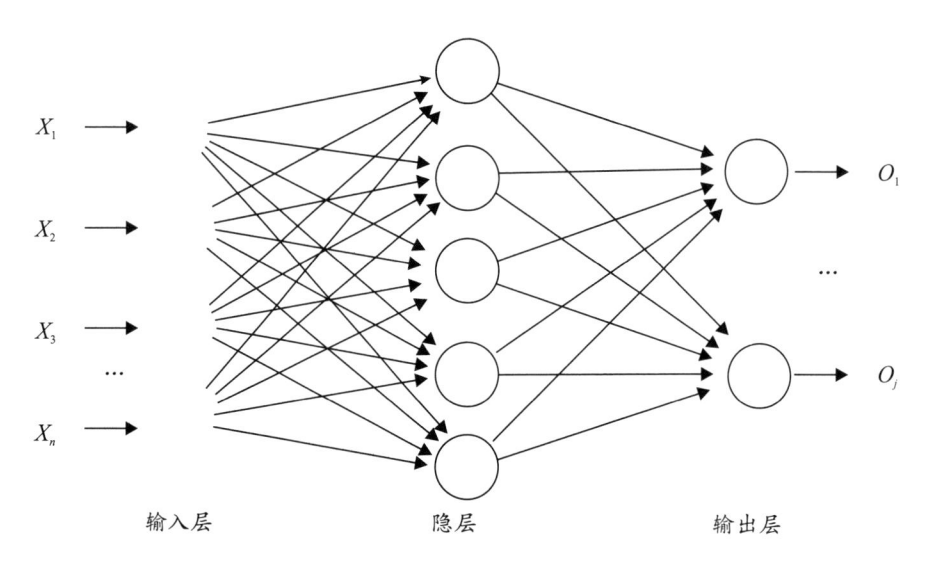

图 10-6 BP 神经网络模型结构

BP 神经网络是人工智能中对不确定性问题处理具有高度解决能力的方法，其曾与主成分分析结合被用于近红外光谱苹果品种鉴别方法研究，该研究首先使用主成分分析对苹果进行聚类并获取苹果的近红外指纹图谱，即对于苹果品种敏感的特征波段，用特征波段图谱作为神经网络的输入，品种作为输出，建立模型，进行训练，之后对未知的样品进行预测。

总之，随着量子科学、信息技术、人工智能等科技的进一步发展，将会有更多新型融合技术出现，这些新技术的应用为食品安全智能化高效管理提供了新的发展机遇和创新路径，通过对不同监测平台海量数据信息的融合收集与挖掘分析，建成基于大数据的食品安全国家追溯预警和智慧监管体系，实时动态了解国家农兽药残留监测、营养健康监测、食源性疾病监测、进出口食品风险监测、食品掺假风险监测等情况，实现食品安全风险分级管理和主动预防的未来食品安全新技术，一定程度上解决食品行业信息不对称的难题，有效控制食品安全风险，为食品安全监管提供良好的信息技术支持与保障。食品行业中小企业占比较高，这也是食品安全信息化监管中需要考虑的一个现实问题。

第十章 食品安全信息化监管

思维导图

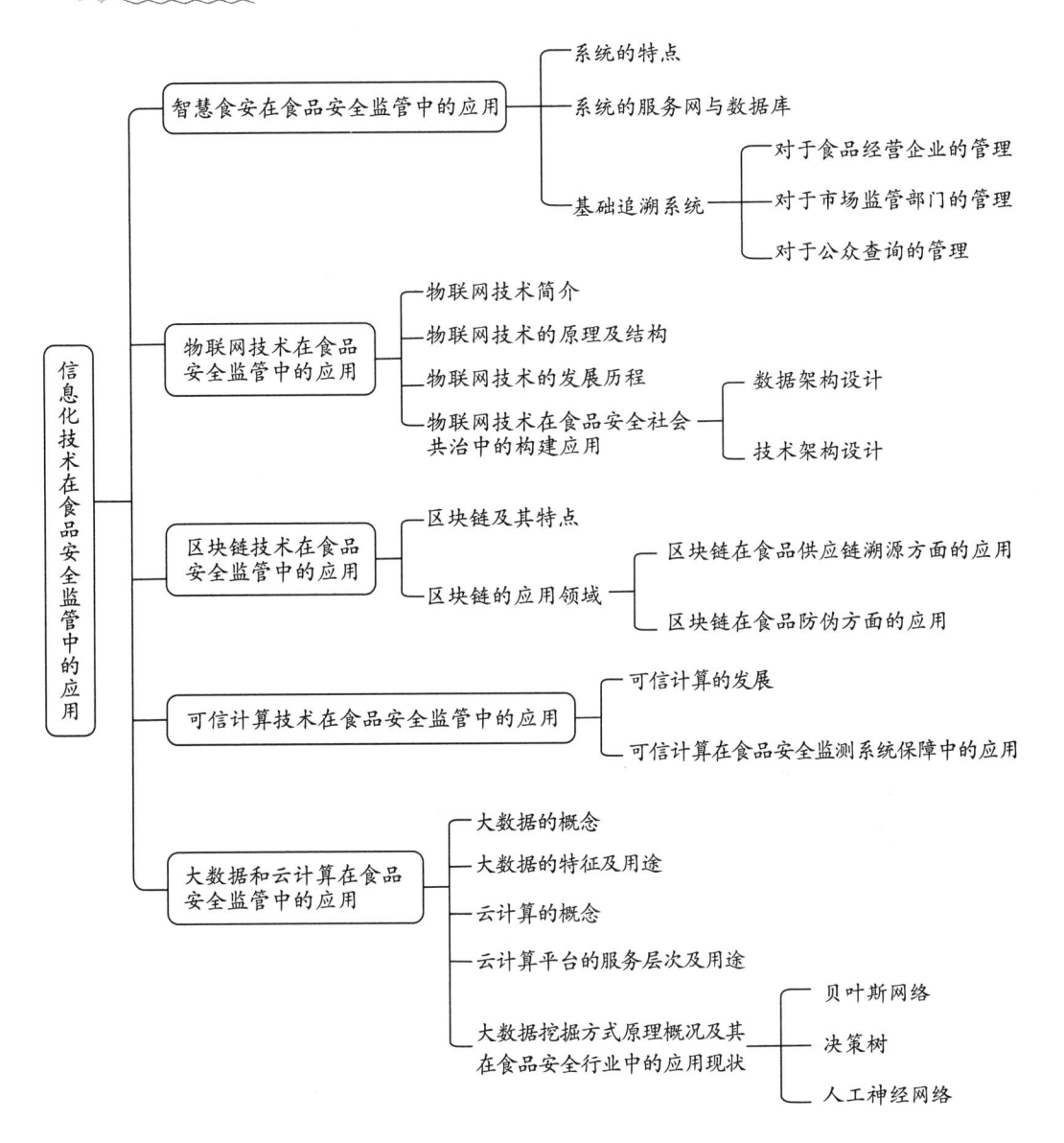

信息化技术在食品安全监管中的应用
- 智慧食安在食品安全监管中的应用
  - 系统的特点
  - 系统的服务网与数据库
  - 基础追溯系统
    - 对于食品经营企业的管理
    - 对于市场监管部门的管理
    - 对于公众查询的管理
- 物联网技术在食品安全监管中的应用
  - 物联网技术简介
  - 物联网技术的原理及结构
  - 物联网技术的发展历程
  - 物联网技术在食品安全社会共治中的构建应用
    - 数据架构设计
    - 技术架构设计
- 区块链技术在食品安全监管中的应用
  - 区块链及其特点
  - 区块链的应用领域
    - 区块链在食品供应链溯源方面的应用
    - 区块链在食品防伪方面的应用
- 可信计算技术在食品安全监管中的应用
  - 可信计算的发展
  - 可信计算在食品安全监测系统保障中的应用
- 大数据和云计算在食品安全监管中的应用
  - 大数据的概念
  - 大数据的特征及用途
  - 云计算的概念
  - 云计算平台的服务层次及用途
  - 大数据挖掘方式原理概况及其在食品安全行业中的应用现状
    - 贝叶斯网络
    - 决策树
    - 人工神经网络

本章小结

本章首先介绍了食品安全信息化监管的概念、现状、存在问题及解决对策，然后又介绍了几种食品安全信息化监管技术。拟通过本章内容的讲授和学习，主要帮助学生了解几种常见的食品安全信息化监管技术及应用场景，理解食品安全信息化监管现状及解决对策，掌握食品安全监管信息化的依据，能客观看待信息化对食品安全监管的意义，实现开拓视野、提高综合分析能力的目标。

253

思考题

1. 简述食品安全信息化监管的内涵。
2. 简述我国食品安全信息化监管取得的成效。
3. 简述"智慧食安"系统的组成及发展趋势。
4. 简述区块链技术及其在食品安全监管中的应用。
5. 简述食品安全信息化监管的前景。

素质拓展材料

通过该材料内容的学习,可以帮助学生充分了解食品产业中出现的新业态,掌握新业态的特点,学会利用大数据应对和解决新业态监管执法难题,培养学生面对新情况新问题会科学分析并能解决问题的能力。

新业态这些监管执法难题如何破解?

参 考 文 献

[1] 苏毅清,范焱红,王志刚.食品安全问题细分及其治理的新思考[J].中国食物与营养,2016,22(8):5-9.

[2] 刘录民,侯军歧,景为.食品安全概念的理论分析[J].西安电子科技大学学报(社会科学版),2008,18(4):53-59.

[3] JONES J M. Food safety[M]. USA:Eagan Press,1992.

[4] 张雨墨.我国古代食品安全法规背后的食品安全问题探究[D].哈尔滨:哈尔滨师范大学,2021.

[5] 赵向豪,陈彤.中国食品安全治理理念的历史追溯与反思[J].农业经济问题,2019(8):108-116.

[6] 斯塔夫里阿诺斯.全球通史:从史前史到21世纪[M].吴象婴,梁赤民,董书慧,等译.北京:北京大学出版社,2005.

[7] 杨冠亚,王佩.近代中国公共安全问题应对刍议:《纲要》与《概论》知识拓展[J].文教资料,2020(10):61-62.

[8] 吴布林.南京国民政府时期上海食品卫生监管研究(1927—1937)[D].南京:南京师范大学,2015.

[9] 庞国芳,孙宝国,陈君石,等.中国食品安全现状、问题及对策战略研究:第2辑[M].北京:科学出版社,2020.

[10] 旭日干,庞国芳.中国食品安全现状、问题及对策战略研究[M].北京:科学出版社,2015.

[11] 陈一笔.安全食报:植物基未来路在何方?ADM行业专家有话说[EB/OL].(2022-08-30)[2023-01-01].https://www.163.com/dy/article/HG1AU9CS0542TSTH.html.

[12] "植物肉"的利弊、安全性及食品标准[EB/OL].(2022-01-17)[2023-01-01].https://zhuanlan.zhihu.com/p/458311892.

[13] 国家市场监督管理总局.食品安全监管[M].北京:中国工商出版社、中国标准出版社,2021.

[14] 张建新.食品市场监管概论[M].北京:中国轻工业出版社,2020.

[15] 张维.中国古代食品安全监管刍论:制度演进、基本特征和启示[J].中国市场监

管研究，2019（7）：20-25.

[16] 李天颖，贾周.我国古代食品安全监管探究［J］.医学与社会，2016（3）：93-95.

[17] 张炜达.古代食品安全监管述略［N］.光明日报，2011-05-26（11）.

[18] 刘新超，张守莉，范焱红，等.古代食品安全管控理念、方略及启示［J］.农产品质量与安全，2015（2）：72-74.

[19] 董妍.中国古代食品安全监管的启示［J］.沈阳工业大学学报（社会科学版），2014，7（6）：481-485.

[20] 王琴，钱和，于瑞莲.《食品安全监督管理学》课程体系构建与实践［J］.食品与发酵工业，2022，48（9）：336-340.

[21] 张清安，龙斐斐，赵武奇.新工科背景下食品安全监督管理课程内容重构与实践［J］.农业技术与装备，2023（2）：118-119，122.

[22] 于瑞莲，王琴，钱和.食品安全监督管理学［M］.北京：化学工业出版社，2021.

[23] 徐留凤.《食品生产经营监督检查管理办法》亮点解读［EB/OL］.（2022-01-05）[2023-01-01].http://news.foodmate.net/2022/01/616805.html.

[24] 信息服务事业部.《食品生产许可管理办法》亮点解读［EB/OL］.（2020-01-04）[2023-01-01].http://news.foodmate.net/2020/01/546223.html.

[25] 李颖.食品安全与监督管理［M］.北京：人民卫生出版社，2019.

[26] 任端平，张哲.深入推进《食品生产经营监督检查管理办法》的贯彻实施［N］.中国食品安全报，2022-03-16.

[27] 孙晓红，李云.食品安全监督管理学［M］.北京：科学出版社，2017.

[28] 陈潇，王家祺，张婧，等.国内外新食品原料定义及相关管理制度比较研究［J］.中国食品卫生杂志，2018，30（5）：536-542.

[29] 为什么转基因产品要进行安全评价？为什么说通过安全评价的转基因产品是安全的？[EB/OL].（2022-05-24）[2023-01-01].http://www.moa.gov.cn/ztzl/zjyqwgz/kpxc/202206/t20220602_6401427.htm.

[30] 郑佳佳.转基因食品监管及标签标识规定：国内篇［EB/OL］.（2019-10-23）[2023-01-01].http://news.foodmate.net/2019/10/537916.html.

[31] 张纯芳.食品安全监管实务［M］.北京：中国医药科技出版社，2017.

[32] 毕井泉，马建堂.国家食品安全政策读本［M］.北京：国家行政学院出版社，2018.

[33] 中国法制出版社.中华人民共和国食品安全法案例注释版［M］.北京：中国法制出版社，2019.

[34] 刘作翔.食品监督管理典型案例及其评析［M］.北京：中国医药科技出版社，2019.

[35] 李晶.用信息技术手段赋能食品安全监管［N］.中国市场监管报，2021-07-29.

[36] 刘知贵，杨立春，蒲洁，等.基于PKI技术的数字签名身份认证系统［J］.计算机应用研究，2004（9）：158-160.

[37] 白华.食品安全风险监测信息化[J].现代食品,2016（14）：16-17.
[38] 陈勇.食品安全风险监测信息化分析[J].科技创新与生产力,2018（7）：17-18.
[39] 刘晓毅,石维妮,刘小力,等.浅谈构建我国食品安全风险监测与预警体系的认识[J].食品工程,2009（2）：3-5,22.
[40] 孙其博,刘杰,黎羴,等.物联网：概念、架构与关键技术研究综述[J].北京邮电大学学报,2010,33（3）：1-9.
[41] 王姗姗,杨洪盛.物联网技术及应用简述[J].知识经济,2012（21）：114.
[42] 卿勇军,李耀东.物联网技术在食品安全溯源的应用与实现[J].物联网技术,2019（1）：95-98.
[43] 赵相霞.物联网技术在食品安全追溯管理中的应用与发展[J].食品安全导刊,2022（6）：168-171.
[44] 杨冰,辛方建,秦先进,等.物联网技术及其在食品安全中的应用分析[J].网络安全技术与应用,2022（1）：133-134.
[45] 田雅轩,张熹,由玉伟,等.基于物联网的食品安全社会共治体系数据架构设计[J].食品科学技术学报,2022,40（1）：159-166.
[46] 刘元法,陈坚.未来食品科学与技术[M].北京：科学出版社,2021.
[47] 李明佳,汪登,曾小珊,等.基于区块链的食品安全溯源体系设计[J].食品科学,2019,40（3）：279-285.
[48] 肖程琳,李姝萱,胡敏思,等.区块链技术在食品信息溯源中的应用研究[J].物流工程与管理,2018,40（8）：77-79.
[49] GALVEZ J F，MEJUTO J C，SIMAL-GANDARA J. Future challenges on the use of blockchain for food traceability analysis[J]. Trends in analytical chemistry, 2018, 107（10）：222-232.
[50] ZHANG J, ZHANG X, DEDIU L, et al. Review of the current application of fingerprinting allowing detection of food adulteration and fraud in China [J]. Food control, 2011, 22（8）：1126-1135.
[51] GALLERY E, MITCHELL C J.Trusted computing: security and applications[J]. Cryptologia, 2009, 33（3）：217-245.
[52] CLARK P C, HOFFMAN L J. BITS: a smartcard protected operating system[J]. Communications of the ACM, 1994, 37（11）：66-70.
[53] ABRAMS M D, JOYCE M V. Trusted computing update[J]. Computers & security, 1995, 14（1）：57-68.
[54] 王歧,卢毓海,刘洋,等.支持模式串动态更新的多模式匹配Karp-Rabin算法[J].计算机工程与应用,2017,53（4）：39-44,69.
[55] 周明天,谭良.可信计算及其进展[J].电子科技大学学报,2006,35（4）：686-

697.

[56] 张焕国, 罗捷, 金刚, 等. 可信计算机技术与应用综述 [J]. 计算机安全, 2006 (6): 8-12.

[57] 沈昌祥. 基于积极防御的安全保障框架 [J]. 中国信息导报, 2003 (10): 50-51.

[58] ZHANG H G, LUO J, JIN G, et al. Development of trusted computing research [J]. Wuhan university journal of natural sciences, 2006, 11 (6): 1407-1413.

[59] SHEN C X, ZHANG H G, WANG H M, et al. Research on trusted computing and its development [J]. Science China information sciences, 2010, 53 (3): 405-433.

[60] 孟小峰, 慈祥. 大数据管理: 概念、技术与挑战 [J]. 计算机研究与发展, 2013 (1): 146-169.

[61] 李建中, 杜小勇. 大数据可用性理论、方法和技术专题前言 [J]. 软件学报, 2016 (7): 1603-1604.

[62] MANYIKA J, CHUI M, BROWN B, et al. Big data: the next frontier for innovation, competition, and productivity [R]. McKinsey global institute, 2011 (1): 1-143.

[63] ZIKOPOULOS P, EATON C. Understanding big data: analytics for enterprise class hadoop and streaming data [M]. New York: McGraw-Hill Osborne Media, 2011.

[64] MATTURDI B, ZHOU X Y W, LI S, et al. Big data security and privacy: a review [J]. China communications, 2014, 11 (2): 135-145.

[65] GANTZ J, REINSEL D. Extracting value from chaos [J]. IDC iview, 2011: 1-12.

[66] CHEN M, MAO S, LIU Y. Big data: a survey [J]. Mobile networks & applications, 2014, 19 (2): 171-209.

[67] 李学龙, 龚海刚. 大数据系统综述 [J]. 中国科学 (信息科学), 2015, 45 (1): 1-44.

[68] 龚旭. 基于云计算的大数据处理技术探讨 [J]. 电子技术与软件工程, 2015 (10): 198.

[69] 刘正伟, 文中领, 张海涛. 云计算和云数据管理技术 [J]. 计算机研究与发展, 2012, 49 (Sl): 26-31.

[70] 林闯, 苏文博, 孟坤, 等. 云计算安全: 架构、机制与模型评价 [J]. 计算机学报, 2013 (9): 1765-1784.

[71] 国务院. 国务院关于促进云计算创新发展培育信息产业新业态的意见 [J]. 中国有色建设, 2015 (1): 3-6.

[72] 牛禄青. 阿里云: 创新云计算 [J]. 新经济导刊, 2013 (3): 66-68.

[73] 刘江. 阿里云: 布局全球云计算 [J]. 中国品牌, 2015 (7): 26-27.

[74] 启言. 华为的云计算 [J]. 互联网周刊, 2011 (22): 22-24.

[75] 王熙. 运营商实践分享: "云+大数据"已成企业转型战略常态 [J]. 通信世界, 2017 (27): 20.